网页设计与制作

——HTML+CSS+JavaScritp

王新强　主编

U0249462

南开大学出版社
天　津

图书在版编目(CIP)数据

网页设计与制作：HTML＋CSS＋JavaScript / 王新强主编. —天津：南开大学出版社，2016.7(2021.2重印)
ISBN 978-7-310-05127-4

Ⅰ.①网… Ⅱ.①王… Ⅲ.①网页制作工具－教材 Ⅳ.①TP393.092

中国版本图书馆 CIP 数据核字(2016)第 125229 号

版权所有 侵权必究

网页设计与制作：HTML＋CSS＋JavaScript
WANGYE SHEJI YU ZHIZUO：HTML＋CSS＋JavaScript

南开大学出版社出版发行
出版人：陈 敬
地址：天津市南开区卫津路 94 号 邮政编码：300071
营销部电话：(022)23508339 营销部传真：(022)23508542
http://www.nkup.com.cn

三河市同力彩印有限公司印刷 全国各地新华书店经销
2016 年 7 月第 1 版 2021 年 2 月第 9 次印刷
260×185 毫米 16 开本 24.5 印张 620 千字
定价：69.00 元

如遇图书印装质量问题，请与本社营销部联系调换，电话：(022)23507125

企业级卓越互联网应用型人才培养解决方案

一、企业概况

天津滨海迅腾科技集团是以IT产业为主导的高科技企业集团，总部设立在北方经济中心——天津，子公司和分支机构遍布全国近20个省市，集团旗下的迅腾国际、迅腾科技、迅腾网络、迅腾生物、迅腾日化分属于IT教育、软件研发、互联网服务、生物科技、快速消费品五大产业模块，形成了以科技为源动力的现代科技服务产业链。集团先后荣获“全国双爱双评先进单位”“天津市五一劳动奖状”“天津市政府授予AAA级和谐企业”“天津市文明单位”“高新技术企业”“骨干科技企业”等近百项殊荣。集团多年中自主研发天津市科技成果2项，自主研发计算机类专业教材36种，具备自主知识产权的开发项目包括“进销存管理系统”“中小企业信息化平台”“公检法信息化平台”“CRM营销管理系统”“OA办公系统”“酒店管理系统”等数十余项。2008年起成为国家工业和信息化部人才交流中心“全国信息化工程师”项目联合认证单位。

二、项目概况

迅腾科技集团“企业级卓越互联网应用型人才培养解决方案”是针对我国高等职业教育量身定制的应用型人才培养解决方案，由迅腾科技集团历经十余年研究与实践研发的科研成果，该解决方案集三十余本互联网应用技术教材、人才培养方案、课程标准、企业项目案例、考评体系、认证体系、教学管理体系、就业管理体系等于一体。采用校企融合、产学融合、师资融合的模式在高校内建立校企共建互联网学院、软件学院、工程师培养基地的方式，开展“卓越工程师培养计划”，开设互联网应用技术领域系列“卓越工程师班”，“将企业人才需求标准引进课堂，将企业工作流程引进课堂，将企业研发项目引进课堂，将企业考评体系引进课堂，将企业一线工程师请进课堂，将企业管理体系引进课堂，将企业岗位化训练项目引进课堂，将准职业人培养体系引进课堂”，实现互联网应用型卓越人才培养目标，旨在提升高校人才培养水平，充分发挥校企双方特长，致力于互联网行业应用型人才培养。迅腾科技集团“企业级卓越互联网应用型人才培养解决方案”已在全国近二十所高校开始实施，目前已形成企业、高校、学生三方共赢格局。未来五年将努力实现在100所高校实施“每年培养5～10万互联网应用技术型人才”发展目标，为互联网行业发展做好人才支撑。

前　言

首先感谢您选择了企业级卓越互联网应用型人才培养解决方案，选择了本教材。本教材是企业级卓越互联网应用型人才培养解决方案的承载体之一，面向行业应用于产业发展需求，系统传授软件开发全过程的理论和技术，并注重 IT 管理知识的传授和案例教学。

本教材完全以互联网站点的设计与建设为主线，以 Dreamweaver CS6 为基本工具，由浅入深、循序渐进地介绍了 Dreamweaver CS6 的各种功能以及互联网站点设计与建设的方方面面，涵盖众多优秀网页设计师的宝贵实战经验，以及丰富的创作灵感和设计理念。

本书共 12 章，以“网页编程基础”→“文字、图片和超链接的使用”→“列表、表格和框架的使用”→“多媒体、表单和段的使用”→“CSS 基础与应用”→“JavaScript 的介绍和使用”→“对象化编程”→“事件处理”为线索。内容从 Dreamweaver CS6 详细功能介绍、网站制作基础知识开始，逐步讲解创建文本网页、创建图像与多媒体网页、使用表格布局网页、使用框架灵活布局网页、CSS+DIV 布局网页、使用 CSS 美化网页，使用 JavaScript 制作网页特效等内容，循序渐进地讲述了互联网站点设计与建设的基础知识。每一章的理论后面都有相应的上机内容，从而达到了理论与实践相结合的目的。通过本书的学习，学员们可以熟练地使用 Dreamweaver CS6 设计和制作出丰富多彩的图像和多媒体网页。并且能够利用表格和框架进行合理的网页布局；也可以利用 CSS，使我们制作的网页风格更为和谐统一；结合 JavaScript、对象化编程和事件处理的思想，我们则可以进行更为灵活的网页设计。

本书简明扼要、通俗易懂、即学即用，各种编程技术都通过相应的操作实例进行了详细的介绍，并有相应的操作步骤和图形结果，不仅适合没有网页编程经验的读者学习，也适合有一定网页编程的读者学习。

企业级卓越互联网应用型人才培养解决方案能够帮助你掌握知识、培养软件工程意识，取得所向往的目标。成功在微观层次上看是“方法”的成功，如果说未能够达到理想中的目标的话，大部分原因可以归结为方法不适当。在整个学习过程中，所结识的朋友们相信将会是可为共同的目标而一起去奋斗的伙伴。该课程体系是强调掌握学习的方法，创造新的事务处理规则，触类旁通，举一反三，在学习或工作中，坚持这种思想虽然会在前期有一定的困难，但当不断深入知识后，将会发现学习也会变得越发地有趣了。

在信息化的潮流中，我们周围的世界每天都在改变，尤其是我们现在所涉及的 IT 行业。为了适应这不断变化中的实际，我们所需要承担的任务，除了适应改变不断地学习，还要不断地学习而改造规则。是适应改变？还是创造规则？还是先让我们深入到企业级卓越互联网应用型人才培养解决方案中去，从而获得收获，并以此来成就我们的明天吧！

天津滨海迅腾科技集团有限公司课程研发部

2016 年 5 月

目　录

理论部分

上机部分

理论部分

第 1 章 网页编程基础

学习目标

- ✧ 了解 Internet 和网页，掌握 HTML 基本概念。
- ✧ 掌握 HTML 标记的书写方式。
- ✧ 掌握网页编辑工具 Dreamweaver，为以后各章的学习打下良好的基础。

课前准备

一台安装了 Windows 操作系统和 Dreamweaver 的计算机。

1.1 本章简介

这一章我们介绍 HTML。首先对网络框架做一个初步的介绍，让大家对网页的分类有个了解。然后引出 HTML 的概念，通过解释 HTML 文件的结构，让大家清楚它的框架和基本的编写规则。最后介绍了几款 HTML 编辑器。

1.2 Internet 简介

Internet 是世界上最大的计算机网络，它连接了全球不计其数的网络与电脑，也是世界上最为开放的系统。时至今日，Internet 仍在迅猛发展着，并在发展中不断得到更新并被重定义。

Internet 在中国起步虽然时间不长，却保持着惊人的发展速度，本地化成为业界追求的目标。目前中文站点不断涌出，特别是中国公众多媒体骨干的建成，促使各地网络服务商提供越来越便利、快速、廉价的 Internet 接入服务，并为中文读者提供更多的网上信息资源，Internet 将成为电视、电话等之后，又一项给我们生活方式带来巨大变化的科技力量。描述 Internet 最简单的一句话是：通信。它是计算机网络的集合。对某些人来讲，它是传送电子邮件的通道，而对另外一些人来说，Internet 是他们交友、玩游戏、辩论、工作和认识世界的理想工具。

Internet，这个人类历史上的伟大工程始于 1969 年，最初称之为 ARPANET，是美国为推行空间计划而建立的。

随着计算机网络的不断发展，各种网络应运而生，在 Internet 形成气候后，它们都相继并入其中，成为 Internet 的一个组成部分。由此逐渐形成了世界各种网络的大集合，也就是我们今天所说的 Internet。

Internet 的发展要归功于美国国家科学基金会（简称 NSF）的介入。它为鼓励大学和研究机构共享他们昂贵的四台计算机主机，采用 TCP/IP 协议，建立了化名为 NSF net 的广域网。由于美国国家科学基金会的资助，很多大学和研究机构纷纷把自己的局域网并入到 NSF net 中，从 1986 年到 1991 年，并入 Internet 的计算机子网从 100 个增加到 3000 多个，几乎每年都以百分之百的速度增长。

随着 Internet 商业化的成功，使它在通信、资料检索、客户服务等方面发挥了巨大的潜力。现在 Internet 是目前世界上规模最大，用户最多，影响最广的计算机网络。它可通达上百个国家和地区，大约连接着上万个网络、数百万台计算机主机，有上千万个用户。而且每天有数千台计算机加入其中，全世界约有数以万计的人在直接或间接由 Internet 收发电子邮件，Internet 上的数据每天都在以惊人的速度增长。

通过 Internet 可以快捷方便的交换信息，访问各个领域的资深专家，获得电子杂志、游戏、音乐、电影等你所喜爱的一切。可以说，要想通过 Internet 得到你所要的信息，唯一的限制就是你的想象力。而且，网络 Java、Push 技术、虚拟现实、视频会议等 Internet 上的新技术，更加促进了 Internet 在更多领域的应用。

1.2.1 Internet 及其重要服务

Internet 已经发展成为一个内容广泛的虚拟社会。这里将向大家介绍一下 Internet 所提供的几个重要服务，在以后的学习中将涉及这几个功能。

1.2.2 WWW

信息浏览服务。这里将着重介绍一下 WWW，通过 WWW 的概念来了解浏览网页最基本的机制。WWW 的全称是 World Wide Web，译为全球范围网或万维网。其发源地为欧洲量子物理研究室(CERN)。WWW 将全球 Internet 上不同网址的相关信息有机地编制在一起，用户通过浏览器提出查询要求，而不用关心到什么地方查询及如何查询。因为这些工作会由 WWW 自动完成。一句话，WWW 就是基于超级文本(HyperText)方式的信息查询工具。

WWW 的结构非常简单，主要有服务端(Server)，也就是网页的提供者，存放网页供用户浏览的网站；另一部分是客户端(Client)，也就是网页的接受者，浏览网页的计算机，而观看网页的工具就是浏览器。在这里以 IE 浏览器为例。我们经常浏览一些不同的网页，当我们点开 IE 浏览器，在地址栏里输入一个网址，比如 www.sina.com.cn。这时候就等于告诉浏览器我们需要查询地址为“www.sina.com.cn”的服务器中所设置的默认网页。于是客户端就会发送一个请求，具体过程为：首先，客户端根据 WWW 中已经编排好的地址信息，找到这个服务器，然后告诉服务器要看里面所存储的默认网页，服务器就回答“OK”，给你看。接着，服务器就把你所请求这个网页传送给浏览器，由浏览器解析以后显示出来，就是现在所看到的页面了。

对应上面那个现实生活中的例子，我们理解以下 3 个概念。

（1）HyperText：即“超文本”。就是具有超链接功能的文件，是把一些信息根据需要链接起来的信息管理技术。一种可以指向其他文件的文字或图片，这种作用就称为超级链接(HyperLink)。浏览器可以使用超级链接取得该链接所指向的另一个文件。

（2）HTTP(HyperText Transfer Protocol)：即“超文本传输协议”，所谓的网络协议就是使计算机能够通信的标准。典型的协议规定网络上的计算机如何彼此识别。数据传输中应采用何种格式，信息一旦到达目的地时应如何处理等，协议还规定了对遗失和被破坏的传输或数据包的处理过程。就如同两个人，一个讲上海话，一个讲广东话，那么谁也不知道对方的意思。但如果双方都约定讲普通话，这样就可以相互进行交流了。而 HTTP，它是一种专门为 WWW 设计的协议，是计算机传输超文本时所使用的通讯标准。在上面例子中，客户端对服务端的请求、发送，服务端对客户端的回应正是基于这个协议，没有这个协议，客户端和服务端就无法进行交流。

（3）URL (Uniform Resource Locator)：即“统一资源定位器”。用于指定要取得的 Internet 上资源的位置与方式。在上面的例子中，www.sina.com.cn 就是一个 URL 地址。URL 地址主要有以下几种形式：

file://wuarchive.wust1.edu/mirrors/msdos/graphics/gifkit.zip

ftp://wuarchive.wust1.edu/mirrors/

http://www.w3.org/default.html

telnet://dra.com

1.2.3　E-mail

电子邮件服务，也就是一个收发信息服务。它不一定需要与 Internet 连接，只要通过已与 Internet 连接并提供 Internet 邮件服务的机构就可以收发信息了。其中我们所说的“邮箱”其实就是 Internet 邮件服务机构为用户分配的一个专门用于存放来往邮件的磁盘储存区域，并可以控制用户的收发渠道。

1.3　网页简介

网页是 Internet 上信息传播的最主要载体之一，从 Internet 上所获得的大部分资源信息都是通过网页实现的。

1.3.1　网页技术

多年以来，网页技术一直不断更新，不用多久就会有新的技术出现并马上被广泛应用，实在让人眼花缭乱。但无论技术怎样更新，基础的网页理论知识并没有多大的变化。就拿一个建筑来说，不管上层建筑样式怎么变化，这个建筑总还是建立于同一个地基之上的。网页的地基就是 HTML 语言。同时还应该看到新技术未必总是最好的，应该善于合理分析，合理利用每一种技术。

1.3.2　网页的分类

当前，网页基本上可分为 2 类：

1. 静态网页

在网站设计中，纯粹 HTML 格式的网页通常被称为“静态网页”，早期的网站一般都是由静态网页制作的。静态网页是相对于动态网页而言，是指没有后台数据库、不含程序和不可交互的网页。静态网页对于用户来说只能观看，不能与网页进行交流。

2. 动态网页

采用动态网站技术生成的网页都称为动态网页。这里说的动态网页，与网页上的各种动画、滚动字幕等视觉上的“动态效果”没有直接关系。用户一方面可以提供一定的信息给网站，网站根据用户提交的信息响应用户的要求，同时网站根据实际需要，保留用户提交的信息，如：上网注册，并提供一些使用权限给用户。另一方面，网站也可以自动收集用户的浏览信息，从而自动为用户提供更好的服务，如：欢迎信息显示。它是由其他语言（及架构体系，如.NET 架构的 ASP.NET、Java EE 架构的 JSP、AMP 架构的 PHP）配合 HTML 和 CSS 来完成。这不在本课程讨论范围之内，以后在其他课程中我们会学到。

1.4 HTML 简介和结构

前面提到过网页的地基是 HTML，现在就简单向大家介绍一下 HTML 语言。在网上，如果要向全球范围出版和发布信息，需要有一种能够被广泛理解的语言，即所有的计算机都能够理解的一种用于出版的“母语”。WWW（World Wide Web）所使用的出版语言就是 HTML 语言。通过 HTML，将所需要表达的信息按某种规则写成 HTML 文件，通过专用的浏览器来识别，并将这些 HTML“翻译”成可以识别的信息，就是我们现在所见到的网页。

1.4.1 HTML 简介

HTML，全称为 HyperText Markup Language，译为“超文本标记语言”，目前的版本为 4.0。设计 HTML 语言的目的是为了能把存放在一台电脑中的文本或图形与另一台电脑中的文本或图形方便地联系在一起，形成一个有机整体，人们不用考虑具体信息是在当前电脑上还是在网络的其他电脑上。我们只需使用鼠标在某一文档中点取一个图标，Internet 就会马上转到与此图标相关的内容上去，而这些信息可能存放在网络的另一台电脑中。

首先应该明确一个概念，HTML 不是一种编程语言，而是一种描述性的标记语言，用来描述超文本中内容的显示方式。比如该以什么颜色、大小显示，图片该以什么尺寸来显示，以及显示在什么位置等。这些都是利用一个个 HTML 标记完成的。其最基本的语法就是<标记符>内容</标记符>。标记符通常都是成对使用，有一个开头标记就对应有一个结束标记。结束标记只是在开头标记的前边加一个斜杠号“/”。当浏览器收到 HTML 文件后，就会解释里面的标记符，然后把标记符相对应的功能表达出来。

例如，在 HTML 中以<i></i>标记符来定义文字为斜体字，以<b></b>标记符来定义字为粗体字。当浏览器碰到<i></i>标记时，就会把<i></i>标记中的所有文字以斜体样式显示出来，碰到<b></b>标记时，就会把<b></b>标记中的所有文字以粗体样式显示出来。比如，有这样一个 HTML 语句：“<i>网页</i>，其结果就是"*网页*"。

简单吧？是的，HTML 就这么简单！用什么样的标记就能得到什么样的结果，易学易懂。

经常在有意无意中使用网页这一概念，那么网页的本质是什么？实际网页也是一个文件，只不过这个文件是根据 HTML 语法所写成的，所以又被称为 HTML 文件。HTML 文件的本质就是一个文本文件，只是扩展名为“.html”或“.htm”的文本文件。所以，可以利用任何文本编辑软件创建、编辑 HTML 文件。在 Windows 操作系统中，最简单的文本编辑软件就是 NotePad（记事本）。好的，现在就让我们创建自己的第一个 HTML 文件。

创建第一个 HTML 文件

HTML 文件的创建过程非常简单，具体的操作如下：

（1）执行“开始”→“程序”→“附件”→“记事本”新建一个记事本文件，如图 1-1 所示。

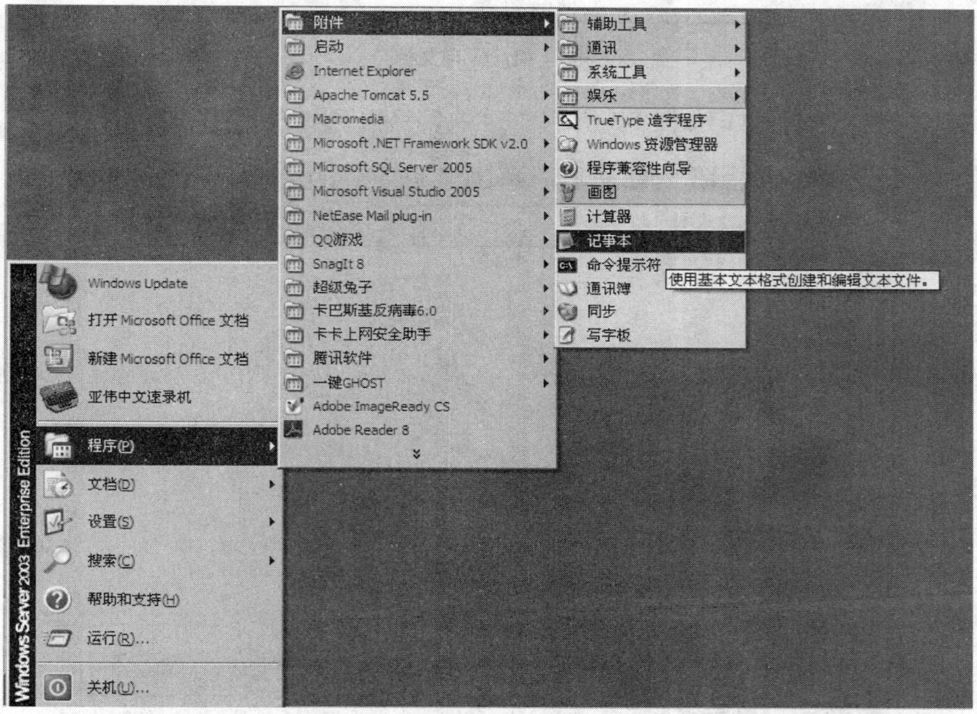

图 1–1　打开记事本

（2）在新建的记事本中写入，如代码 1-1 所示。

示例代码 1-1：天津迅腾滨海科技有限公司

```
<html>
    <head>
        <title>天津迅腾滨海科技有限公司</title>
    </head>
    <body>
        <b>迅腾欢迎你！</b>
    </body>
</html>
```

（3）编写完成后保存该文档。选取记事本菜单栏中的“文件”→“保存”或是“另存为”，如图 1-2 所示。

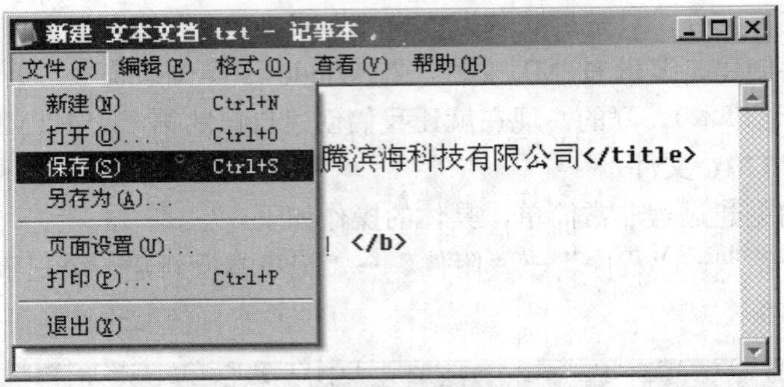

图 1-2　保存文档

（4）弹出一个对话框，如图 1-3 所示。

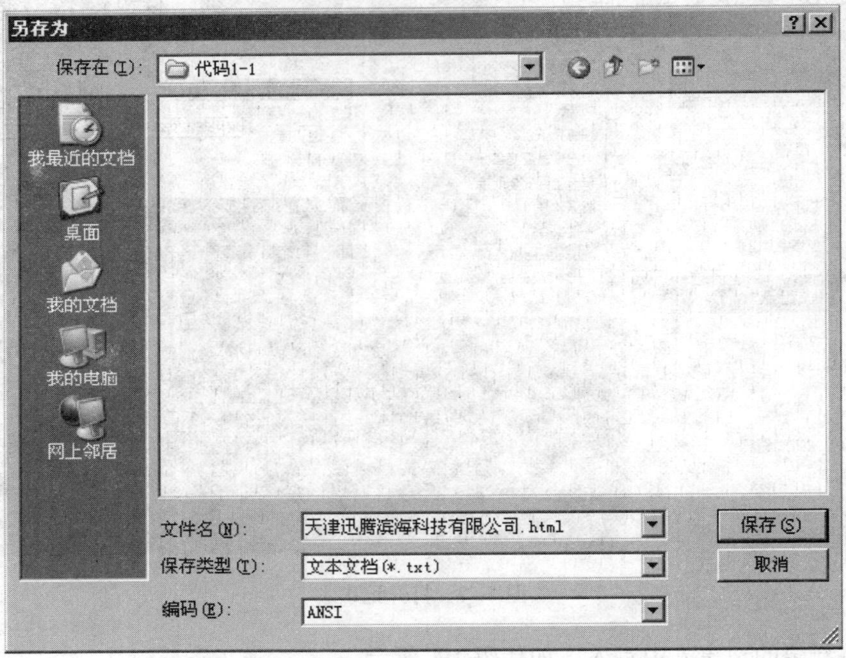

图 1-3　保存界面

（5）选择保存的路径，就是将该文件保存在什么地方。接着将其“.txt”的后缀改为“.html”或“.htm”，并命名为“天津迅腾滨海科技有限公司.html”。

（6）设置完成后单击“保存”按钮，这时该文本文件就变为了 HTML 文件，如图 1-4 所示。

图 1-4　保存后的 HTML 文件

（7）双击该 HTML 文件看到的效果如图 1-5 所示。

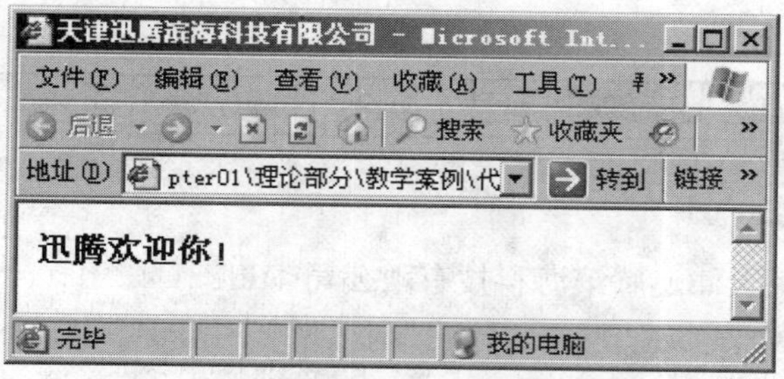

图 1–5　在 IE 中浏览网页

这就是一个 HTML 文件以及它在 IE 中的浏览效果。

1.4.2　HTML 结构

在上面的 HTML 文件里用到了 5 个 HTML 标记，其中“<b>”标记已经介绍过了。另外 4 个标记总体上构成了一个完整的 HTML 文件结构，它们分别是：

“<html>”标记

“<html>”标记放在 HTML 文件的开头，但并没有什么实质性的功能，即使没有这个标记，浏览器在碰到其他 HTML 标记时也一样会进行解析。它只是一个形式上的标记，但还是希望大家形成一个良好的编写习惯，在 HTML 文件开头使用“<html>”标记来做一个形式上的开始。

“<head>”标记

“<head>”标记也称为头标记，一般放在“<html>”标记里面，其作用是放置关于此 HTML 文件的信息。如提供索引、定义 CSS 样式等。

“<title>”标记

“<title>”标记称为标题标记，包含在“<head>”标记里面，它的作用是设定网页标题，可以看见在图 1-5 左上方标题栏中显示了所定义的这个标题，当把浏览器最小化时，在任务栏中显示的也是这个标题，如图 1-6 所示。

“<body>”标记

“<body>”标记也称为主体标记，网页所要显示的内容都放在这个标记里面，它是 HTML 文件的重点所在。以后所介绍的 HTML 标记都将放在这个标记内。然而它并不仅仅是一个形式上的标记，它本身也可以控制网页的背景颜色或是背景图像，这将在后面进行介绍。用一个树状图来表示这 4 个 HTML 标记组成的文件框架关系，如图 1-7 所示。

图 1–6　HTML 文件标题

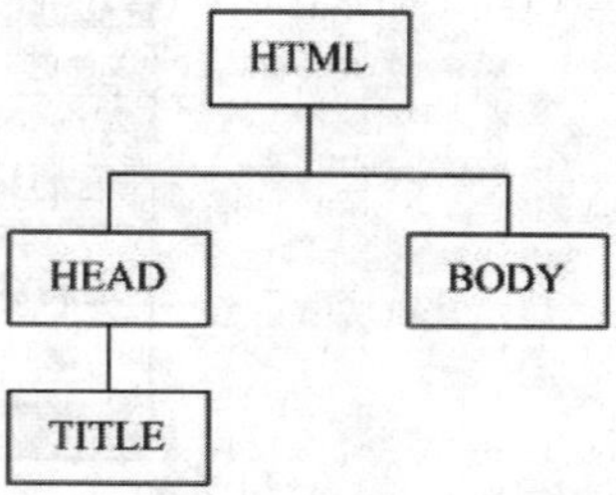

图 1–7　HTML 文件框架

另外，在构建 HTML 框架的时候要注意一个问题：标记是不可以交错的。否则将会无效甚至造成错误。例如：

示例代码 1-2：天津迅腾滨海科技有限公司

```
<html>
        <head>
        <title>天津迅腾滨海科技有限公司</title>
        <body>
        </head>
        </body>
</html>
```

这里面，第 4 行和第 5 行出现了一个交错，这种写法是错误的。

1.4.3 实例演练

通过以上的学习，我们已经对 HTML 有了一个基本的认识，下面来看看这样几个例子。

1. 注释标记

对软件从业人员来说，在代码中添加注释是非常重要的。因为人的记忆力有限，况且现在的软件庞大复杂，早已采用团队开发，代码多半是要写给别人看的。良好的注释能大大提高阅读代码的效率，降低代码的维护成本。那么 HTML 当中的注释是怎样实现的呢？

示例代码 1-3：注释标记

```
<html>
    <head>
        <title>注释标记</title>
    </head>
    <body>
        <!--天津迅腾滨海科技有限公司版权所有-->
        <b>迅腾欢迎你！</b>
    </body>
</html>
```

在浏览器中打开这个网页，其效果如图 1-8 所示。

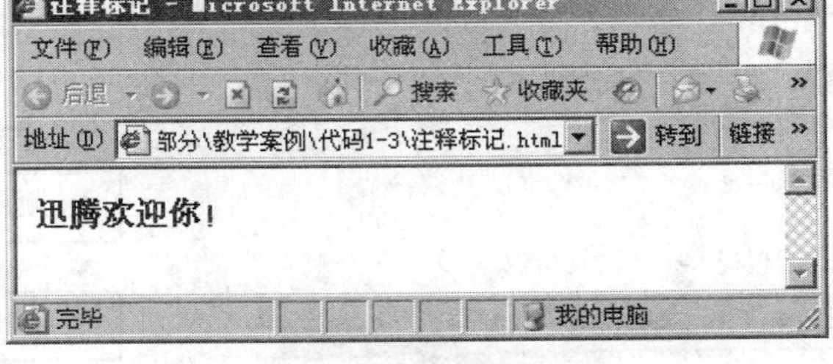

图 1-8 注释标记

可以看到，代码中的“天津迅腾滨海科技有限公司版权所有”几个字并没有在浏览器中显示出来。“<!--　-->”这对标记就称为注释标记，它作用只是提醒自己或帮助他人了解该文件的内容，所以注释标记中的内容是不会被显示在浏览器中的。

2. 标题标记

是文章总要有标题，给文章一个醒目的标题会达到提纲挈领、总括和强调要传达的内容的作用。那么当网页中不只有一篇文章或传达一种内容的时候，难免要像报纸或者杂志那样大标题套小标题。这些和标题相关的问题在 HTML 中怎样解决呢？

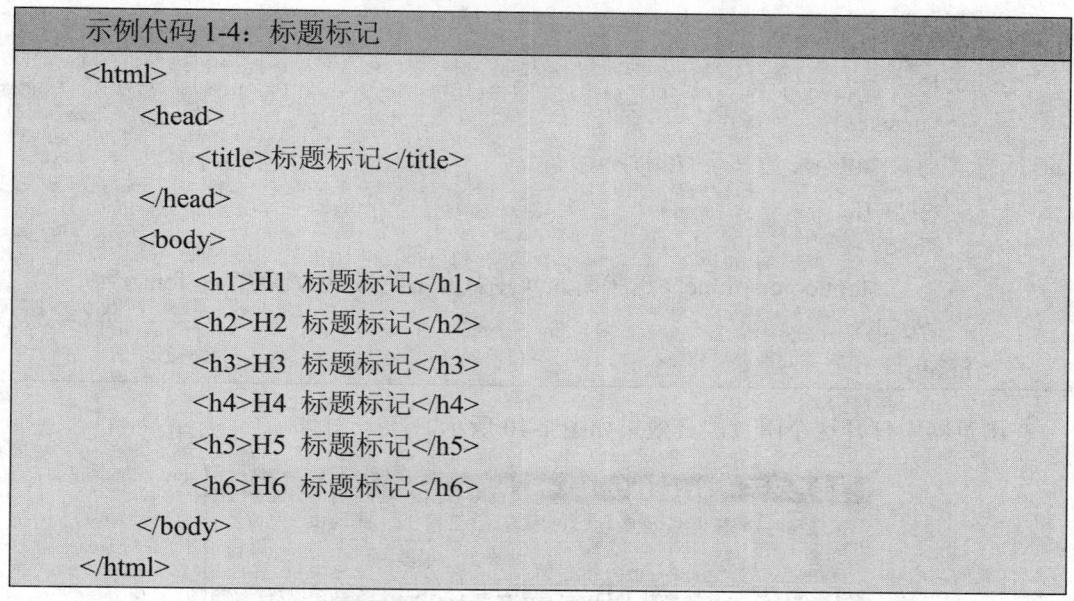

示例代码 1-4：标题标记

```
<html>
    <head>
        <title>标题标记</title>
    </head>
    <body>
        <h1>H1 标题标记</h1>
        <h2>H2 标题标记</h2>
        <h3>H3 标题标记</h3>
        <h4>H4 标题标记</h4>
        <h5>H5 标题标记</h5>
        <h6>H6 标题标记</h6>
    </body>
</html>
```

在浏览器中打开这个网页，其效果如图 1-9 所示。

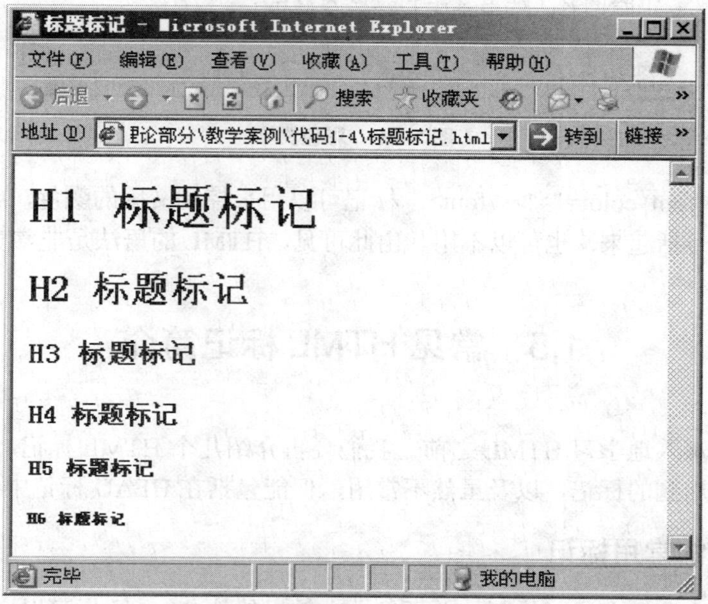

图 1–9　标题标记

这里运用了标题标记“<hX></hX>(X 表示从 1 到 6 的数字)”。这个标记是用来设置标题文字以加粗方式显示在网页中，它共有 6 个层次，也就是可以设置 6 种大小样式。如果设置越出了这个范围，将以浏览器默认大小显示。

3. 彩色文字

试想在阅读网页信息的过程中，面对着通篇同样颜色的文字会是什么感受？为了避免视觉疲劳，增加信息的传播效果和吸引更多关注，现在的网页一般都不止一种文字颜色。那么在 HTML 中能否像其他文本编辑器一样自定义文字颜色呢？

示例代码 1-5：彩色文字

```
<html>
    <head>
        <title>彩色文字</title>
    </head>
    <body>
        <font color="blue">迅腾简介（注意文字的颜色为蓝色）</font>
    </body>
</html>
```

在浏览器中打开这个网页，其效果如图 1-10 所示。

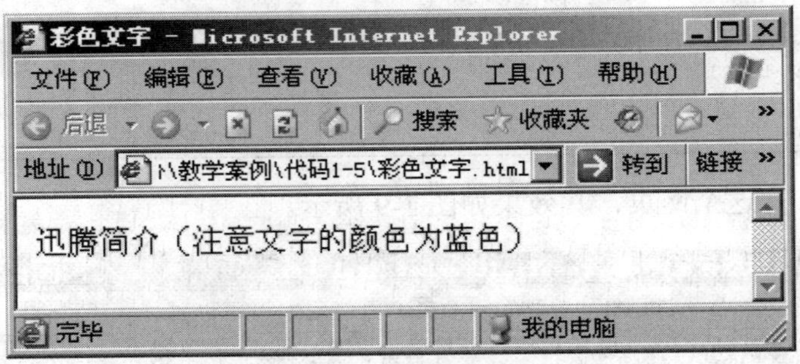

图 1-10 彩色文字

代码中的“<font color="#"></font>”标记可以用来控制文字的颜色，#代表颜色的英文名称，一般用引号括起来，也可以不用。由此可见，HTML 的语法是非常宽的。

1.5 常见 HTML 标记简介

在更详细、深入地学习 HTML 之前，我们要再介绍几个 HTML 标记。其中有文本编辑中最常见和最常用到的标记，以及虽然不常用，但能包括在 HEAD 标记中的标记。

1.5.1 文本中的常用标记

在网页中对文字段落进行排版，并不像文本编辑软件 Word 那样可以定义许多模式来安排文字的位置，甚至连 Word 中可以进行的最基本的编排操作也不行。在网页中要让某一段落文字放在特定的地方是通过 HTML 标记来完成的。先看下面这样一个实例。

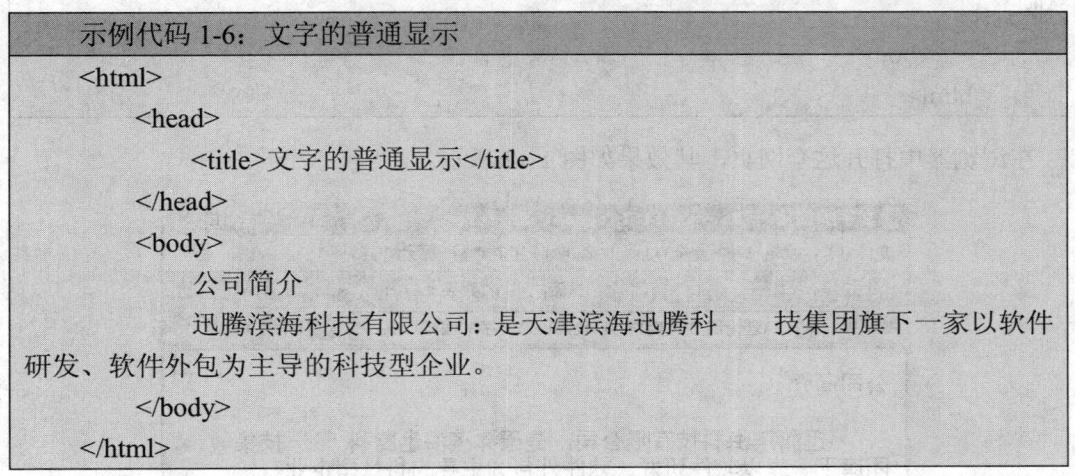

示例代码 1-6：文字的普通显示

```
<html>
    <head>
        <title>文字的普通显示</title>
    </head>
    <body>
        公司简介
        迅腾滨海科技有限公司：是天津滨海迅腾科      技集团旗下一家以软件
研发、软件外包为主导的科技型企业。
    </body>
</html>
```

在浏览器中打开这个网页，其效果如图 1-11 所示。

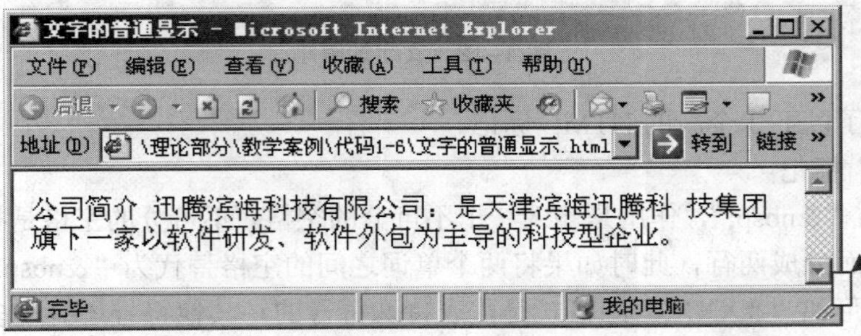

图 1-11　文字的普通显示

图 1-11 中当 IE 窗口的宽度变窄时，文字会适应窗口自动换行。由上图得到的实际效果可知，一般在 HTML 文件里，不管输入多少空格，如程序中“科技”之间有多个空格，都被视为一个空格，如图 1-11 所示。任何换行操作都是无效的。如程序中粗体部分有换行但是在 IE 窗口中显示是没有换行的。因为输入的空格或回车，浏览器是不识别的，它只知道要按照 HTML 标记来执行。如果需要换行，就必须要用一个标记来告诉浏览器这时要进行换行操作，这样浏览器才会明白。

因此，如果想要实现和文本文件中一样的编排效果，只需要加入 HTML 标记就可以了。

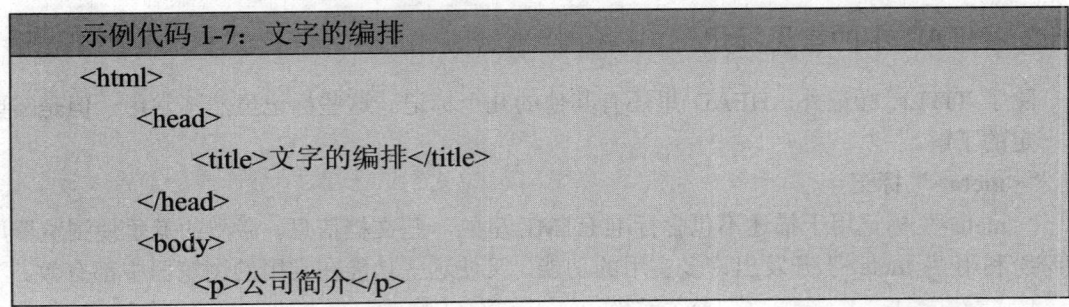

示例代码 1-7：文字的编排

```
<html>
    <head>
        <title>文字的编排</title>
    </head>
    <body>
        <p>公司简介</p>
```

```
            迅腾滨海科技有限公司：是天津滨海迅腾科
    技集团旗下一家以软件研发、软件外包为主导的科技型企
业。<br>
        </body>
    </html>
```

在浏览器中打开这个网页，其效果如图 1-12 所示。

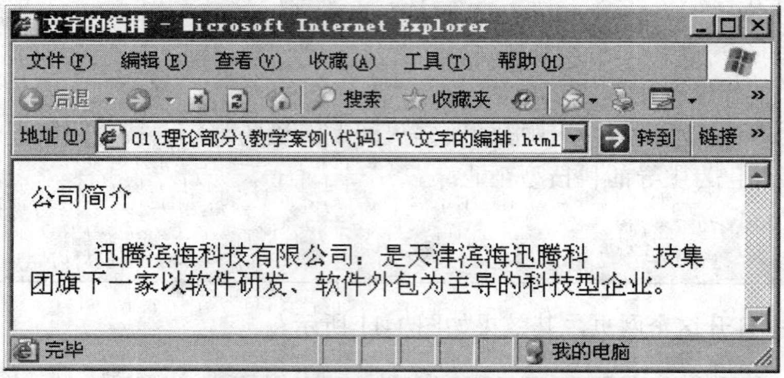

图 1-12 文字的编排

这里使用了以下 3 个新的 HTML 标记。

“ ”标记

空格符号：“ ”，作用是输入一个不可分的空格。不可分的空格是指两个单词有时会因版面关系而分成两行，此时如果将两个单词之间的空格替代为“ ”，则它们将总是在一行中。形如“&XXX;”的格式是代表特殊符号的，其他符号还有许多，我们会在以后的学习中遇到。

**“
”标记**

换行标记：“<br>”，这是一个单个使用的标记，作用是将文字换行显示。效果就如同按“Enter”键。“</br>”和“
”效果也同这个换行标记一样，许多 HTML 编辑器也自动生成这样的代码。

“<p></p>”标记

段落标记：“<p></p>”，它与“
”的区别在于，“<p>”除了换行外，还会用一行空白加以间隔，效果就如同连续按了两下“Enter”键。“<p>”标记也可以单个使用，但不建议初学者这样操作。

1.5.2 HEAD 中的常见标记

除了 TITLE 标记外，HEAD 里还有其他的几个标记。这些标记虽然不常用，但是需要有一定的了解。

“<meta>”标记

“<meta>”标记用于描述不包含标准 HTML 里的一些文档信息。激烈的竞争使浏览器厂商纷纷利用“<meta>”开发出许多实用的功能，又使这些功能在常用的浏览器中都有效。下

面介绍几个很有用的用法：

（1）<meta name="keywords" content="your keyword">

<meta name="description" content="your homepage's description">

在“your keyword”和“your homepage's description”处添加你的关键字和你的主页描述。在页面里加上这些定义后，一些搜索引擎就能够让读者根据这些关键字查找到你的主页，了解你的主页内容。

（2）<meta http-equiv="refresh" content="5;url=http://news.xt-kj.com/" >

上面的语句使浏览器在 5 秒之后，自动转到“http://news.xt-kj.com/”页面。你可以利用这个功能制作一个封面，在若干时间后，自动让读者来到你的目录页。

如果 URL 项没有，浏览器就是刷新本页。这就实现了 WWW 聊天室定期刷新的特性。

（3）<meta http-equiv="Content-Type" content="text/html; charset= GB2312" >

描述本页使用的语言。浏览器根据此项，就可以选择正确的语言编码，而不需要读者自己在浏览器里选择。GB2312 是指简体中文，而台湾 BIG5 内码的主页则使用 BIG5。

（4）<meta http-equiv="Pragma" content="no-cache">

强制性调用网上的最新版本。浏览器为了节约时间，在本地硬盘上保存一个网上文件的临时版本。在你要重新调用时，直接显示硬盘上的文件，而不是网上的。如果你想让读者每次都看到最新的版本，就加上这句话。

“<link>”标记

“<link>”标记用于显示本文档和其他文档之间的连接关系。一个最有用的应用就是外部层叠样式表的定位。格式如下：

<link href="Css/Css.css" rel="stylesheet" type="text/css" />

rel 参数说明两个文档之间的关系。href 说明目标文档名。关于层叠样式表（CSS）将在后面的课程中详述。

“<base>”标记

“<base>”标记是一个基链接的单标记。用以改变文件中所有链接标记的参数。它只能应用于标记<head>与</head>之间。网页上的所有相对路径在链接时都将在前面加上基链接指向的地址。

示例代码 1-8：base 标记

```
<html>
    <head>
        <base href="http://news.xt-kj.com/" target="_blank">
        <meta http-equiv="Content-Type" content="text/html; charset=gb2312">
        <title>base 标记</title>
    </head>
    <body>
        <a href="index.aspx" target="_blank">天津迅腾滨海科技有限公司</a>
    </body>
</html>
```

当点了链接后，跳出的文件是 http://news.xt-kj.com/ index.aspx，它就是在这些相对路径的文件前加上基链接指向的地址。如图 1-13 所示。

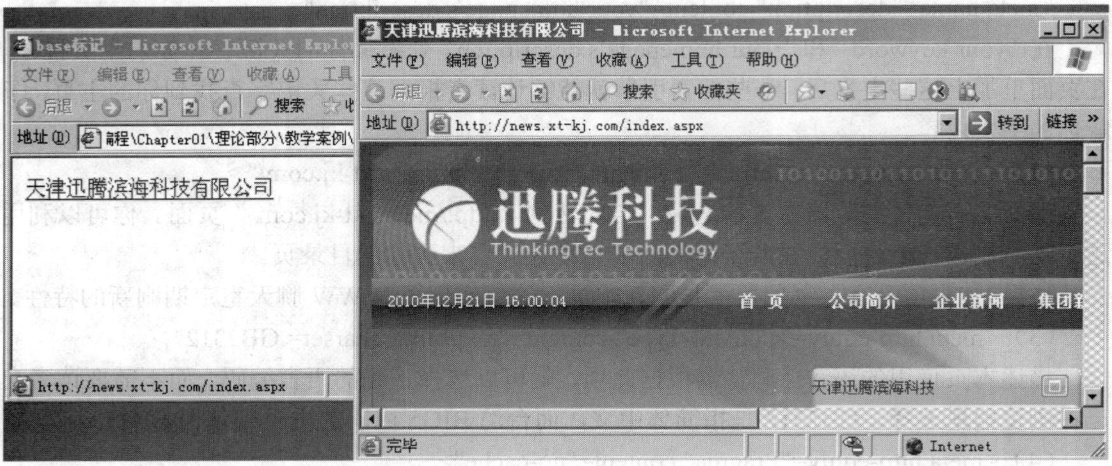

图 1–13 “<base>”标记

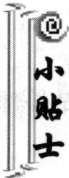

小贴士

程序中的“target="_blank"”是在点击链接时新页面是以打开新窗口方式打开的。

1.6 网页源文件的获取和编辑器介绍

HTML 本身是十分简单的，可是要做一个精美的网页却不容易，这需要较长时间的实践。在这个过程中，除了要多做外，还要多看，看别人的网页是怎么设计、制作的。有时同一种网页效果，可以采用多方法来完成。所以对于初学者来说，不要轻易放过任何一个网页，要实际看看人家是怎样编写 HTML 代码的，也就是查看网页源文件。

1.6.1 直接查看源文件

查看 HTML 源文件的具体步骤如下。

打开 IE 浏览器，选择从菜单栏中的“查看(V)”→“源文件(C)”即可看到该网页的源文件了如图 1-14。或者直接在网页上右击鼠标在弹出菜单中选择“查看源文件(V)”，结果一样。

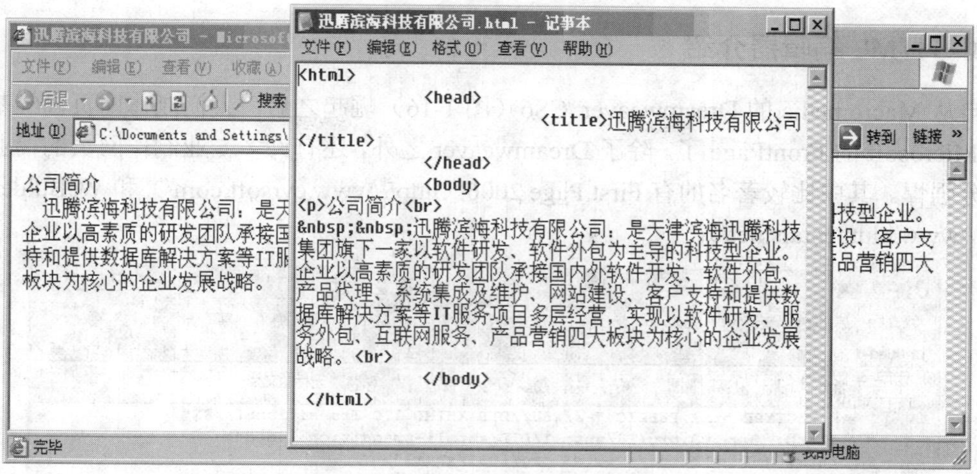

图 1–14　查看源文件

1.6.2　保存网页

我们甚至可以把整个网页保存下来。具体方法如下。

选择浏览器菜单栏中的“文件”→“另存为”命令，这样就可以将该网页相关的整套部件全部保存下来，如图 1-15。

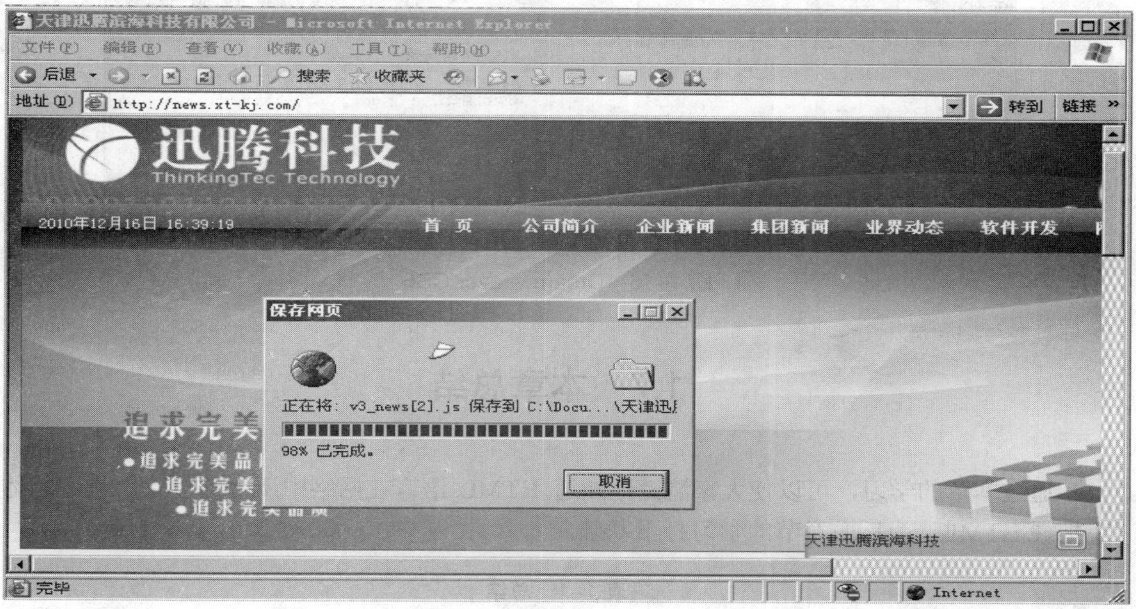

图 1–15　保存网页

这些整套部件包括了网页中所用到的图片，所调用的 HTML 文件以及 CSS 文件（层叠样式）或 JS 文件（JavaScript 脚本文件）等。有时由于网页采用了一些保密技术，使得用户不能将网页保存下来，或者采用了一些“隐藏”网页，这样保存下来的 HTML 文件，就看不到其详细的代码。不过没有关系，大部分的网页都是非常友善的，可以充分享受网页中所提供的资源。

1.6.3 HTML 编辑器介绍

自从 Macromedia 的 Dreamweaver CS6（图 1-16）崛起之后，人们制作网页已经基本上不用 Microsoft 的 FrontPage 了。除了 Dreamweaver 之外，还有许多专业制作网页的商业软件也十分强悍。其中比较著名的有 First Page 2006（http://www.evrsoft.com/）和 WeBuider 2010（http://www.blumentals.net/）。

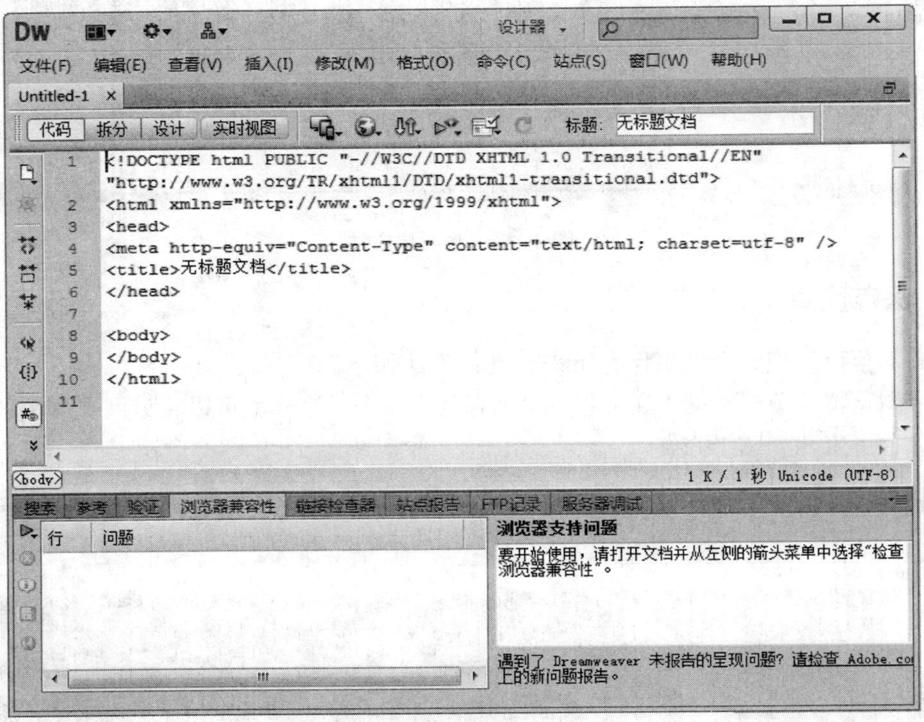

图 1-16 Dreamweaver CS6

1.7 本章总结

通过本章的学习，可以使大家清楚地知道 HTML 语言在网络中所处的位置，从而总体上把握 HTML，为后面章节的学习打下基础。

表 1-1 总结

标记	含义
<html></html>	HTML 文档的开始，结束
<head></head>	HTML 文档的头部，最开始被浏览器调入的部分
<title></title>	HTML 文档的标题，显示于网页最上面的标题中
<body></body>	HTML 文档的主体，网页呈现出来最主要部分
<b></b>	粗体显示包含在标记中的文字
<i></i>	斜体显示包含在标记中的文字

续表

标记	含义
<!--X-- >	HTML 注释标记，X 处填写注释，不会被浏览器解释显示
<hX></hX>	HTML 标题标记，X 处填写 1～6 之间的数字，标题 1 最大
<font></font>	控制文字的标记，以后会讲，主要属性是 color，控制颜色
	HTML 特殊字符，以后会讲，显示为一个不间断空格
 	HTML 换行标记，也可以写成</br>或 ，效果同回车
<p></p>	HTML 段落标记，以后会讲

1.8　小结

✓　HTML 是一种标记语言，是在普通文档上添加标记，使文本按照标记表示的意义来呈现。

✓　HTML 文件的结构由<html>，<head>，<title>，<body>4 个标记组成，标记要完整，不能交叉。

1.9　英语角

CSS：Cascading Style Sheets（层叠样式表），简称“样式表”，一种设计网页样式的标准。
PHP：一种用来制作动态网页的服务器端脚本语言。

1.10　作业

1．网页的分类有________、________。HTML 主要用来制作其中的________、______。
2．“title” 标记的作用是__________，正确的结束标记应该是（　）。
a.</title>　　b.<title>　　c.<title/>
3．注释标记是__________。标题标记的取值范围是从____到____，其中__字体最大。
4．HTML 一般由____个标签组成。写一个空白的 HTML 文件，展示 HTML 的结构。
5．不间断空格标记是______，换行回车标记是______，段落标记是______。

1.11　学员回顾内容

1．网页的分类。
2．HTML 的结构。
3．文本中常用的标记。

第 2 章　使用文字、图片、超链接

学习目标

✧ 理解文字、图片、超链接在网页中的作用。

✧ 掌握在 HTML 中使用文字、图片、超链接的技巧。

课前准备

一台安装了 Windows 操作系统和 Dreamweaver 的计算机。

复习上一章的内容。

2.1　本章简介

这一章我们介绍文字、图片、超链接在 HTML 中的用法。文字在网页中起到信息传递的作用。图片是网页中不可或缺的元素。HTML 文件最重要的应用就是超链接。学习了本章，你将能够在 HTML 中编排文字、插入图片、建立超链接等，使网页整齐美观。

2.2　使用文字

在我们浏览的各种各样的网页中，极少看见没有文字的网页，在网页中插入文字并不困难，可主要问题是要如何编排这些文字以及控制这些文字的显示方式，才能让文字看上去编排有序、整齐美观。这就是本节要介绍的内容。学习本节可以让大家掌握如何在网页中合理使用文字，如何根据需要选择不同的文字显示效果。

2.2.1　文字的编排

大多数时候文字的版面处理并非上一章介绍的那样简单。对于处理文字的更多要求，比如居中显示，段落的编排等等，就需要用下面介绍的更多文字的编排方式来满足。

1. 单行显示

与换行标记“
”对应的还有一个标记，为“<nobr>”标记，它的作用是强制性不换行，不管浏览器窗口多大，都只以一行显示。

示例代码 2-1：强制不换行

```
<html>
    <head>
        <title>强制不换行</title>
    </head>
        <body>
        庆迅腾国际科技公司成立一周年
        福布斯：马云是中国的福布斯
        微软宣布 10 月 11 日关闭社交通信服务 Vine
        <nobr>
        庆迅腾国际科技公司成立一周年
        福布斯：马云是中国的福布斯
        微软宣布 10 月 11 日关闭社交通信服务 Vine
        </nobr>
    </body>
</html>
```

在浏览器中打开这个网页，其效果如图 2-1 所示。

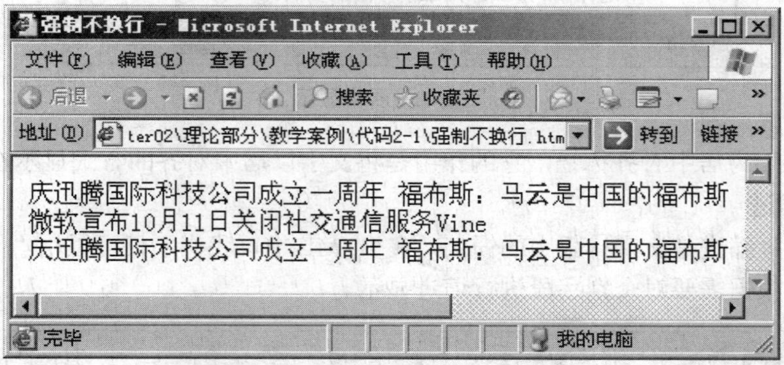

图 2-1　强制不换行

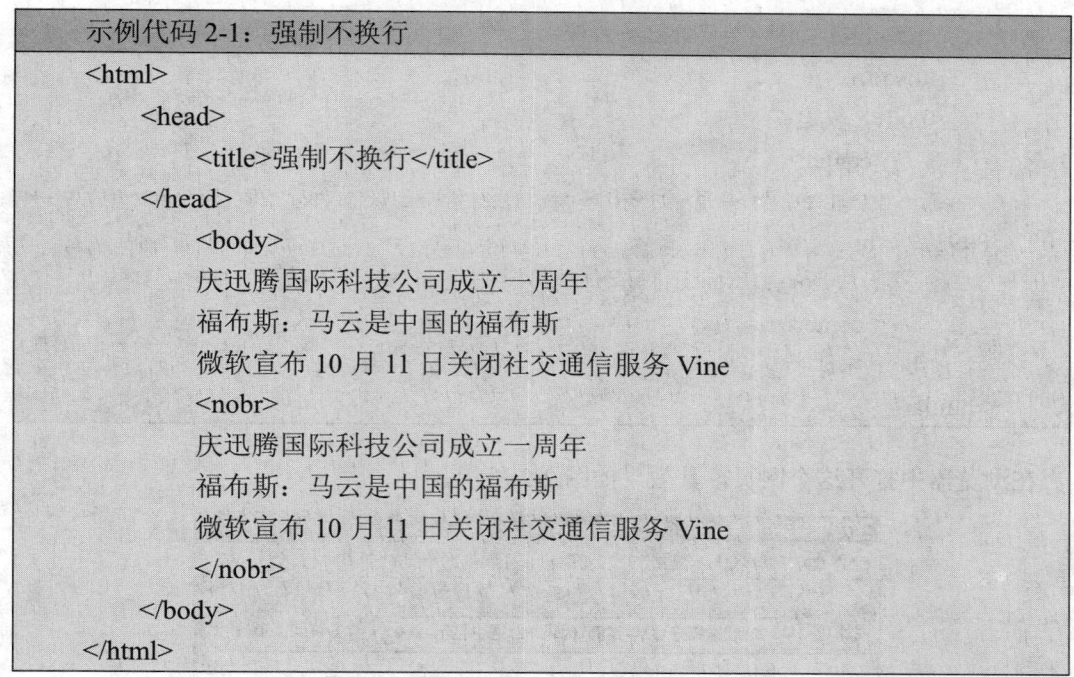

可以看到，上面的代码分别对同一段文字做了不同的设置，前面一段按照浏览器的默认方式显示，随着窗口的大小变动，文字也会自动跟着换行显示；而后面一段则采用了“<nobr>”标记，不管窗口大小如何变动，它都只以一行来显示文字。

2. 居中显示

如果对文字显示在浏览器中的位置不加以限定，浏览器就会以默认的方式来显示文字的位置，即从靠左的位置开始显示文字。但在实际应用中，可能需要在窗口的正中间开始显示文字，这时就需要另一个 HTML 标记来完成。

示例代码 2-2：居中显示

```
<html>
    <head>
```

```
        <title>居中显示</title>
    </head>
    <body>
        <center>
        地 址 ： 天 津 市 河 东 区 十 一 经 路 三 联 大 厦  20  层 <br> 电 话 ：
022-58993777<br>
        版权所有：天津迅腾滨海科技有限公司 <br>
        </center>
    </body>
</html>
```

在浏览器中打开这个网页，其效果如图 2-2 所示。

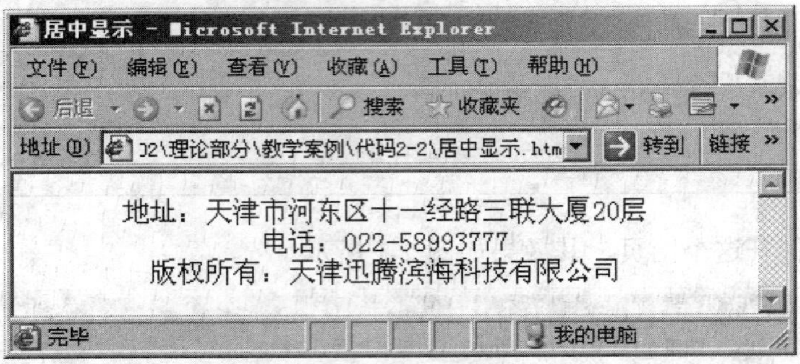

图 2–2 居中显示

“<center>”为居中对齐标记，它的作用是将文字以居中对齐的方式显示在网页中。

3. 段落缩进

对段落进行缩进是文字排版中的惯例，在 HTML 中，我们不仅可以用“<p></p>”标示段落，也可以根据需要对个别字段进行缩进显示。

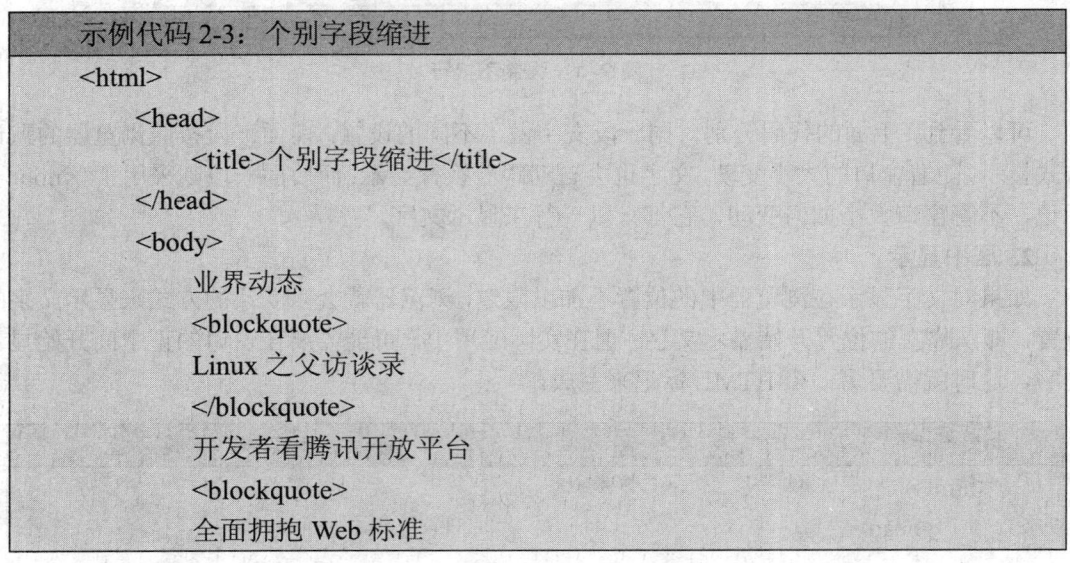

示例代码 2-3：个别字段缩进

```
<html>
    <head>
        <title>个别字段缩进</title>
    </head>
    <body>
        业界动态
        <blockquote>
        Linux 之父访谈录
        </blockquote>
        开发者看腾讯开放平台
        <blockquote>
        全面拥抱 Web 标准
```

```
        </blockquote>
    </body>
</html>
```

在浏览器中打开这个网页，其效果如图 2-3 所示。

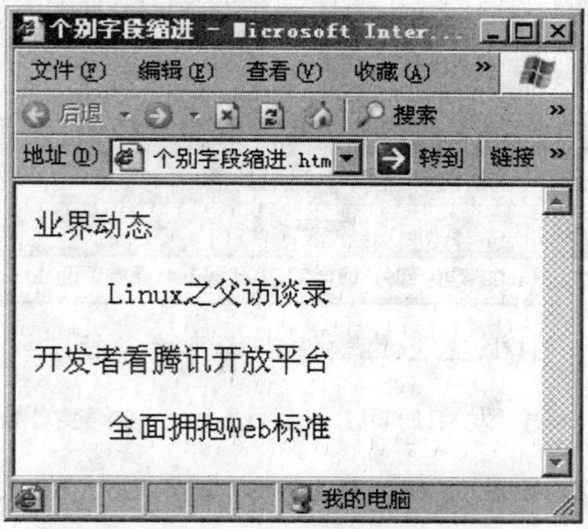

图 2-3　段落缩进

“<blockquote>”为右缩进标记，它的作用是将某段文字以向右缩进的方式显示。

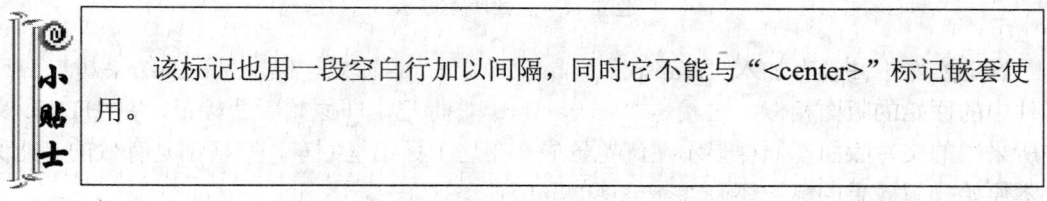

> **小贴士**
>
> 该标记也用一段空白行加以间隔，同时它不能与“<center>”标记嵌套使用。

4. 原始版面的显示

当遇到有特定格式的文字时，用前面介绍的那些简单的文字排版标记逐个调整就显得很复杂了。能否有标记能够保留文本原来的格式呢？先来看下面的例子。

示例代码 2-4：原始版面

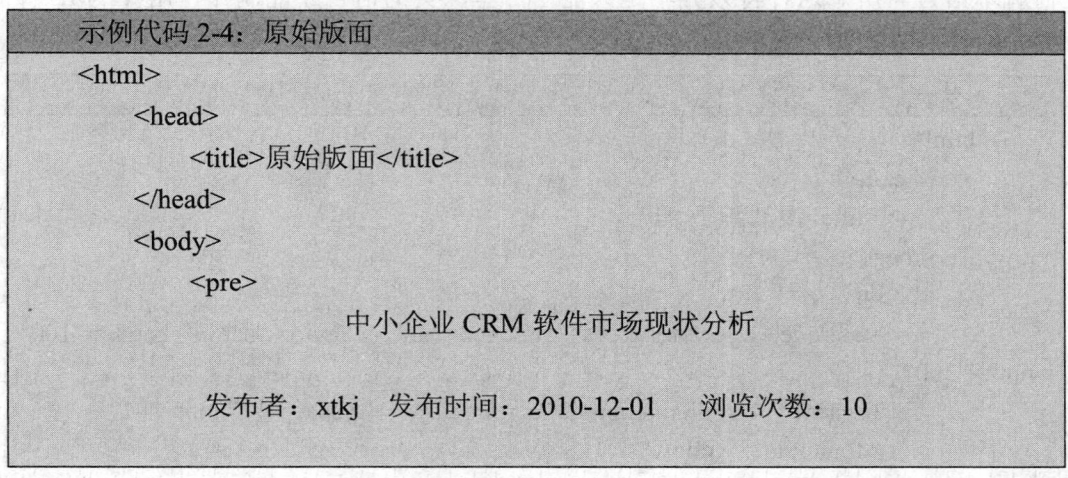

```
<html>
    <head>
        <title>原始版面</title>
    </head>
    <body>
        <pre>
                    中小企业 CRM 软件市场现状分析

            发布者：xtkj　发布时间：2010-12-01　　浏览次数：10
```

```
        从目前情况来看，中小企业 CRM 市场日趋成熟，大型企业的 CRM
    市场已经饱和。
        </pre>
    </body>
</html>
```

在浏览器中打开这个网页，其效果如图 2-4 所示。

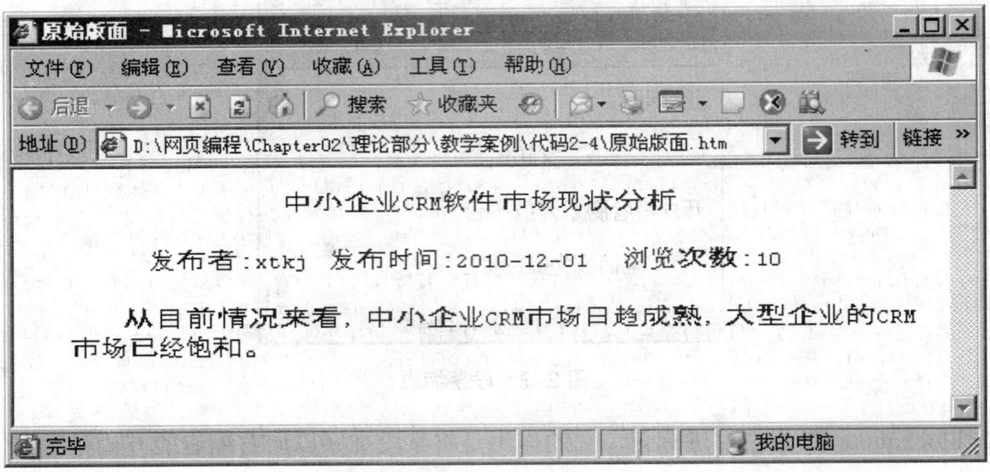

图 2-4 原始版面显示

在该实例中并没有加入“ ”“<br>”“<p>”等标记，但是显示的结果却与 HTML 文件中的原始的版面相似。这就是“<pre></pre>”标记，即原始版面标记，在 HTML 文件中所采用的文件版面都原样显示在浏览器中。在这个标记里回车，空格都是有效的。能保持文本原始排版效果的标记还有“<xmp></xmp>”。

5. 制作滚动字幕

滚动字幕在网页制作中非常有用，主要用于一些消息发布。它可以让网页更加生动活泼，并可以体现出一种即时性。滚动字幕常常由其他一些脚本语言编程完成，可现在我们还没学任何脚本语言。所幸这种特效并不是只能由一些深奥的语言才能制作，用 HTML 中的“<marquee>”标记照样能实现。

示例代码 2-5：滚动新闻

```
<html>
    <head>
        <title>滚动新闻</title>
    </head>
    <body>
        <marquee bgcolor="green" direction="up" behavior="scroll" height="100"
width="300"
        hspace="1" scrollamount="2" scrolldelay="1" vspace="1" loop="-1">
        <font color="yellow">
```

```
            天津卡巴斯基企业版开放空间代... <br>
            ----------------------------<br>
            迅腾科技公司成功代理卡巴斯基...<br>
            ------------------------------<br>
            迅腾科技—戴尔天津代理<br>
            ------------------------------<br>
            天津迅腾滨海科技公司入围天津...<br>
            ------------------------------<br>
            </font>
            </marquee>
        </body>
    </html>
```

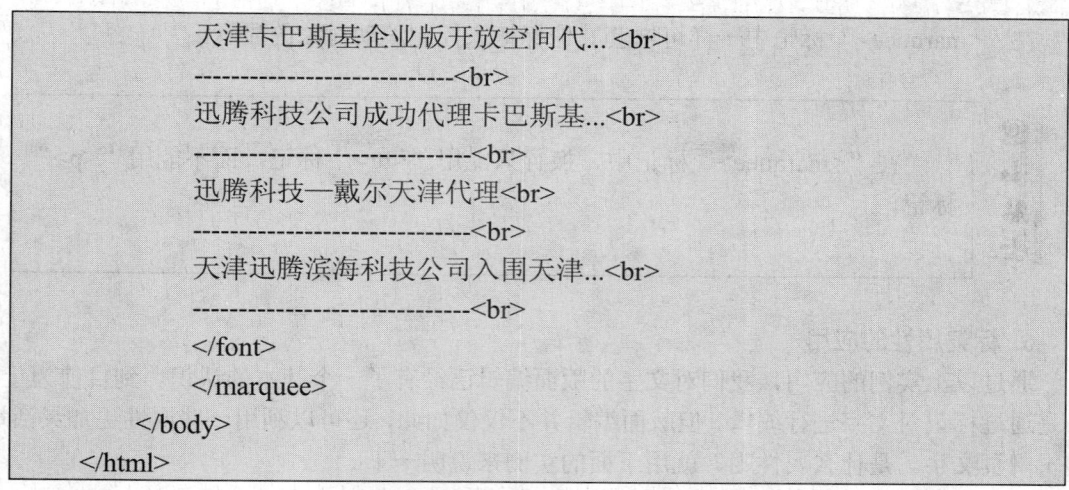

在浏览器中打开这个网页，其效果如图 2-5 所示。

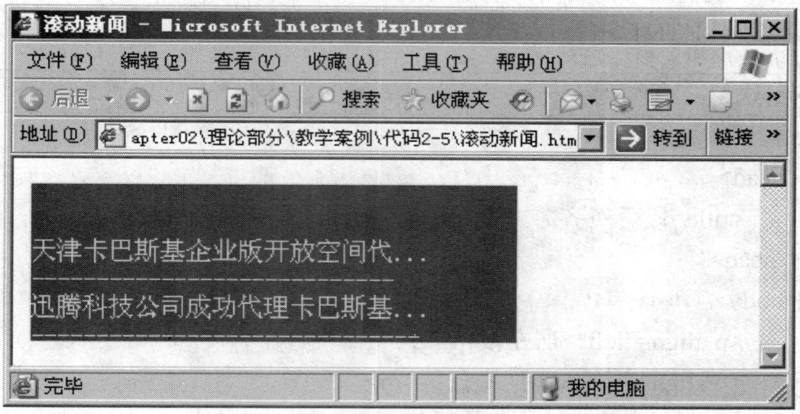

图 2–5　滚动新闻

代码中的标记“<marquee></marquee>”，它的作用就是控制滚动的。只要通过对其属性的设置就能做出多种滚动样式。上面代码中的“bgcolor”“direction”“behavior”“height”“width”“hspace”“scrollamount”“scrolldelay”“vspace”“loop”都是“<marquee>”的属性。这些属性的含义如下：

bgcolor：背景颜色，值为颜色的英文名称。

direction：滚动方向，值为 left（左）、right（右）、up（上）、down（下）。

behavior：滚动方式，值为 scroll（滚动）、slide（滑动）、alternate（摆动）。

height：滚动对象的高度，值为数字（单位为像素）。

width：滚动对象的宽度，值为数字（单位为像素）。

hspace：滚动对象到背景左右空白区域的宽度，值为数字（单位为像素）。

scrollamount：设定滚动速度，值为数字（数字越大，速度越快）。

scrolldelay：两次滚动之间的延迟时间，值为数字（数字越大，时间越长）。

vspace：滚动对象到背景上下空白区域的高度，值为数字（单位为像素）。

loop：滚动次数，值为数字（-1 表示一直滚动，直到页面更新）。

在“<marquee>”标记中一样可嵌套其他标记来控制滚动对象的显示。

> 小贴士
>
> 在“<marquee>”标记中，换行只能用“
”标记，而不能用“<p>”标记。

6. 标记属性的应用

通过以上实例的应用，我们对文字的版面编辑已经有了一个基本的认识。到目前为止，只是通过标记对文字进行编辑。但版面编辑并不仅仅如此，还可以利用一些属性更加灵活地编辑网页文字。是什么属性呢？就用下面的实例来说明一下。

（1）段落位置的控制

文字编辑中，我们经常需要用到段落的居中、居左或者居右，这在 Word 等文本处理工具中可以轻易实现。HTML 中能否实现，又是怎样做的呢？

示例代码 2-6：段落对齐方式

```
<html>
      <head>
            <title>段落对齐方式</title>
      </head>
      <body>
            <p align="left">居左段落</p>
            <p align="center">居中段落</p>
            <p align="right">居右段落</p>
      </body>
</html>
```

在浏览器中打开这个网页，其效果如图 2-6 所示。

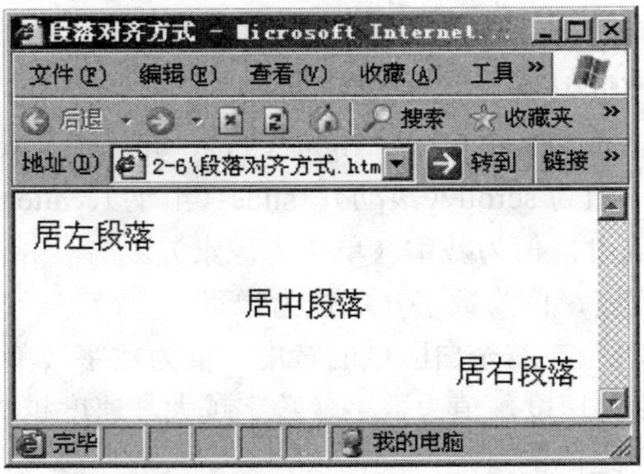

图 2–6 段落对齐方式

在上面这个实例中可以看到依然使用的是“<p>”标记，只不过在该标记内加入了属性的控制，如“align="center"”“align="left"”“align="right"”。“align”就是一个属性，它的作用是控制该标记所包含文字的显示位置，“center”“left”“right”就是该属性的属性值，用于指明该属性应以什么样的方式来进行控制。

在大多数 HTML 标记中都可以加入属性控制，属性的作用是帮助 HTML 标记进一步控制 HTML 文件的内容，比如内容的对齐方式（上面实例），文字的大小、字体、颜色，网页的背景样式，图片的插入等等。其基本语法为：<标记名称 属性名 1=属性值 1 属性名 2=属性值 2…> </标记名称>。

如果一个标记里使用了多个属性，各个属性之间以空格来间隔开，其中设置属性值的引号是可以省略的，但不建议初学者省略它。不同的标记可以使用相同的属性，但某些标记有着自己专门的属性设置。下面就通过几个实例来使大家加深对属性的理解并学会运用。

（2）网页背景的设置

在前面第一章中我们曾经学过“<body>”标记，它除了作为形式上的标记外，还可以控制网页的背景以及文字字体的颜色。

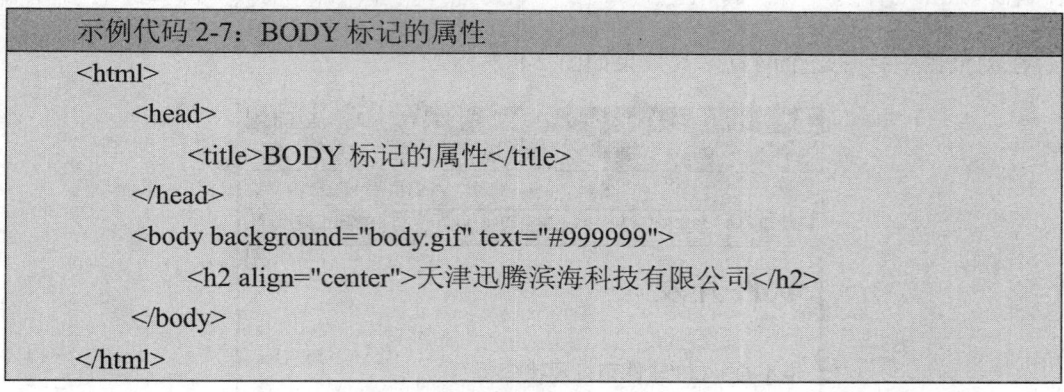

示例代码 2-7：BODY 标记的属性

```
<html>
    <head>
        <title>BODY 标记的属性</title>
    </head>
    <body background="body.gif" text="#999999">
        <h2 align="center">天津迅腾滨海科技有限公司</h2>
    </body>
</html>
```

在浏览器中打开这个网页，其效果如图 2-7 所示。

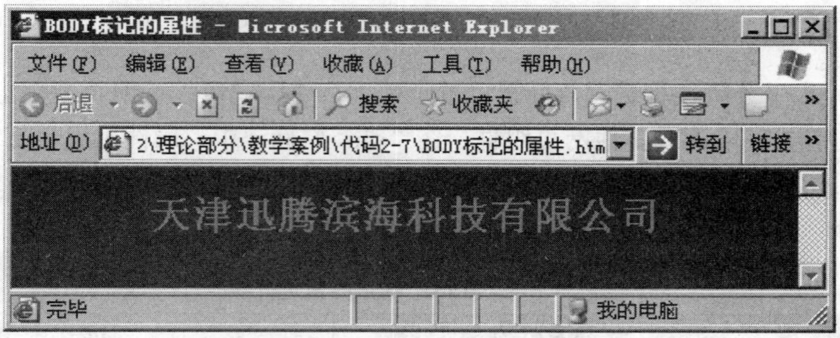

图 2–7　BODY 标记的属性

这里引用的是与本 HTML 文件在同一个文件夹下，名为“body.gif”的图片，通过“<body>”标记的“background”属性来设置网页的背景图像。通过“<body>”标记的“text”属性来设置网页的文字颜色。除了以上的两个属性“background”和“text”之外，“<body>”标记还有一个“bgcolor”属性，用来设定网页的背景颜色。

（3）水平分隔线标记及其相关属性

一些简历、公文或者其他文档需要在指定的位置画一条水平分隔线，现在我们就用 HTML 把它画出来。

示例代码 2-8：水平分隔线

```
<html>
    <head>
        <title>水平分隔线</title>
    </head>
    <body>
        <h2 align="left">软件开发</h2>
        <hr align="left" width="215" size="2" color="#CCCCCC">
        中小企业 CRM 软件市场现状分析
    </body>
</html>
```

在浏览器中打开这个网页，其效果如图 2-8 所示。

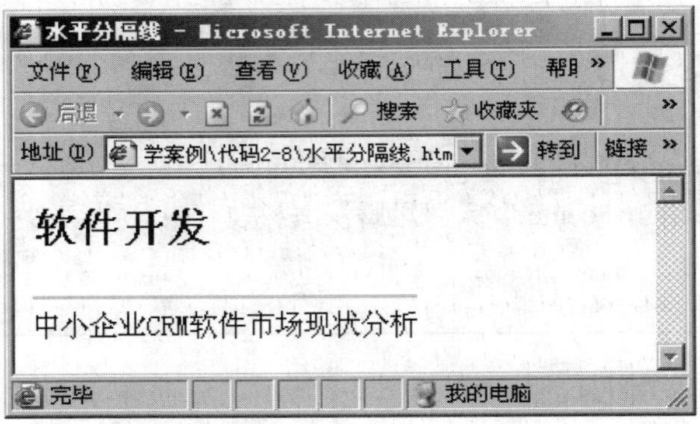

图 2-8 水平分隔线

“<hr>”为水平分隔线标记，该标记可单个使用，使用它可以在网页上划出一条水平线，用以分别不同的文字段落或其他网页组件。在“<hr>”标记中，属性不用全部设置，而是根据需要选择某些属性进行设置，未设置的属性浏览器将以默认方式显示。

“<hr>”标记的相关属性介绍如表 2-1 所示。

表 2-1 “<hr>”标记的属性介绍

属性名	属性值	功能
align	left/center/right	控制水平线对齐方式
color	颜色的英文名称	设置水平线颜色
noshade	无	不显示水平线的立体阴影
size	数字（单位是像素）	控制水平线粗细
width	数字（单位是像素）	控制水平线宽度

对于没有属性值的属性来说，只要直接在标记中加入该属性名即可。

（4）属性的就近原则

当 HTML 中的文字有许多个标记管辖时，这段文字究竟该听哪个标记的呢？

示例代码 2-9：属性的就近原则演示

```
<html>
    <head>
        <title>属性的就近原则演示</title>
    </head>
        <body text="blue">
        <p><font size="3">庆迅腾科技公司成立一周年(蓝色)</font></p>
        <font color="black" size="2">
        (黑色)9 月 29 日，初秋时节，迅腾滨海科技有限公司迎来了自己的一周岁生日。
        </font>
    </body>
</html>
```

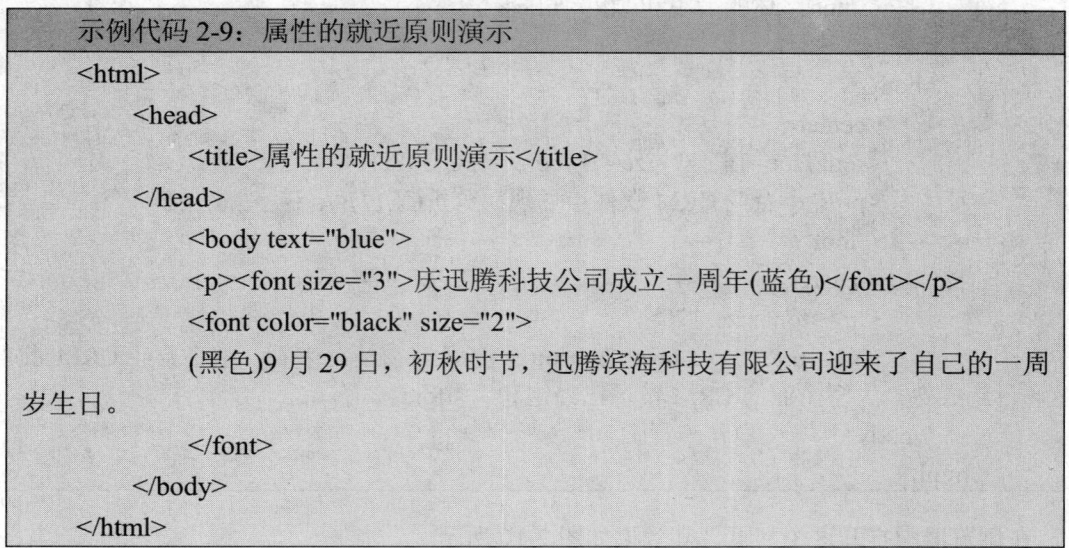

在浏览器中打开这个网页，其效果如图 2-9 所示。

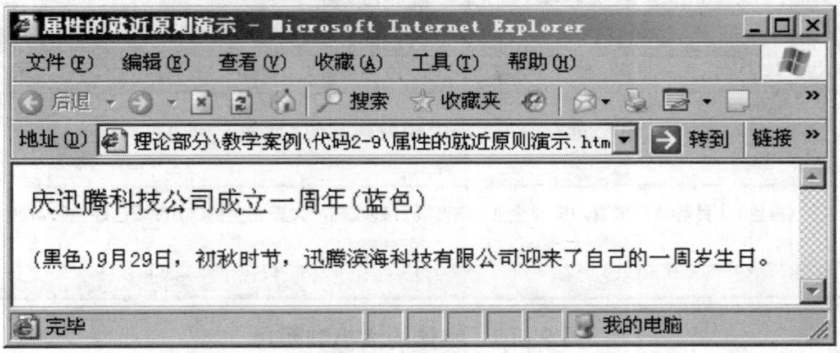

图 2-9　属性的就近原则演示

在上面的实例中，分别利用“<body>”标记中的“text”属性来设置网页中的文字显示为蓝色，同时也利用了“<font>”标记中的“color”属性来设置文字显示为黑色。从上面的图中可以看出，虽然两个属性都是控制文字颜色的，但只有“<font>”标记中的文字才显示为黑色，而“<font>”标记之外的文字则显示为蓝色。这就是就近显示的原则。当出现两个属性同时控制网页中相同的组件时，组件离哪个标记近，就由哪个标记的属性来控制。

2.2.2　多彩文字特效

上面介绍了如何编辑网页的文字版面，下面将具体介绍各种文字样式的使用。

1. 不同的文字格式

在制作网页的时候，如何根据自己的需要设置不同的文字字体、大小和颜色，这就要利用“<font>”标记及其属性来完成。

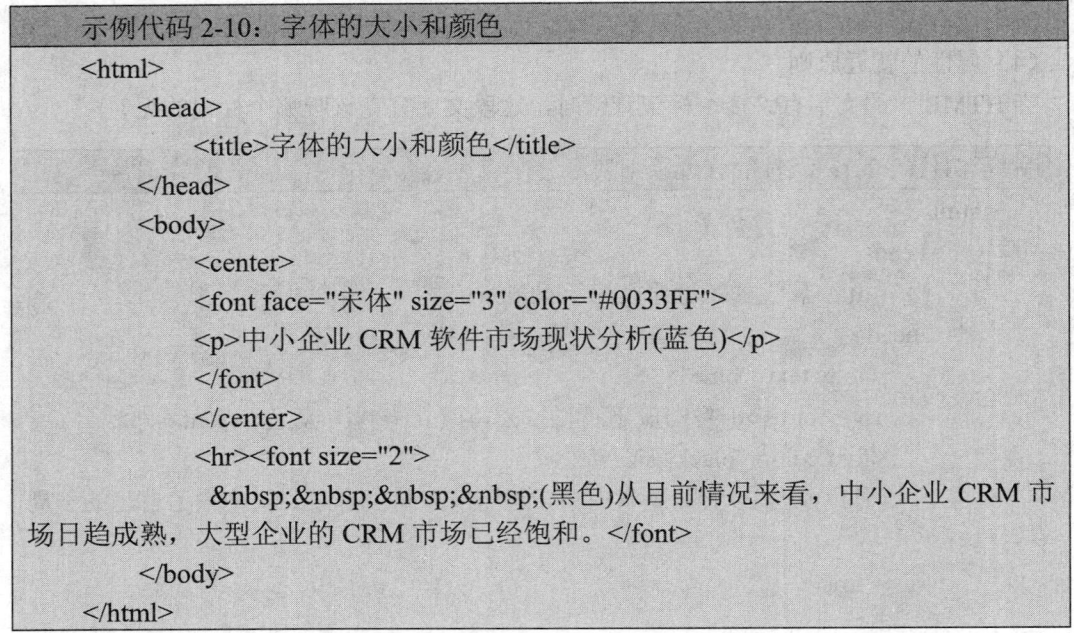

示例代码 2-10：字体的大小和颜色

```
<html>
    <head>
        <title>字体的大小和颜色</title>
    </head>
    <body>
        <center>
        <font face="宋体" size="3" color="#0033FF">
        <p>中小企业 CRM 软件市场现状分析(蓝色)</p>
        </font>
        </center>
        <hr><font size="2">
             (黑色)从目前情况来看，中小企业 CRM 市
场日趋成熟，大型企业的 CRM 市场已经饱和。</font>
    </body>
</html>
```

在浏览器中打开这个网页，其效果如图 2-10 所示。

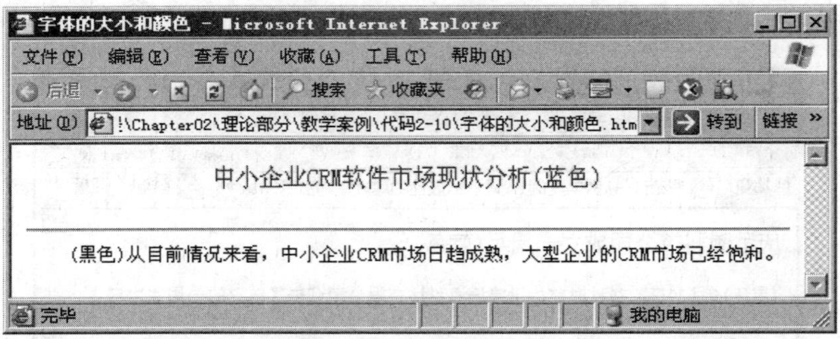

图 2–10　字体的大小和颜色

大家可以自己利用“<font>”标记来设置不同的属性组合来加深对该标记的理解并灵活运用。

“<font>”标记的常用属性介绍如表 2-2。

表 2–2　“<font>”标记的属性介绍

属性名	属性值	功能
color	颜色的英文名称	设置文字颜色
face	字体名	控制文字字体
size	数字（1 到 7）	控制文字大小

字体名称包括宋体、楷书、隶书、幼圆和黑体等，如果不知道字体，可以打开“记事本”，选择菜单栏中的“格式”→“字体”命令，会弹出一个对话框，在上面就可以看到操作系统提供的各种字体，如图 2-11 所示。

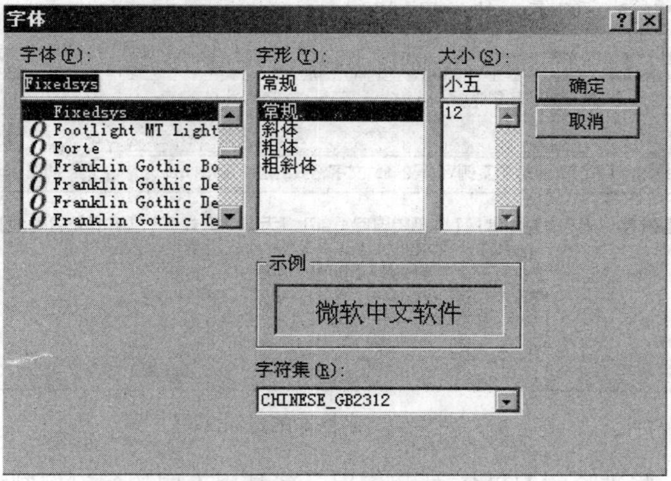

图 2-11　字体对话框

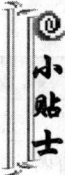

> **小贴士**
>
> 并不是每种字体都能得到浏览器的支持，所以在采用一种字体之后，还要打开网页实际看看是否得到了相应的字体效果，如果没有，就说明浏览器不支持该字体。

2. 文字格式的进阶应用

在 HTML 中还有一些标记用来设置文字以特定方式显示，比如加上下划线，强调显示等。下面就来举例说明。

示例代码 2-11：文字格式的进阶应用

```
<html>
    <head>
        <title>文字格式的进阶应用</title>
    </head>
    <body>
        <center>
        <font size="2">
        <strong>友情链接</strong>: [迅腾集团官网] [迅腾国际总部] [天津南开
校区] [滨海教育基地]<br>
        天津迅腾滨海科技有限公司 版权所有<br>
        Copyright @<code> 2010</code> <address>www.xt-kj.com Inc. All rights
reserved</address> <br>
        </font>
        </center>
    </body>
</html>
```

在浏览器中打开这个网页，其效果如图 2-12 所示。

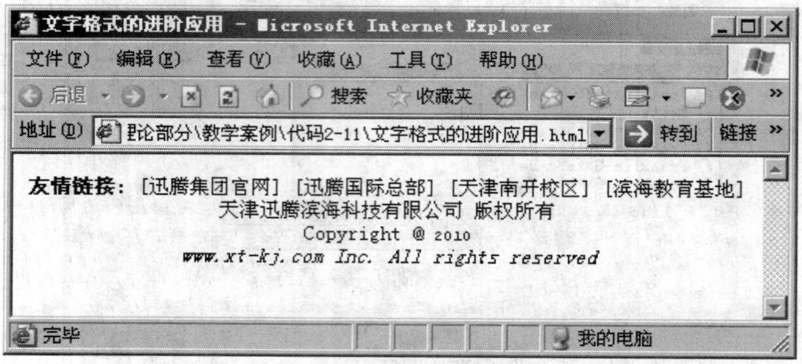

图 2-12 文字格式的进阶应用

这里展示了一些进阶的 HTML 标记应用，就是用不同的标记控制特定的显示样式。表 2-3 介绍了其他相关标记在网页中的不同效果。

表 2-3 各种标记的不同效果介绍

标记	效果	标记	效果
<b></b>	粗体文字	<small></small>	缩小文字
<i></i>	斜体文字	<strong></strong>	文字加强强调
<u></u>	加下划线	<em></em>	文字强调
<s></s>	加删除线	<address></address>	显示网址、邮件
<big></big>	放大文字	<code></code>	显示代码、指令

3. 专业技术符号的显示

现在，网页的功能已经不再是传递一些简单信息，它还包括传播大量的专业技术知识，如数学、物理和化学知识等。如何在网页上显示数学公式、化学方程式以及各种各样的特殊符号呢？就拿 HTML 来说，如何在网页上显示一个 HTML 标记，其实 HTML 早为大家想到了这一点，它有许许多多的特殊字符来实现这一切。

（1）特殊字符的应用

当要显示类似“<”和“>”这样定义在 HTML 中，会引起语法冲突的特殊符号该怎么办呢？

示例代码 2-12：专业符号

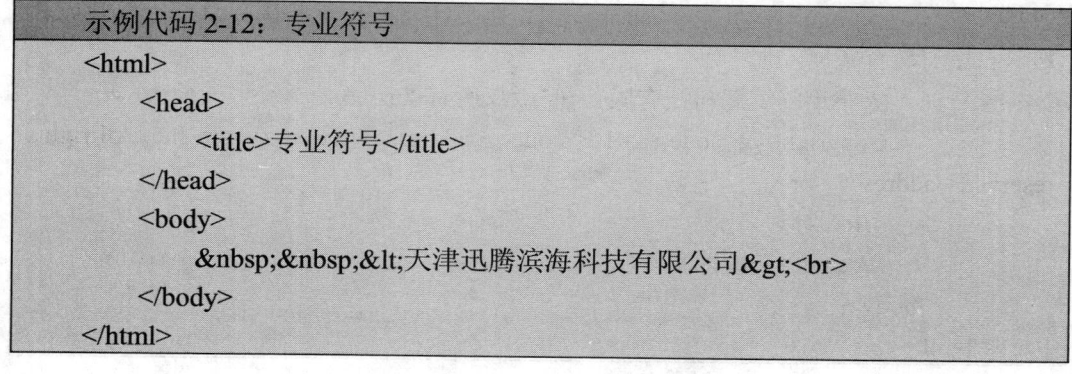

```
<html>
    <head>
        <title>专业符号</title>
    </head>
    <body>
          &lt;天津迅腾滨海科技有限公司&gt;<br>
    </body>
</html>
```

在浏览器中打开这个网页，其效果如图 2-13 所示。

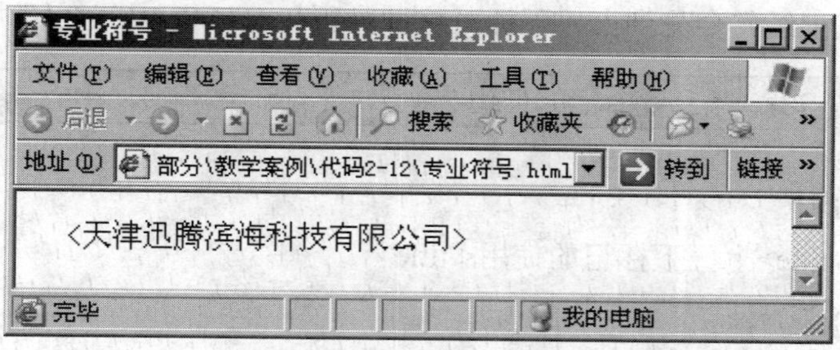

图 2-13　专业符号

这里面用到两个特殊字符，“<”代表“<”符号，“>”代表“>”符号。类似这样的特殊字符还有许多，它们的共同特点是以“&”开头，以“;”结尾。前面所介绍的空格字符“ ”也是这样一个特殊字符。其实，与在网页中加入特殊字符，除了“&英文;”这种格式外，还有“&#数字;”这种格式。两种方法效果相同，前者叫“实体参考”，后者叫“数字参考”。表 2-4 是常用的 HTML 特殊字符。

表 2-4　HTML 特殊字符介绍

字符	实体参考	数字参考	描述
"	"	"	双引号
&	&	&	and 符号
<	<	<	小于号
>	>	>	大于号
(空白)			不间断空格
£	£	£	英镑符号
¥	¥	¥	元符号
©	©	©	版权符号
《	«	«	左书名号
®	®	®	注册商标符号
°	°	°	度符号
±	±	±	加减号
²	&sub2;	²	平方符号
³	&sub3;	³	立方符号
'	´	´	单引号
μ	µ	µ	微符号
·	·	·	中点（外国人名）
》	»	»	右书名号
¼	¼	¼	1/4 符号
½	½	Ç	1/2 符号
¾	¾	¾	3/4 符号
÷	÷	÷	除号

（2）上、下标标记的使用

在化学方程式中经常会见到上、下标，这种难题在 HTML 中怎么解决呢？

示例代码 2-13：上、下标记的使用

```
<html>
    <head>
        <title>上、下标记的使用</title>
    </head>
    <body>
        [(6<sup>3</sup>+3<sup>6</sup>)&divide;2]&plusmn;1=?  结 果 以
&permil;表示。<p>
        H<sub>2</sub>+O<sub>2</sub>&hArr;H<sub>2</sub>O
    </body>
</html>
```

在浏览器中打开这个网页，其效果如图 2-14 所示。

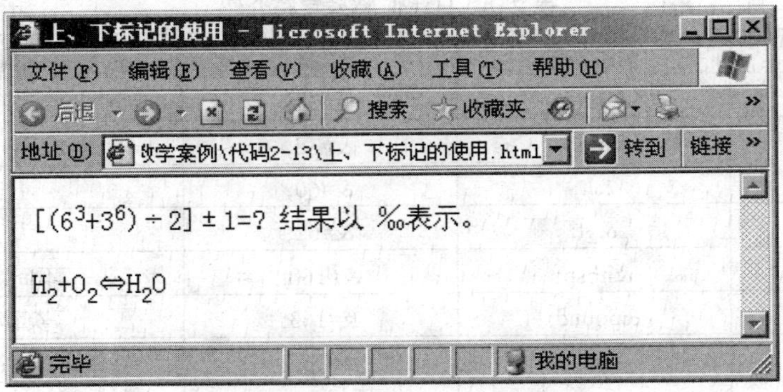

图 2–14 上、下标记的使用

这里采用特殊字符结合标记的方式，其中的两个标记是上标标记“”(用于将数字缩小后显示于上方)和下标标记“”(用于将数字缩小后显示于下方)。另外几个特殊字符，字符“÷”代表“÷”符号；字符“±”代表“±”符号；字符“‰”代表“‰”符号；字符“⇔”代表“⇔”符号。

2.3 使用图片

图片是网页上不可缺少的元素，巧妙的在网页中使用图片可以使网页增色不少。本节首先介绍在网页中插入图片，以及图片的样式和插入位置。通过本节的学习，大家可以做出一些简单的图文网页，并根据自己的喜好制作出不同的图片效果。

2.3.1　图片的格式

目前在网页上使用的图片格式一般是 JPG 和 GIF 两种。GIF 格式只支持 256 色以内的图像，它能在不影响图像质量的情况下，生成很小的文件。它支持透明色，可以使图像浮现于背景之上，同时还支持简单动画。并且在浏览器下载整张图片之前，用户就可以看到该图像。所以在网页制作中首选的图片格式为 GIF。而 JPG 为静态摄影图片提供了一种标准的方案。它可以保留大约 1670 万种颜色，因为它要比 GIF 格式的图片小，所以下载的速度要快一些。

如何选择图片格式呢？GIF 格式仅为 256 色，而 JPG 格式支持 1670 万种颜色。如果颜色的深度不是那么重要或者图片中的颜色不多，或者想要简单的动态效果，就可以采用 GIF 格式的图片；反之，对图像表现力要求很高或者需要呈现亮丽、细腻的静态图片的场合，就采用 JPG 格式。

2.3.2　绚丽的网页

在网页上使用图片，从视觉效果而言，能使网页充满生机，并且直观巧妙地表达出网页的主题，这不是靠文字就可以做到的。一个精美的图片网页不仅能引起浏览者的兴趣，更能在许多时候通过图片与相关颜色的配合彰显出本网站的风格。

那么要如何做到这一点呢？

首先是图片的选用，图片要与网页的风格贴近，最好是自己制作的，并能够完全体现该网页的设计意图。如果不是自己制作的，则应对所选择的图片进行合适的修改和加工。

另外，图片的色调要尽量保持统一，不要过于花哨。再有就是所选的图片不应过大，一般图片文件的大小是文本文件大小的几百倍甚至数千倍，所以如果发现 HTML 文件过大，那么往往是图片文件造成的，这样既不利于上传网页，也不利于浏览。假若迫不得已要使用较大的图片，也要进行一定的处理，方法以后会为大家介绍。

小贴士

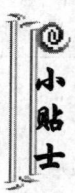

我们通过互联网或者其他渠道搜集到的图片绝大部分是共享的，但并不是全部，所以我们在使用图片的时候还必须注意图片的版权问题。

其次是颜色的选择。一般在制作网页的时候，都会选用一种主色调来体现网页的风格，并再佐以其他颜色作为辅助。一旦选定了某种颜色作为主色调，就要一直保持下去，不要这里用这种，那里换另一种，这会让人眼花缭乱、无所适从。另外在选用其他颜色做配合的时候，不要喧宾夺主，比如当选择了亮色调做主色的时候，配色就最好别选用暗色了；选择了冷色调做主色的时候，配色就最好别选用暖色了，这样会显得刺眼和跳跃。当然，假如需要的正是这样的效果，那就另当别论了。表 2-5 是通常情况下各种颜色代表的意义。

1. 图片的插入

在网页中插入图片的方法是非常简单的，只要用“<img>”标记就可以了。

在浏览器中打开这个网页，其效果如图 2-15 所示。

表 2-5　常用颜色的含义介绍

颜色名	纯色时所代表的意义
红	火热、血腥、权威
蓝	宽广、忧郁
黄绿	平滑、清晰、轻快、细柔
橙	温热、嘹亮、有弹性
黄	光滑、明亮、明快
绿	安静、平稳
青绿	滋润、生机
青	流动、和谐
青紫	响亮、刺激
紫	优雅、神秘、古典
赤紫	艳丽、高贵
白色	纯洁、严肃、平淡
灰色	消沉、朦胧
黑色	浑厚、尊贵

示例代码 2-14：图片的插入

```
<html>
    <head>
        <title>图片的插入</title>
    </head>
    <body>
        <img src="xttop.jpg">
    </body>
</html>
```

图 2-15　图片的插入

“<img>”标记的作用就是导入图片，其中属性“src”是该标记的必要属性，用来指定导入图片的保存位置和名称。在这里，导入的图片与 HTML 文件是处于同一目录下的“xttop.jpg”图片文件，如果不是这样，就可以采用路径的方式来导入。关于路径的相关内容下一节将会详细介绍。

2. 图片的控制

简单导入原始的图片并不能满足我们实际需要，我们还要知道如何控制图片。要想控制图片，还需要应用图片标记中的其他几个属性。

（1）图片大小的控制

并非我们要用的每幅图片的尺寸都正好是我们希望的大小，绝大多数情况下，都必须通过 HTML 来控制图片的大小，让它们为我们所用。

示例代码 2-15：图片大小的控制

```
<html>
    <head>
        <title>图片大小的控制</title>
    </head>
    <body>
        <img src="xtbj.jpg" height="100">
        <img src="xtbj.jpg" width="150">
        <img src="xtbj.jpg" width="200" height="114">
    </body>
</html>
```

在浏览器中打开这个网页，其效果如图 2-16 所示。

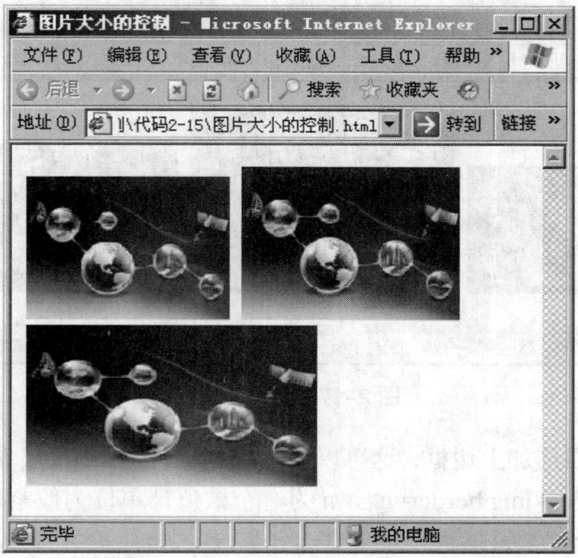

图 2-16　图片大小的控制

控制图片大小是由 width（控制图片的宽度）和 height（控制图片的高度）两个属性来共同完成的，当只设置了其中一个属性的时候，另一个属性就按图片的原始长宽比例来显示。比如有张图片的原始大小为 80×60，当只设置了宽度为 160（width="160"）时，高度将自动以 120 来显示（height="120"）。width 和 height 两者的语法结构为<img width 或 height=n 或 m%>，n 代表一个数值，单位是像素（px），m 代表 0～100 之间的数，即图片相对于当前窗口大小的百分比。

（2）图片边框的设置

照片为了好看还要加相框，大家是否知道，我们也能用 HTML 给图片加上边框呢？

示例代码 2-16：图片的边框

```
<html>
    <head>
        <title>图片的边框</title>
    </head>
    <body>
        <img src="xtgj.jpg" width="100" border="6">
        <img src="xtgj.jpg" height="114" border="4">
        <img src="xtgj.jpg" width="120" height="95" border="2">
    </body>
</html>
```

在浏览器中打开这个网页，其效果如图 2-17 所示。

图 2-17　图片的边框

我们可以在图片四周加上边框，这可以使图片更醒目，“border”属性的作用就是给图片披上一件“黑色外套”，<img border=n>，n 为一个数值，单位为像素（px）。

3. 图片与文字结合

（1）控制图片周围的空白区域

排版中常讲的专业术语“留白”，就是指文字四周的空白。这样是为了装订方便和印刷美观。HTML 中也可以控制图片周围的空白区域大小，给文字的编排留下位置，为图片与文字的结合打下基础。

（2）控制水平空白

示例代码 2-17：图片的水平间隔

```
<html>
    <head>
        <title>图片的水平间隔</title>
    </head>
    <body>
        <img src="xtks.jpg"  hspace="30">
        此图水平空白区域为 30<br>
        <img src="xtks.jpg" hspace="60">
        此图水平空白区域为 60<br>
    </body>
</html>
```

在浏览器中打开这个网页，其效果如图 2-18 所示。

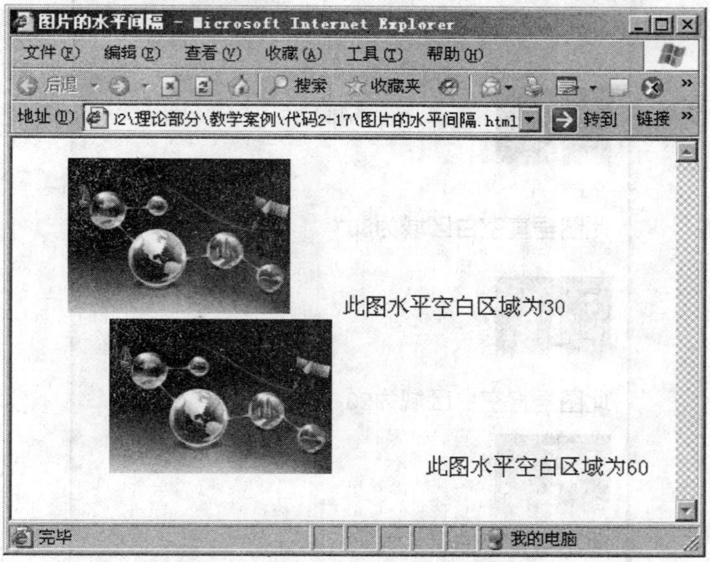

图 2-18 图片的水平间隔

控制水平空白可以用属性 hspace（horizontal space）。语法是 hspace=n，n 为一个数值，单位为像素（px）。

（3）控制垂直空白

示例代码 2-18：图片的垂直间隔

```
<html>
```

```
<head>
    <title>图片的垂直间隔</title>
</head>
<body>
    <img src="xtks.jpg" height="50" vspace="30"><br>
    此图垂直空白区域为 30<br>
    <img src="xtks.jpg" height="50" vspace="20"><br>
    此图垂直空白区域为 20<br>
    <img src="xtks.jpg" height="50" vspace="10"><br>
    此图垂直空白区域为 10<br>
</body>
</html>
```

在浏览器中打开这个网页，其效果如图 2-19 所示。

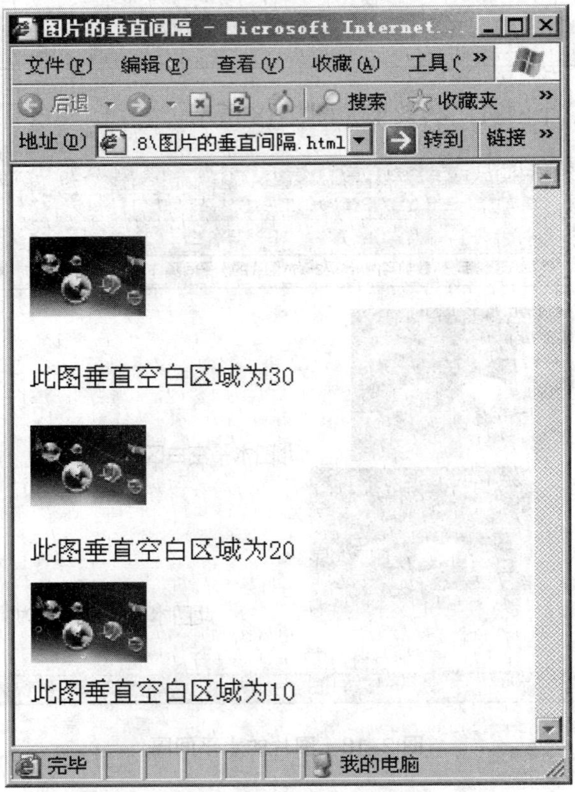

图 2-19　图片的垂直间隔

控制垂直空白可以用属性 vspace（vertical space）。语法是 vspace=n，n 为一个数值，单位为像素（px）。

（4）控制文字相对图片基线的位置

怎样使图片旁边的文字根据图片上对齐、居中对齐或者下对齐呢？

示例代码 2-19：图片相对文字基线对齐

```
<html>
    <head>
        <title>图片相对文字基线对齐</title>
    </head>
    <body>
        <img src="xtks.jpg" height="50" align="top">顶端对齐<p>
        <img src="xtks.jpg" height="50" align="center">中间对齐<p>
        <img src="xtks.jpg" height="50" align="bottom">底端对齐<p>
    </body>
</html>
```

在浏览器中打开这个网页，其效果如图 2-20 所示。

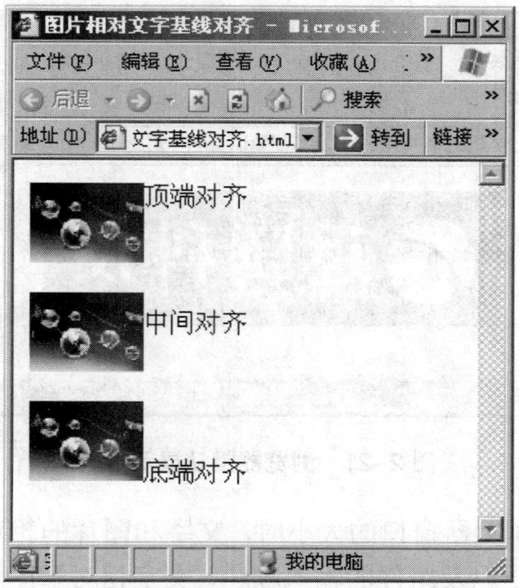

图 2-20　图片相对文字基线对齐

属性 align 是专门负责对齐的，下表是 align 的参数。仔细观察上图，发现居中和下对齐都是以文字的底线为基准，而上对齐是以文字的顶线为基准。align 属性的设置值如表 2-6。

表 2-6　align 属性的设置值介绍

设置值	对齐方式
top	上对齐
middle	居中对齐
bottom	下对齐
right	右对齐
left	左对齐

（5）不用 align 属性让文字显示于图片左右两侧

示例代码 2-20：浏览器默认显示样式

```
<html>
    <head>
        <title>浏览器默认显示样式</title>
    </head>
    <body>
        企业文化
        <img src="xt.jpg">
        集团新闻
    </body>
</html>
```

在浏览器中打开这个网页，其效果如图 2-21 所示。

图 2-21　浏览器默认显示样式

但这样的话，当改变浏览器窗口的大小时，文字和图片的相对位置就会发生变化。如果想要改变浏览器窗口的大小以及组件的输入顺序，文字相对于图片总是显示在右侧，就需要利用 align 属性设定它们的显示位置，即将图片设置在左侧。

2.3.3 优化图片的显示速度

由于低分辨率的图片比高分辨率的图片要小，所以在网页中显示图片的时间也相对较短。虽然现在的传输速度已经很快了，但偶尔也会有阻塞导致图片无法正常显示的时候。这种情况下就可以采用先传入低分辨率的照片，然后等网页全部显示完毕之后，再传入高分辨率的照片的方法。这样就能显示一些图片较大而不能流畅显示的网页了。

1. 低分辨率显示图片

可以用“<img>”图片标记的“lowsrc”属性强行把一个高分辨率图片的分辨率降低。

示例代码 2-21：图片显示速度

```
<html>
    <head>
```

```
        <title>图片显示速度</title>
    </head>
    <body>
        <img src="xtas.jpg" width="30%">
        <img src="xtaf--原图.jpg" width="30%" >
        <img src="xtaf-小分辨率.jpg" lowsrc="xtaf-小分辨率.jpg" width="30%" >
    </body>
</html>
```

在浏览器中打开这个网页，其效果如图 2-22 所示。

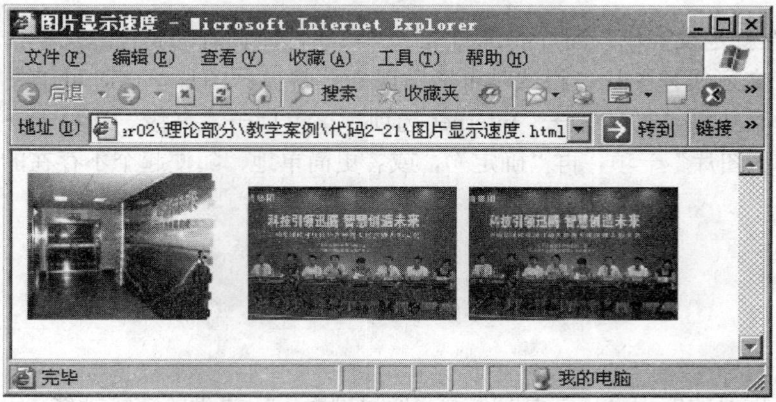

图 2-22　图片的显示速度

上面先显示“xtaf--原图.jpg”再显示“xtaf-小分辨率.jpg”，其实它们是同一幅图片，只不过起了不同的名字。由于图片都在本地计算机上，载入速度很快，所以几乎看不出区别，如果放在网络上就看到效果了。

2. 文字代替图片的显示

有的浏览器不能显示所指定的图片，这时可以像许多网站那样显示一段该图片的文字说明。

示例代码 2-22：文字代替图片

```
<html>
    <head>
        <title>文字代替图片</title>
    </head>
    <body>
        <img src="xt.jpg" width="30%" alt="迅腾国际">
    </body>
</html>
```

在浏览器中打开这个网页，其效果如图 2-23 所示。

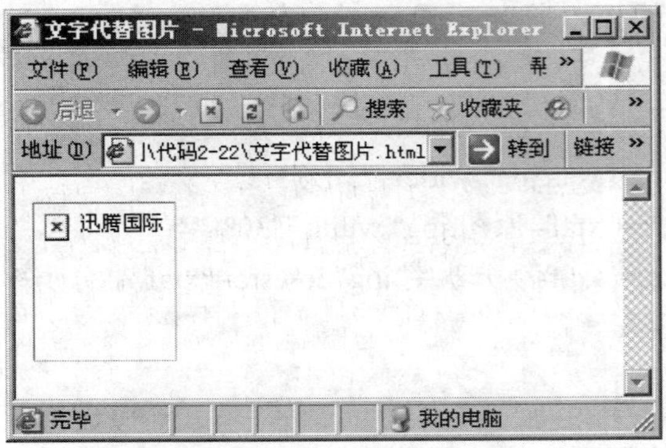

图 2-23 文字代替图片

“alt”属性就是设置代替图片的说明文字，其属性值设置的是什么文字，当图片不能显示时就以这些文字代替图片。测试时可能发现会正常显示图片，这时可以关闭浏览器的显示图片功能（菜单栏“工具”→“Internet 选项”菜单项→“高级”选项卡→“多媒体”选项→取消“显示图片”一项，再“确定”），或者更简单地，随便起个不存在的路径名或者文件名即可。

2.4 超链接

HTML 最重要的应用之一就是超链接。通过网页上所提供的链接功能，用户可以连接到网络上的其他网页。如果网页上没有超链接，就只能在浏览器地址栏中一遍遍地输入各网页的 URL 地址，这将是一件很麻烦的事。

2.4.1 路径

当“<img>”标记引用一幅图片文件到网页时，如果我们改变了该图片的位置，那么网页很可能就无法显示了。因为 HTML 不能记录所设置的文件链接的路径。

路径一般分为相对路径和绝对路径，他们之间的区别在于描述路径采用的参考点不同。

相对路径：指以被引用的文件所在的位置为参考点而建立起来的路径。所以当不同位置的网页引用同一张图片时，其所使用的（相对）路径是不一样的。

绝对路径：指以服务器的硬盘架构以及所在的根目录为参考点而建立起来的路径。所以当不同位置的网页引用同一个张图片时，其所使用的（绝对）路径是一样的。

经常可以看到“.”“..”，它们是相对路径中当前目录和上一级目录的意思，“.”可以省略。

那么，究竟什么时候用相对路径，什么时候用绝对路径呢？下面通过一个例子来比较它们各自的优缺点，图 2-24 表示了一个文件存放结构，其中 Xt1.htm，Xt2.htm，Xt3.htm，wzgg.jpg 为文件名，其他的为文件夹名。

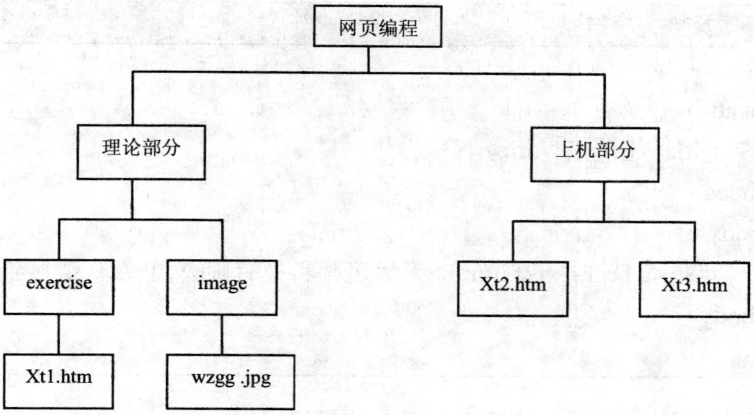

图 2-24　文件存放结构图

可以用表 2-7 来说明它们之间的关系。

表 2-7　文件存放关系

序号	引用	被引用	相对路径	绝对路径
1	Xt1.htm	wzgg.jpg	../image/ wzgg.jpg	网页编程/理论部分/image/wzgg.jpg
2	Xt3.htm	wzgg.jpg	../理论部分/image/wzgg.jpg	网页编程/理论部分/image/wzgg.jpg
3	Xt3.htm	Xt2.htm	Xt2.htm	网页编程/上机部分/Xt2.htm
4	Xt1.htm	Xt2.htm	../../上机部分/Xt2.htm	网页编程/上机部分/Xt2.htm

“../”代表返回上一层目录，“../../”代表返回上一层目录的上一层目录，依此类推。从上面表中可以看出，如果引用的文件存在于当前目录的子目录中（如 3 中 Xt3.htm 要引用 Xt2.htm），或者存在于上一层目录的另一个目录中(如 1 中 Xt1.htm 要引用 wzgg.jpg)，那么使用相对路径比较方便。如果不是这样，则使用绝对路径比较方便。但是如果上传文件到服务器时，若使用绝对路径，那么由于服务器上的目录结构同本地机器未必相同，所以网页不一定能找到。这时使用相对路径就比较方便，只要引用和被引用的文件相对的位置关系没发生变化，就能传送正确。

2.4.2　超链接的建立

超链接是网页最基本、最常用也最重要的功能，是网页区别于普通文本的标志。超链接的作用是从当前页面转到其他页面，以使我们获取更多感兴趣的信息。下面就来介绍各种超链接的制作方法。

1. 文字的超链接

建立超链接所使用的 HTML 标记是“<a></a>”。

（1）文字超链接的建立

大多数网站都会把访客可能感兴趣的内容或者关键词汇做成超链接，点它们的时候自动转到显示其相关信息的页面。

示例代码 2-23：超链接

```
<html>
    <head>
        <title>超链接</title>
    </head>
    <body>
        点击<a href="xtkf.html">天津迅腾科技有限公司</a> 链接到一个网页
    </body>
</html>
```

在浏览器中打开这个网页，其效果如图 2-25 所示。

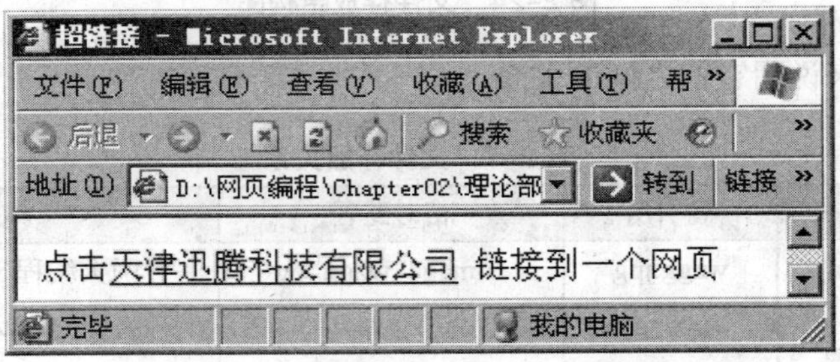

图 2–25　超链接

在“<a></a>”标记中，“href”属性是不可或缺的，用来放置超链接的目标。可以是本地机器上的某个 HTML 文件，也可以是 URL 地址。“<a></a>”之间的内容为超链接的名称。xtkf.html 文件里面只有一句话，为自己插入一幅图片 xtkf.jpg，其内容如下。

```
<html>
    <head>
        <title>天津迅腾滨海科技有限公司</title>
    </head>
    <body>
        <img src="xtkf.jpg" >
    </body>
</html>
```

（2）超链接颜色的设置

超链接可以通过设置颜色来表示它是否已经被点击过，但这功能是在“<body>”中设置的，而不是在“<a>”中。

示例代码 2-24：链接颜色的变化

```
<html>
    <head>
        <title>链接颜色的变化</title>
```

```
    </head>
    <body text="blue" alink="red" vlink="yellow" link="green">
        注意<a  href="xtkf.html">天津迅腾滨海科技有限公司</a>点击前后的颜
色变化
    </body>
</html>
```

在浏览器中打开这个网页，其效果如图 2-26 所示。

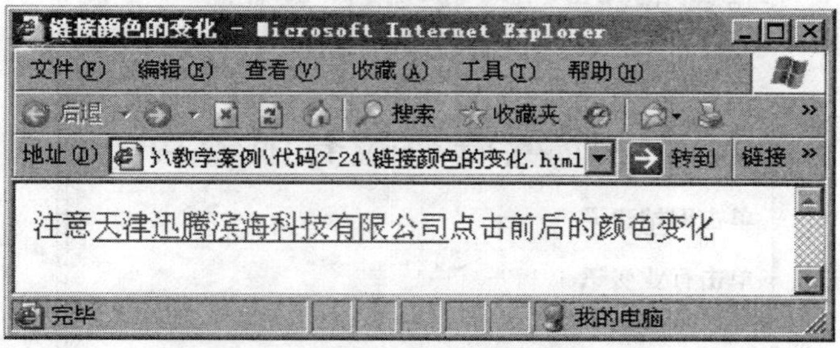

图 2–26　链接颜色的变化

在“<body>”标记中，“alink”属性是设置单击过的超链接文字颜色。“link”属性是设置从未被点击过的超链接的文字颜色。

还有一个问题，当第一次点击该链接时，可以看到颜色的变化，可是返回或者再次打开这个网页时，会发现链接的颜色总是黄色，而不会像刚开始那样显示为绿色。这是因为浏览器可以自动记录访客的网页历史，以方便再次访问。我们可以删除这样的记录信息（“开始”→“控制面板”→“Internet 选项”→“清除历史记录”即可）。

2. 特定目标的链接

在制作网页的时候，可能会出现网页内容过长或者是网页内容繁杂混乱的情况，这样当访客浏览网页时就会很不方便。要解决这个问题，可以使用超链接的手段在网页开头的地方制作一个向导链接，链接到特定的目标。

示例代码 2-25：特定链接

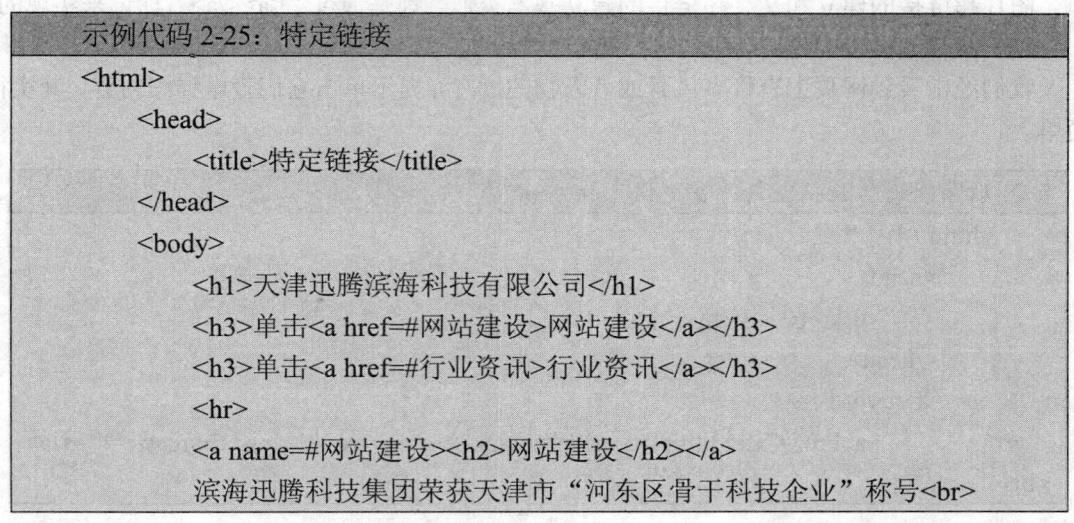

```
<html>
    <head>
        <title>特定链接</title>
    </head>
    <body>
        <h1>天津迅腾滨海科技有限公司</h1>
        <h3>单击<a href=#网站建设>网站建设</a></h3>
        <h3>单击<a href=#行业资讯>行业资讯</a></h3>
        <hr>
        <a name=#网站建设><h2>网站建设</h2></a>
        滨海迅腾科技集团荣获天津市“河东区骨干科技企业”称号<br>
```

```
        <a name=#行业资讯><h2>行业资讯</h2></a>
        消息称“谷歌杀手”Cuil 永久性关闭<br>
    </body>
</html>
```

在浏览器中打开这个网页，其效果如图 2-27 所示。当点击“网站建设”这个文字链接时，网页会直接跳到这段“网站建设”的文字。

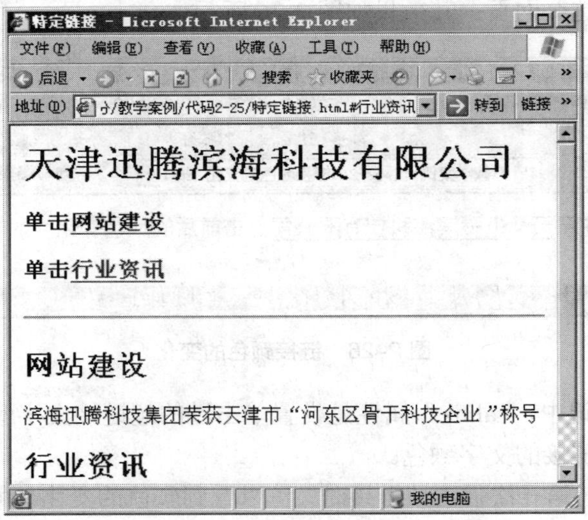

图 2-27 特定链接

要做出这种效果，需要两种“<a>”标记的属性配合，一个是“name”属性，一个是“#”属性。首先在开头设置向导链接，“<a href=#目标名称>链接名称</a>”，其含义就是指明网页所应跳到那个目标名称的位置上。然后设置相应的特定目标，用“<a name=#目标名称>链接名称</a>”。注意这两个属性中的“目标名称”必须一致。

3. 图片的超链接

图片超链接的建立和文字超链接的建立基本类似，都是通过“<a></a>”标记来实现的。

（1）图片超链接的建立

我们经常看到网页上有许多风景或者人物的图片，提示单击它们查看详细内容，其实很简单。

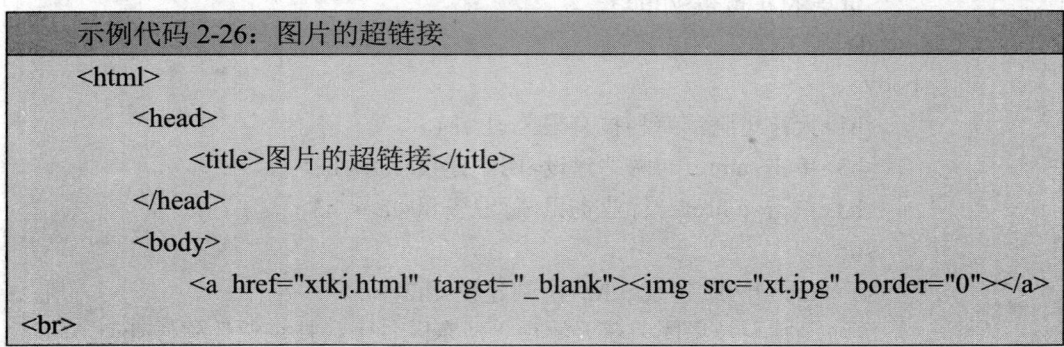

示例代码 2-26：图片的超链接

```
<html>
    <head>
        <title>图片的超链接</title>
    </head>
    <body>
        <a href="xtkj.html" target="_blank"><img src="xt.jpg" border="0"></a>
<br>
```

```
        <font color="blue">(单击图片查看链接内容)</font>
    </body>
</html>
```

浏览器中打开这个网页，其效果如图 2-28 所示。

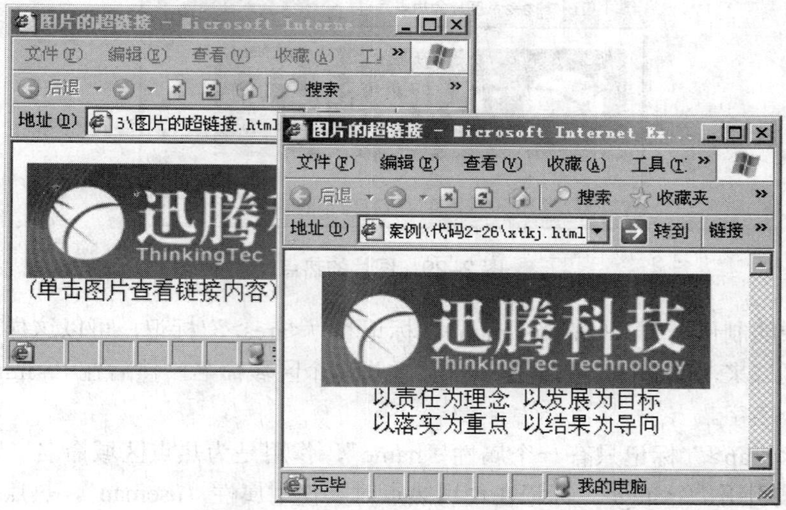

图 2-28　图片的超链接

给图片加边框是用“border”属性，就像给超链接文字加下划线一样，“border="0"”就可以取消边框。

（2）热点区域

图片的超链接还有一种方式，就是图片的热点区域。所谓图片的热点区域就是将一个图片专门分割出一个链接区域。比如许多电子商务网站中常把几样商品拍在一张大照片上，顾客点击其中的一样就可以跳到相应的详细内容，这就是用的热点区域把一幅图片中不同商品对应的链接隔开。

示例代码 2-27：图片的热点

```
<html>
    <head>
        <title>图片的热点</title>
    </head>
    <body>
        <img src="xtkj.jpg" border="0" usemap="#a">
        <map name="a" >
        <area shape="circle" coords="60,55,30" href="主页.html">
        </map>
    </body>
</html>
```

在浏览器中打开这个网页，其效果如图 2-29 所示。只有点击到热点区域才会转到另一个链接。

图 2-29　图片的热点

热点区域的制作需要“<map></map>”标记和“<area>”标记，可以这样理解，在图片上画出一个区域来，就像画一张地图一样，并为这个区域命名，然后在“<img>”中加入图片并引用这个名字。

“<map></map>”标记只有一个属性“name”，作用是为热点区域命名（随便起）并在“<img>”中被引用。“<img>”标记在使用热点时要使用属性“usemap”，热点名字前面还要加“#”。

“<area>”标记有 3 个属性：“shape”“coords”和“href”。

“shape”控制热点区域的形状，可取的值有 3 个：“rect”(矩形)，“circle”(圆形)和“poly”(多边形)。

“coords”控制热点区域的划分坐标。如果“shape”是“rect”，那么“coords”就是矩形左、上、右、下四边的坐标，单位是像素；如果“shape”是“circle”，那么“coords”就是圆形的圆心坐标（通过左、上两点坐标进行设置）和半径（单位是像素）；如果“shape”是“poly”，那么“coords”就分别是各顶点的坐标，单位是像素。热点的坐标是相对于图片（而不是浏览器），这样当坐标值超出图片大小范围，热点区域就无效了。“href”是设置超链接的目标。

2.5　本章总结

通过本章的学习，可以使大家掌握如何用 HTML 语言在网页中实现文字、图片、超链接从而制作出现今流行的，广为网站使用的各类页面的效果，从而更深刻的理解 HTML。

表 2-8　总结

标记	含义、主要属性
<nobr>	强制不换行
<center>	居中显示
<blockquote>	段落缩进

续表

标记	含义、主要属性
<pre>、<xmp>	原始版面显示
<marquee>	滚动（字幕、图片）bgcolor、direction、behavior、scrollamount、scrolldelay、loop 等
<p align>	段落（居中、居左、居右对齐）align=center/left/right
<!--X-->	HTML 注释标记，X 处填写注释，不会被浏览器解释显示
<body>	HTML 主题相关设置（背景图片、文字、点击时、已点过、未点过的链接颜色）background、text、alink、vlink、link
<hr>	水平线（颜色、粗细、宽度、对齐、无阴影）color、size、width、align、noshade
<s>、<u>、<em>、<address>、<strong>、<code>	文字格式（删除线、下划线、斜体强调、电邮地址、加粗强调、代码指令）
‰	特殊字符（‰）
<img>	HTML 图片标记（图片源文件、高度、宽度、边框、水平空白、垂直空白、对齐基线、低分辨率显示、文字代替）src、height、width、border、hspace、vspase、align、lowsrc、alt 等
<a>	HTML 锚点标记（超链接、对应链接名）href、name
<map>	热点区域声明（区域名）name
<area>	热点区域实体（区域形状、坐标、超链接）shape、coords、href

2.6　小结

- ✓ 文字是人类交换信息的基础。我们学习了文字、符号、段落的编排。
- ✓ 色彩和图片是网页重要的元素，我们学习了控制图片、图文配合、优化显示速度。
- ✓ 路径的概念引出了超链接的意义，我们学习了超链接的各种用法。

2.7　英语角

GIF：Graphics Interchange Format（图像交换格式），一种无损压缩的图片文件格式。

JPG：Joint Photographic Experts Group（联合照片专家组），一种有损压缩的静态图像标准。

2.8 作业

1. 单行显示的标记是____，居中显示的标记是____，段落缩进的标记____，显示原始版面的标记是____和____。

2. 当出现两个（或以上）属性同时控制网页中的同一组件时，组件实际受哪个管辖？

3. 文字的字体格式是由____标记设定的，加上下划线的标记是____，加上标的标记是____，加下标的标记是____。

4. 图片的控制是由____标记设定的，控制图片的高度、宽度的属性是______和______，单位可以是____或____。

5. 什么是相对路径，什么是绝对路径，各自在什么情况下使用？

2.9 思考题

当我们点击一个链接时，如果要在新窗口中打开转到的页面，应该如何实现？

2.10 学员回顾内容

1. 文字的编排一节中讲到了哪些 HTML 标记？
2. 用来控制图片的主要属性（及其取值）有哪些？
3. 优化图片显示速度通常有哪些手段？
4. 什么是路径，超链接怎样建立？

第 3 章　使用列表、表格、框架

学习目标

✧ 了解并掌握列表，包括有序列表，无序列表，定义列表。
✧ 了解并掌握表格，包括表格的建立，单元格的操作以及对表格和单元格的属性设置。
✧ 了解并掌握框架的使用技巧。

课前准备

一台安装了 Windows 操作系统和 Dreamweaver 的计算机。
复习上一章的内容。

3.1　本章简介

这一章我们介绍列表、表格、框架在 HTML 中的用法。列表在网页中的作用是排列信息资源，使其结构化、条理化。HTML 中表格的重要作用是它能布局网页，精确定位页面元素等。框架是用来将窗口分割成几部分，在其中分别显示不同的网页，以方便用户同时浏览不同的页面，或者利于网站分别显示导航、明细等不同内容。

3.2　使用列表

文字列表的主要作用是有序地编排一些信息资源，使其结构化、条理化，并以列表的样式显示出来，以便浏览者能更加快捷地获得相应信息。

以提纲样式显示文字内容，可以更有层次感，使阅读者一目了然。HTML 提供了 3 种这样的标记，它们分别是有序列表(<ol>)、无序列表(<ul>)以及定义列表(<dl>)。下面就来介绍列表的使用。

3.2.1　有序列表

有序列表，顾名思义就是每一项都和顺序有关的。最常见的情况是，会议纲要或者在领导的讲演稿中，文章一般都需要列出个“一二三”来，有序列表就是在这里大派用场的。

1. 基本操作

有序列表在 Word 中用“编号”来做，在 HTML 中我们怎么实现呢？

示例代码 3-1：有序列表

```
<html>
    <head>
        <title>有序列表</title>
    </head>
    <body>
        <img src="images/qywh.jpg">
        <ol>
        <li>以责任为理念</li>
        <li>以发展为目标</li>
        <li>以落实为重点</li>
        <li>以结果为导向</li>
        </ol>
    </body>
</html>
```

在浏览器中打开这个网页，其效果如图 3-1 所示。

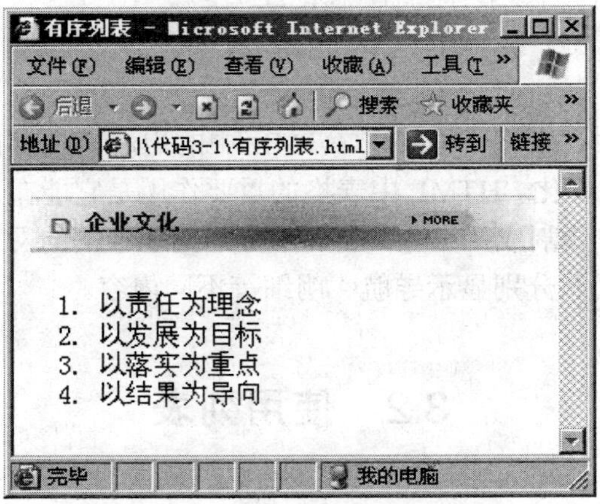

图 3–1 有序列表

有序列表的结构非常简单，具体结构如下：

```
<ol>
<li>内容 1</li>
<li>内容 2</li>
……
<li>内容 n</li>
</ol>
```

“<ol></ol>”就是有序列表（Ordered List）的标记，包含在“<ol></ol>”中的“<li>”标记就是列表项（List Item），一个“<li>”就代表一个条目。上面 HTML 中使用了 4 个条目，所以编号从 1 到 4。

2. 改变序号

有时候我们要用英文字母或是罗马字母做序号，那么用 HTML 该怎么做呢？

示例代码 3-2：改变序号

```
<html>
    <head>
        <title>改变序号</title>
    </head>
    <body>
        <img src="images/zngg.gif">
        <ol type="A">
        <li>迅腾科技公司成功代理卡巴斯基...</li>
        <li>迅腾科技—戴尔天津代理</li>
        </ol>
        <img src="images/zfxm.gif">
        <ol type="a">
        <li>CSS 之父批评 Flash：HTM..</li>
        <li>李开复：苹果应用商店模式在中国行..</li>
        </ol>
        <img src="images/wzjs.gif">
        <ol type="i">
        <li>滨海迅腾科技集团荣获天津市“河东..</li>
        <li>天津卡巴斯基企业版开放空间代理商..</li>
        </ol><img src="images/hyzx.gif">
        <ol type="I">
        <li>消息称“谷歌杀手”Cuil 永久性关闭...</li>
        <li>Linux 之父访谈录：设计内核只为了...</li>
        </ol>
    </body>
</html>
```

在浏览器中打开这个网页，其效果如图 3-2 所示。

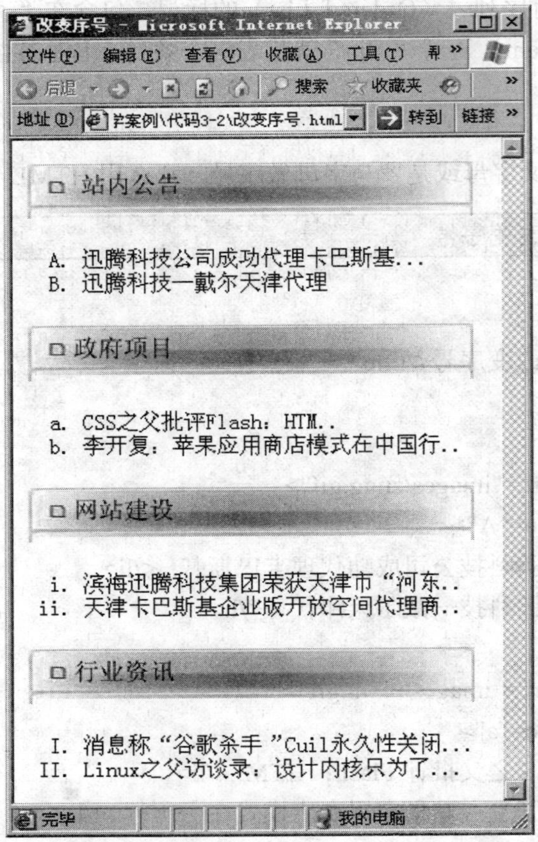

图 3-2 改变序号

可以发现，如果想要更换序号的样式，只要使用有序列表“<ol>”标记的“type”属性就可以了，比如设置序号为英文字母（“A”为大写，“a”为小写）或罗马数字（“I”为大写，“i”为小写）。

3. 指定序号

在实际应用中，还可能需要以指定的序号开始，利用“<ol>”标记的“start”属性就能实现。

示例代码 3-3：指定序号

```
<html>
    <head>
        <title>指定序号</title>
    </head>
    <body>
        <img src="images/qywh.jpg">
        <ol type="A" start="3">
        <li>以责任为理念</li>
        <li>以发展为目标</li>
```

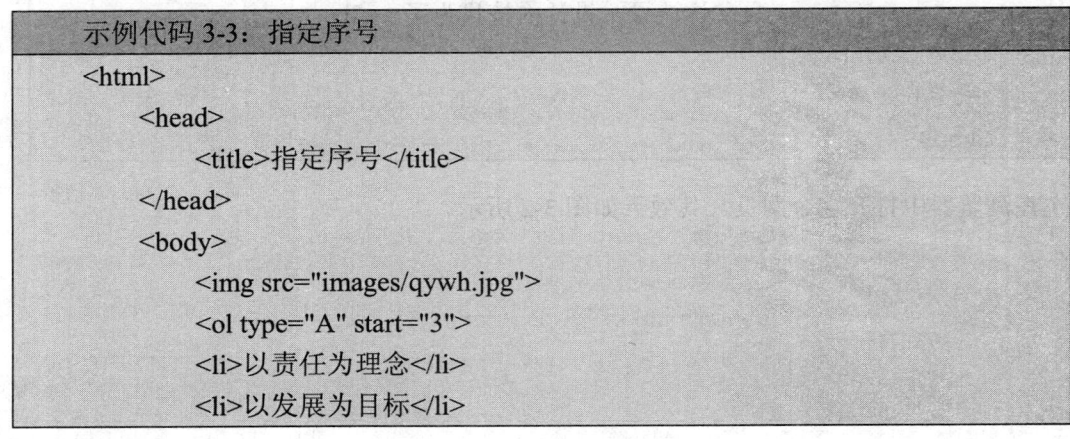

```
            <li>以落实为重点</li>
            <li>以结果为导向</li>
            </ol>
        </body>
</html>
```

在浏览器中打开这个网页，其效果如图 3-3 所示。

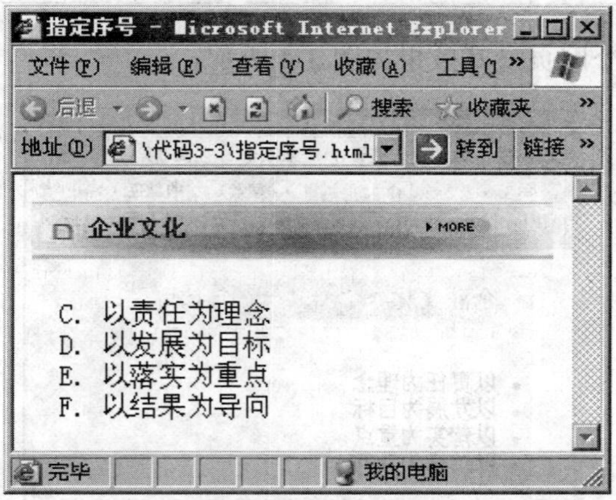

图 3–3　指定序号

代码中“<ol>”标记的“start”属性用来控制序号的开始位置，其结构为 start=n，其中 n 为数字或者英文字母、罗马数字都可以，不过一般常用的是数字，在上面代码中 type=A 且 start=3，即序号样式为英文大写，而且从第三个字母开始，所以第一个列表项的序号是“C”。

3.2.2　无序列表

无序列表，顾名思义就是列表项目和顺序无关的。最常见的情况是，从一个总项目中罗列出一些不分彼此的分项目来显示该事物的具体结构，无序列表就是在这里大派用场的。

1. 基本操作

在浏览网页的时候经常看见一些新闻条目，它们不是以序号开头，而是以“●”或者其他符号开头，项目之间并不存在次序关系。这在 Word 中可以用“项目符号”来实现，那么在 HTML 中呢？

示例代码 3-4：无序列表

```
<html>
    <head>
        <title>无序列表</title>
    </head>
    <body>
        <img src="images/qywh.gif">
        <ul>
```

```
            <li>以责任为理念</li>
            <li>以发展为目标</li>
            <li>以落实为重点</li>
            <li>以结果为导向</li>
            </ul>
        </body>
    </html>
```

在浏览器中打开这个网页，其效果如图 3-4 所示。

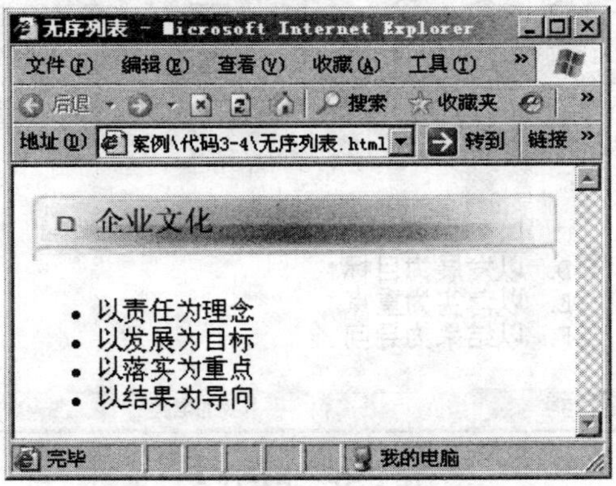

图 3–4 无序列表

无序列表的结构同样简单，具体结构如下：

```
    <ul>
        <li>内容 1</li>
        <li>内容 2</li>
        ……
        <li>内容 n</li>
    </ul>
```

“<ul></ul>”就是无序列表（Unordered List）的标记，同有序列表一样，列表项标记也是“<li>”。

2. 更改标号样式

总是以“●”开头也未必就符合我们的需求，能否换成其他符号呢？“<ul></ul>”标记同样也有个“type”属性，“type”属性就是用来控制开头符号样式的。

示例代码 3-5：更改标号样式

```
<html>
    <head>
        <title>更改标号样式</title>
    </head>
    <body>
```

```
            <img src="images/qywh.gif">
            <ul type="circle">
            <li>以责任为理念</li>
            <li>以发展为目标</li>
            <li>以落实为重点</li>
            <li>以结果为导向</li>
            </ul>
        </body>
    </html>
```

在浏览器中打开这个网页，其效果如图 3-5 所示。

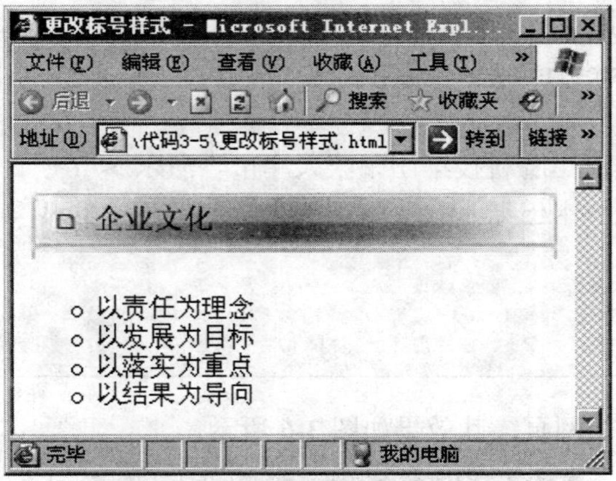

图 3-5　更改标号样式

如果不设置“type”属性的值，浏览器会默认为“●”符号。表 3-1 是“type”属性的样式表。

表 3-1　“type”属性的样式表

符号名称	图样
circle	○
disc	●
square	■

3. 其他无序列表

有时候我们看到一些标题列表很有层次感，用无序列表也能实现。下面就再介绍两个列表标记，也是无序列表。仔细观察它们之间的区别。

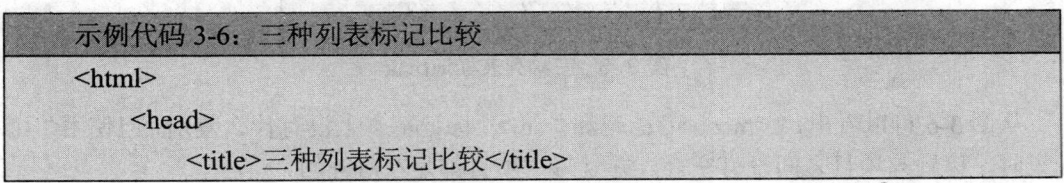

示例代码 3-6：三种列表标记比较

```
<html>
    <head>
        <title>三种列表标记比较</title>
```

```
    </head>
    <body>
        <img src="images/zngg.gif">
        <ul>
        <li>迅腾科技公司成功代理卡巴斯基...</li>
        <li>迅腾科技—戴尔天津代理</li>
        </ul>
        <img src="images/zfxm.gif">
        <menu>
        <li>CSS 之父批评 Flash：HTM..</li>
        <li>李开复：苹果应用商店模式在中国行..</li>
        </menu>
        <img src="images/wzjs.gif">
        <lh>
        <li>滨海迅腾科技集团荣获天津市“河东..</li>
        <li>天津卡巴斯基企业版开放空间代理商..</li>
        </lh>
    </body>
</html>
```

在浏览器中打开这个网页，其效果如图 3-6 所示。

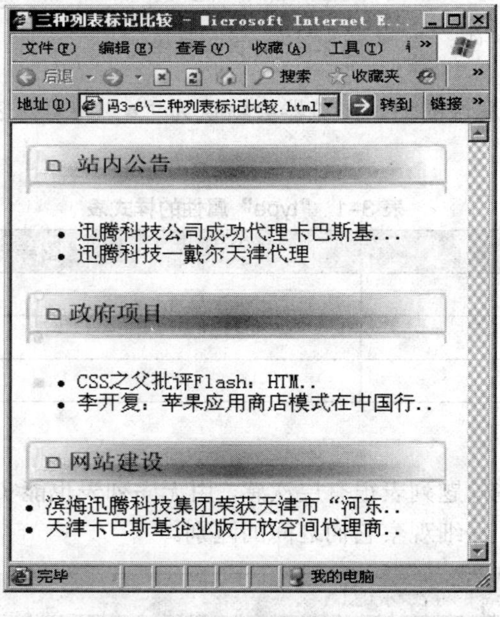

图 3–6　三种列表标记比较

从图 3-6 可以看出，“<menu>”标记和“<ul>”标记基本上没有什么差别，但使用“<lh>”标记时，标题与项目之间没有空行，并且每个项目都是左对齐的。

3.2.3　定义列表

定义列表就好像是无序列表在每个列表项后面给出详细定义一样，它在制作网页时并不常用，但微软很喜欢在它公司主页的产品介绍中使用。比如我们可以看到 Windows 操作系统介绍新特性，一个标题下面跟随一段说明文字。通过 HTML 同样可以做出类似的效果。

示例代码 3-7：定义列表

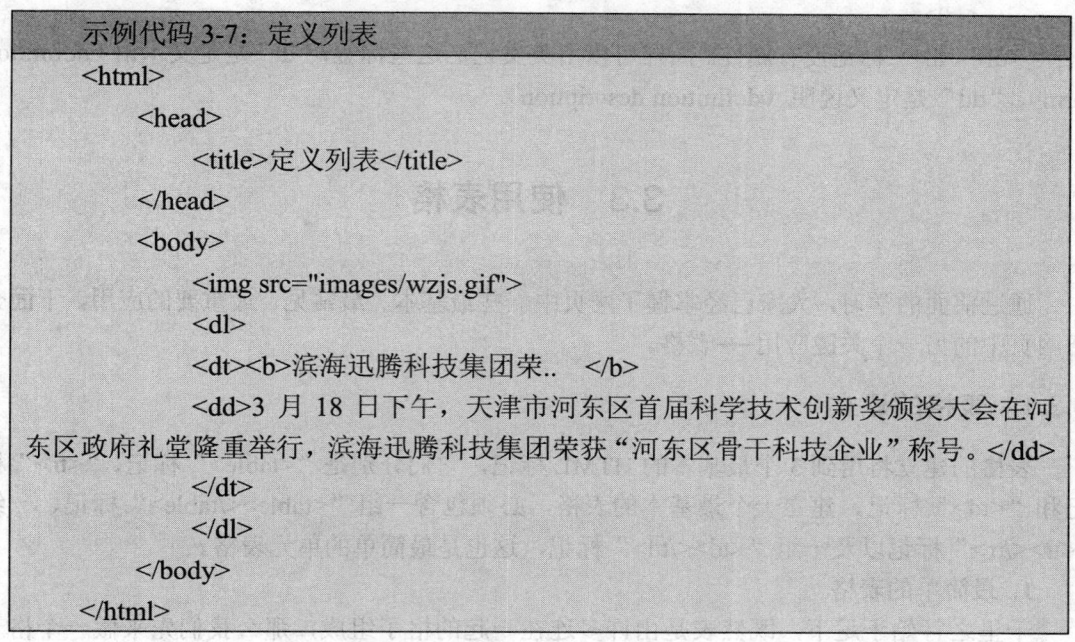

```
<html>
    <head>
        <title>定义列表</title>
    </head>
    <body>
        <img src="images/wzjs.gif">
        <dl>
        <dt><b>滨海迅腾科技集团荣..  </b>
        <dd>3 月 18 日下午，天津市河东区首届科学技术创新奖颁奖大会在河东区政府礼堂隆重举行，滨海迅腾科技集团荣获“河东区骨干科技企业”称号。</dd>
        </dt>
        </dl>
    </body>
</html>
```

在浏览器中打开这个网页，其效果如图 3-7 所示。

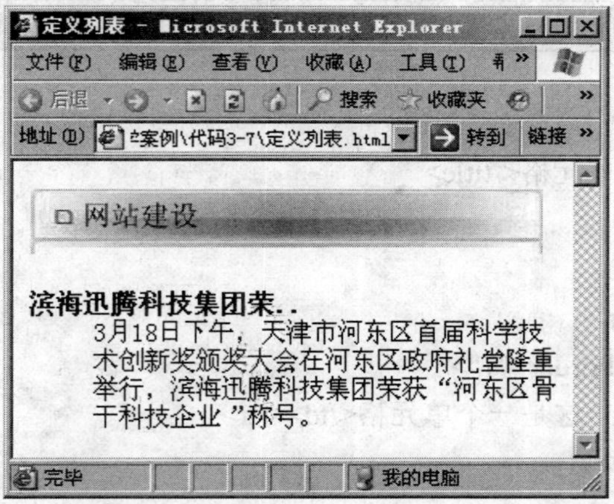

图 3–7　定义列表

定义列表（Definition List）的标记结构如下：

```
<dl>
    <dt>项目标题 1
        <dd>项目定义 1</dd>
```

```
        </dt>
        <dt>项目标题 2
            <dd>项目定义 2</dd>
        </dt>
        ……
    </dl>
```

“<dl></dl>”标记没有属性。同样可以用英文记忆这些标签，“dt”是定义术语（definition term），“dd”是定义说明（definition description）。

3.3 使用表格

通过前面的学习，大家已经掌握了网页中一些最基本、最常见、最重要的应用，下面介绍网页中的另一个关键应用——表格。

3.3.1 表格的建立

表格的建立将用到 3 个最基本的 HTML 标记，它们分别是“<table>”标记、“<tr>”标记和“<td>”标记。建立一个最基本的表格，必须包含一组“<table></table>”标记、一组“<tr></tr>”标记以及一组“<td></td>”标记，这也是最简单的单元表格。

1. 最简单的表格

千里之行始于足下，既然表是由许多连在一起的格子组成，那么我们先来做一个格子看看。

示例代码 3-8：单元格

```
<html>
    <head>
        <title>单元格</title>
    </head>
    <body>
        <center>
        <table border="1">
        <tr><td>这是一个单元格</td></tr>
        </table>
        </center>
    </body>
</html>
```

在浏览器中代开这个网页，其效果如图 3-8 所示。

图 3–8 单元格

这就是一个最基本的表格，它只有 1 行 1 列，下面就详细讲解一下上面用到的 3 个标记。

“<table>”标记：它用于标识一个表格（就像“<body>”一样），告诉浏览器这里有表格。

“<tr>”标记：它用于标识表格的一行。“<table></table>”中有多少组“<tr></tr>”，这个表格就有多少行。它必须放在“<table>”标记中。

“<td>”标记：它用于标识一行中有多少单元格。“<tr></tr>”中有多少组“<td></td>”，这个行就有多少个单元格。它必须放在“<tr>”标记中。

2. 多单元表格

我们可以积跬步以至千里了，再来制作一个包括多个单元格的表格吧！

示例代码 3-9：多单元格表格

```
<html>
    <head>
        <title>多单元格表格</title>
    </head>
    <body>
        <center>
        <table border="1">
        <tr><td colspan="2"><img src="rtop2.gif"></td></tr>
        <!--colspan 的作用是合并单元格，我们将在后面章节中讲到 -->
        <tr><td>・政府资金支持项目名录</td><td>2010-12-9 </td></tr>
        <tr><td>・高新所得税问题关注</td><td>2010-11-25 </td></tr>
        <tr><td>・中国科技统计汇编</td><td>2010-11-13</td></tr>
        </table>
        </center>
    </body>
</html>
```

在浏览器中打开这个网页，其效果如图 3-9 所示。

关于表格的这 3 个 HTML 标记的名字及其关系，可以这样记忆。table 是表格，一个表格中有许多 tr（Table Row），即（表格）行，一行中有许多 td（Table Data），即（表）数据，也就是列。计算机词汇基本都是英文缩写，用英文帮助理解和记忆很容易。

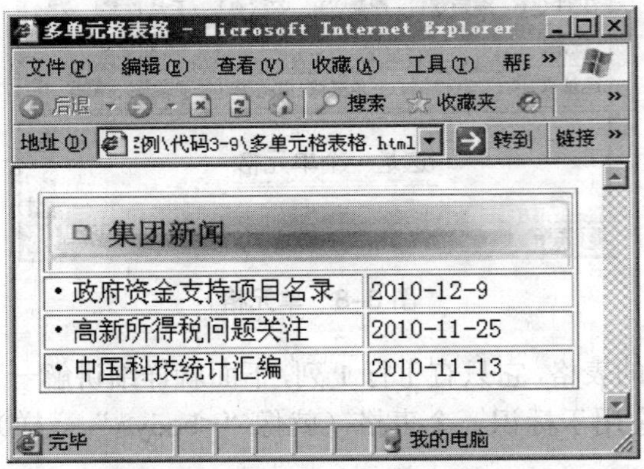

图 3–9 多单元格表格

3.3.2 各种表格样式

要更灵活地掌握表格的用法，就得更深入地学习表格标记“<table>”的属性。

1. 表格边框的设置

上面例子中表格边框太难看了，可默认就是那样子。如果大家不喜欢，可以自己设置它。

示例代码 3-10：表格边框的设置

```
<html>
    <head>
        <title>表格边框的设置</title>
    </head>
    <body>
        <table width="459" border="10" cellpadding="20" cellspacing="30">
        <tr><td colspan="2"><img src="rtop2.gif"></td></tr>
        <!--colspan 的作用是合并单元格，我们将在后面章节中讲到 -->
        </table>
    </body>
</html>
```

在浏览器中打开这网页，其效果如图 3-10 所示。

控制表格的边框共有 3 个属性，分别是“border”“cellspacing”“cellpadding”。它们的用途见表 3-2。

表 3–2 表格边框的常用属性

属 性 名	设 置 值	功 能
border	数字（单位是像素）	设置表格的外边框粗细
cellspacing	数字（单位是像素）	设置表格的内边框粗细
cellpadding	数字（单位是像素）	设置文字到内边框的距离

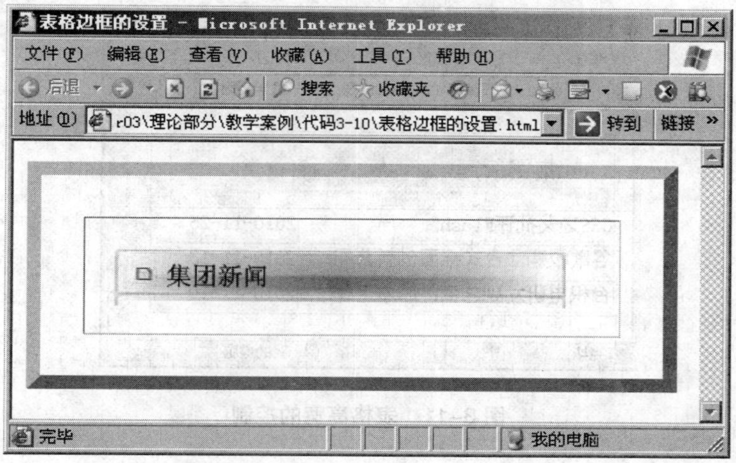

图 3–10　表格边框的设置

2. 表格高宽的控制

对于表格的大小，我们也可以控制，同样要用到“height”和“width”来设定表格的高度和宽度。

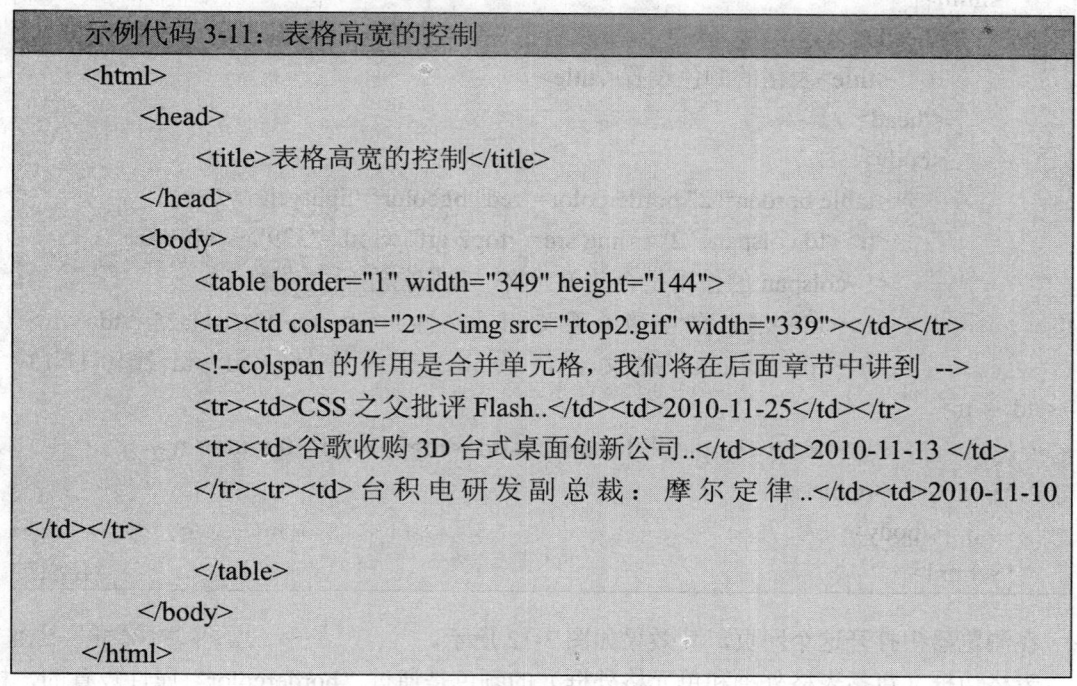

示例代码 3-11：表格高宽的控制

```
<html>
    <head>
        <title>表格高宽的控制</title>
    </head>
    <body>
        <table border="1" width="349" height="144">
        <tr><td colspan="2"><img src="rtop2.gif" width="339"></td></tr>
        <!--colspan 的作用是合并单元格，我们将在后面章节中讲到 -->
        <tr><td>CSS 之父批评 Flash..</td><td>2010-11-25</td></tr>
        <tr><td>谷歌收购 3D 台式桌面创新公司..</td><td>2010-11-13 </td>
        </tr><tr><td> 台 积 电 研 发 副 总 裁 ： 摩 尔 定 律 ..</td><td>2010-11-10
</td></tr>
        </table>
    </body>
</html>
```

在浏览器中打开这个网页，其效果如图 3-11 所示。

width 和 height 两者的语法结构为<table width 或 height=n 或 m%>，n 代表一个数值，单位是像素（px），m 代表 0～100 之间的数，即表格相对于当前窗口大小的百分比。

图 3–11　表格高宽的控制

3. 表格相关颜色的设定

如果表格和它的边框都是灰白色那显得多无趣，下面介绍一下表格的边框颜色和背景颜色的设定。

示例代码 3-12：表格的颜色设置

```
<html>
    <head>
        <title>表格的颜色设置</title>
    </head>
    <body>
        <table border="2" bordercolor="red" bgcolor="lightyellow">
        <tr><td colspan="2"><img src="rtop2.gif" width="339"></td></tr>
        <!--colspan 的作用是合并单元格，我们将在后面讲到 -->
        <tr><td> •消息称"谷歌杀手"Cuil 永久性..</td><td>2010-11-25 </td></tr>
        <tr><td> • Linux 之父访谈录：设计内核只..</td><td>2010-11-13
</td></tr>
        <tr><td> • Google 将 Instantia..</td><td>2010-11-10 </td></tr>
        </table>
    </body>
</html>
```

在浏览器中打开这个网页，其效果如图 3-12 所示。

表格边框（包括表格外框和单元格外框）的颜色是通过“bordercolor”属性设置的，格式为<table bordercolor=颜色值>。表格的背景颜色是通过“bgcolor”属性设置的，格式为<table bgcolor=颜色值>。

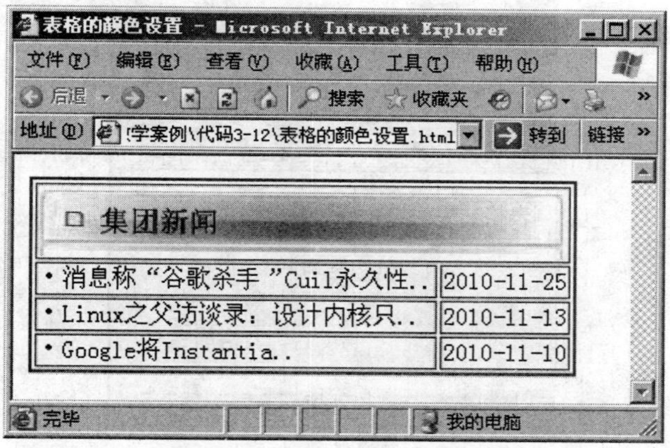

图 3-12 表格的颜色设置

4. 表格的水平位置

我们还可以分别控制表格的水平位置，即靠左，居中以及靠右。

示例代码 3-13：表格的水平位置

```
<html>
    <head>
        <title>表格的水平位置</title>
    </head>
    <body>
        <table border="1" align="left">
        <tr><td>表格居左</td></tr>
        </table><br><br>
        <table border="1" align="center">
        <tr><td>表格居中</td></tr>
        </table><br>
        <table border="1" align="right">
        <tr><td>表格居右</td></tr>
        </table>
    </body>
</html>
```

在浏览器中打开这个网页，其效果如图 3-13 所示。

在前面的学习中，我们发现“align”属性总是控制一些网页组件的水平位置，这里也同样用它来控制表格的水平位置，<table align=位置>，位置处可填写“left”“center”“right”分别来代表表格居左、居中、居右的对齐方式。

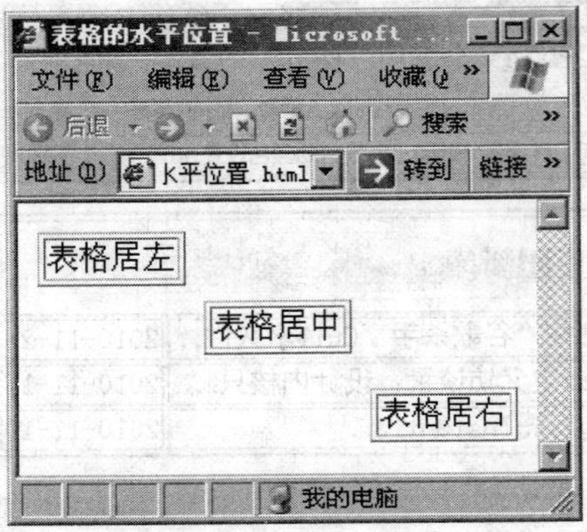

图 3-13 表格的水平位置

5. 表格行的控制

除了用“<table>”标记的属性设置表格样式，还可以用“<tr>”标记逐行调整表格。

示例代码 3-14：表格行的控制

```
<html>
    <head>
        <title>表格行的控制</title>
    </head>
    <body>
        <table width="347" border="1" >
        <tr><td colspan="2"><img src="rtop2.gif" width="339"></td>
        </tr>
        <!--colspan 的作用是合并单元格，我们将在后面讲到 -->
        <tr height="30" bordercolor="green" bgcolor="gray">
        <td>张高丽：科技型中小企业是..</td><td>2010-11-25 </td>
        </tr>
        <tr height="60" bordercolor="red" bgcolor="silver">
        <td>迅腾集团表彰大会暨迅腾..</td><td>2010-11-10 </td>
        </tr>
        </table>
    </body>
</html>
```

在浏览器中打开这个网页，其效果如图 3-14 所示。

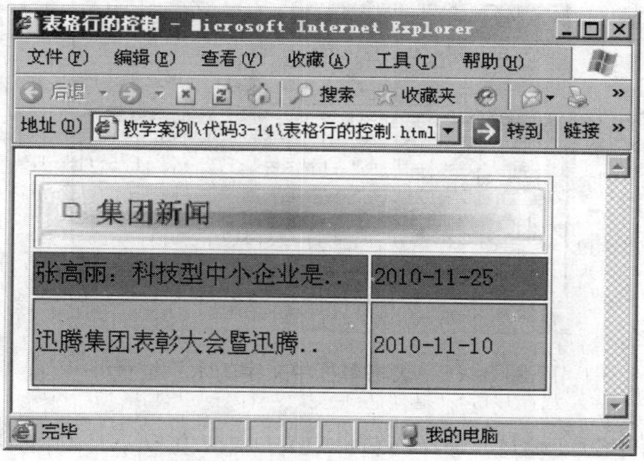

图 3–14　表格行的控制

由上面可知，能单独设置每一行的高度、边框颜色以及背景颜色。关于“<tr>”标记的属性见表 3-3。

表 3–3　“<tr>”标记的常用属性

属性名	设置值	功能
height	数字（单位是像素或百分比）	控制单行的高度
bordercolor	颜色的英文名称	设置单行边框的颜色
bgcolor	颜色的英文名称	设置单行背景的颜色
align	left 或 center 或 right	控制单行内文字的水平位置
valign	top 或 middle 或 bottom	控制单行内文字的垂直位置

根据表 3-3，我们也能用“align”属性控制每一行中内容的水平位置。

示例代码 3-15：表格单行中文字的水平位置

```
<html>
    <head>
        <title>表格单行中文字的水平位置</title>
    </head>
    <body>
        <table width="200" border="1">
        <tr align="left"><td>居左对齐</td></tr>
        <tr align="center"><td>居中对齐</td></tr>
        <tr align="right"><td>居右对齐</td></tr>
        </table>
    </body>
</html>
```

在浏览器中打开这个网页，其效果如图 3-15 所示。

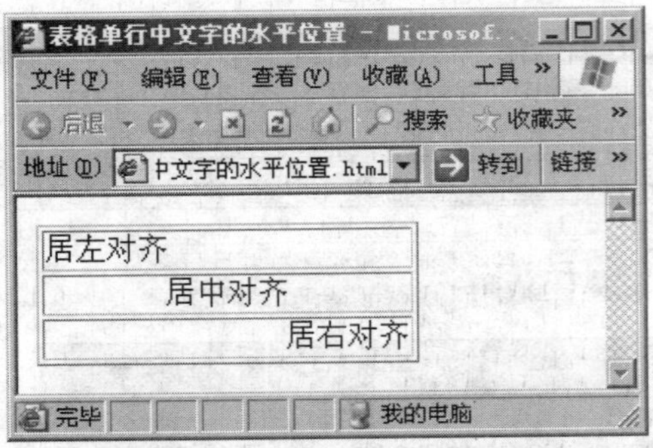

图 3–15　表格单行中文字的水平位置

如果没有设置“align”属性，浏览器就以默认的对齐方式（左对齐）显示。

根据表格 3-3，我们也能用“valign”属性控制每一行中内容的垂直位置。

示例代码 3-16：表格单行中文字的垂直位置

```
<html>
    <head>
        <title>表格单行中文字的垂直位置</title>
    </head>
    <body>
        <table width="200" border="1">
        <tr valign="top"><td width="245" height="50">居顶对齐</td></tr>
        <tr valign="middle"><td height="50">居中对齐</td></tr>
        <tr valign="bottom"><td height="50">居底对齐</td></tr>
        </table>
    </body>
</html>
```

在浏览器中打开这个网页，其效果如图 3-16 所示。

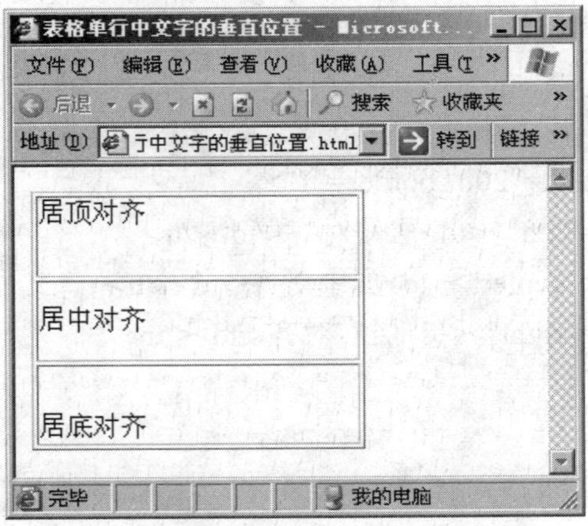

图 3–16　表格单行中文字的垂直位置

如果没有设置“valign”属性，浏览器将以默认的对齐方式（居中）显示。

6. 单元格的设置

除了用“<table>”“<tr>”标记的属性，我们还可以用“<td>”标记的属性逐个调整单元格。

示例代码 3-17：单元格的外框和背景颜色

```
<html>
    <head>
        <title>单元格的外框和背景颜色</title>
    </head>
    <body>
        <table width="327" border="2">
        <tr>
        <td colspan="2" ><img src="images/rtop4.gif"></td>
        <!--colspan 的作用是合并单元格，我们将在后面章节中讲到 -->
        </tr>
        <tr>
        <td  bordercolor="#66FFCC"  bgcolor="#FFFF00">Android 第二款木马现
身...</td>
        <td bordercolor="#339900" bgcolor="#339900">2010-11-25 </td>
        </tr>
        <tr>
        <td  bordercolor="red"  bgcolor="#99FF00">微软宣布 10 月 11 日关
闭...</td>
        <td bordercolor="red" bgcolor="#FFFF00">2010-11-13 </td>
        </tr>
        <tr>
        <td  bordercolor="#3333FF"  bgcolor="#FFFF00">怎样激发技术人员
的...</td>
        <td bordercolor="#3333FF" bgcolor="#66FFCC">2010-11-10 </td>
        </tr>
        </table>
    </body>
</html>
```

在浏览器中打开这个网页，其效果如图 3-17 所示。

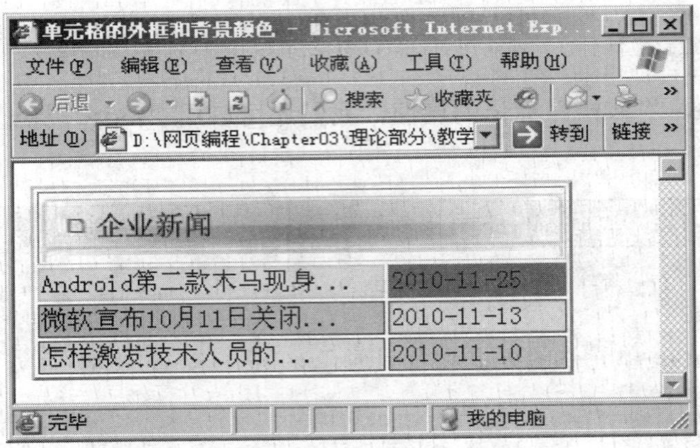

图 3-17 单元的外框和背景颜色

由上例可知，每一个单元格都有自己的边框及背景颜色。关于“<td>”标记的属性见表 3-4。

表 3-4 “<td>”标记的常用属性

属性值	设置值	功能
width	数字（单位是像素或百分比）	控制单元格的宽度
bordercolor	颜色的英文名称	控制单元格边框颜色
bgcolor	颜色的英文名字	控制单元格背景颜色
align	left 或 center 或 right	控制单元格内文字的水平位置
valign	top 或 middle 或 bottom	控制单元格内文字的垂直位置

当然了，我们一样可以用“align”“valign”属性控制每个单元格中内容的水平和垂直位置。

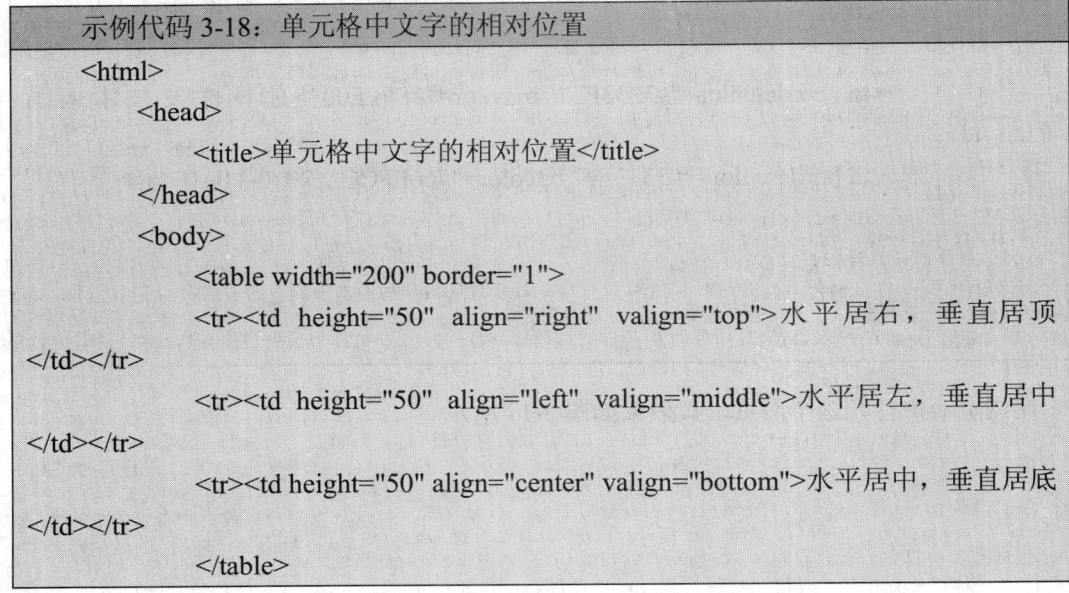

示例代码 3-18：单元格中文字的相对位置

```
<html>
    <head>
        <title>单元格中文字的相对位置</title>
    </head>
    <body>
        <table width="200" border="1">
        <tr><td height="50" align="right" valign="top">水平居右，垂直居顶
</td></tr>
        <tr><td height="50" align="left" valign="middle">水平居左，垂直居中
</td></tr>
        <tr><td height="50" align="center" valign="bottom">水平居中，垂直居底
</td></tr>
        </table>
```

```
    </body>
</html>
```

在浏览器中打开这个网页，其效果如图 3-18 所示。

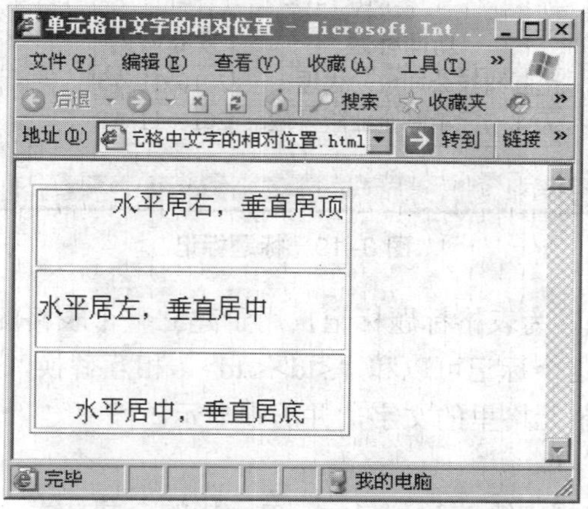

图 3-18　单元格中文字的相对位置

通过上面的例子我们可以知道，每一个单元格都可以设置其中文字的相对的位置。

7. 标题标记

通常的表格都把表头着重显示，在文字中能用标题“<hx>”实现，在表格中我们一样可以。

示例代码 3-19：标题标记

```
<html>
    <head>
        <title>标题标记</title>
    </head>
    <body>
        <table border="1">
        <caption align="center">站内公告 </caption>
        <tr valign="top"><th>新闻标题</th><th>发布时间</th></tr>
        <tr  valign="middle"><td>迅腾科技公司成功代理..</td><td>2010-11-13
</td></tr>
        <tr  valign="bottom"><td> 天 津 卡 巴 斯 基 企 业 版 开
放..</td><td>2010-11-10 </td></tr>
        </table>
    </body>
</html>
```

在浏览器中打开这个网页，其效果如图 3-19 所示。

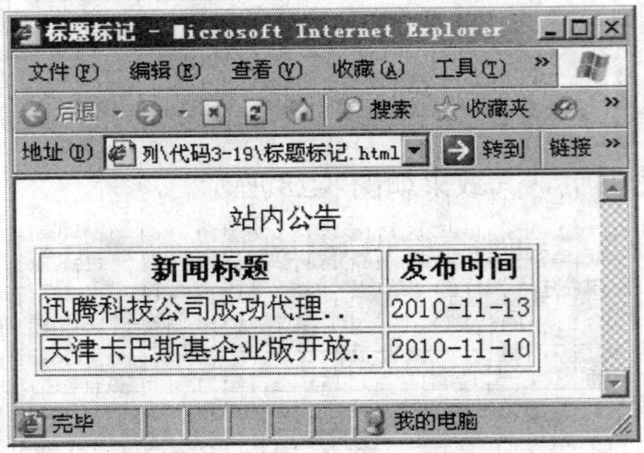

图 3–19　标题标记

“<caption></caption>”为表格标题标记，用于建立整个表格的标题。“<th></th>”为标题（Table Head）标记。这个标记可以和“<td></td>”相互替换，但“<th></th>”是以标题（加粗强调）的形式显示单元格里的文字，并居中显示。

8. 表格中单元格的合并

并非每个表格都是中规中矩的行列显示，单元格的合并技术，能把相连的单元格合并在一起。我们可以水平合并单元格，效果是合并的列变成一列。

示例代码 3-20：单元格的水平合并

```
<html>
    <head>
        <title>单元格的水平合并</title>
    </head>
    <body>
        <table border="1">
        <tr><td colspan="2"><img src="images/zngg.gif"></td></tr>
        <tr><td>天津迅腾滨海科技公司..</td><td>2010-11-25</td></tr>
        <tr><td>滨海迅腾科技集团荣获..</td><td>2010-11-13</td></tr>
        </table>
    </body>
</html>
```

在浏览器中打开这个网页，其效果如图 3-20 所示。

“站内公告”所在的单元格就是一个合并后的单元格。这是利用了“<td>”标记的“colspan”属性，它的作用是水平合并单元格，“<td colspan="n">”，n 为一整数，是单元格的水平合并格数。本例中水平跨越了 2 个单元格，则“colspan="2"”，结果是合并了 2 列。

我们也可以垂直合并单元格，效果是合并的几行变成一行。

在浏览器中打开这个网页，其效果如图 3-21 所示。

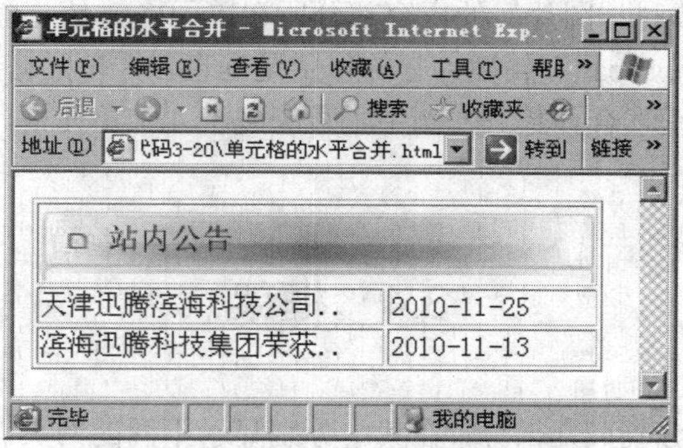

图 3-20 单元格的水平合并

示例代码 3-21：单元格的垂直合并

```
<html>
    <head>
        <title>单元格的垂直合并</title>
    </head>
    <body>
        <table border="1">
        <tr>
        <td rowspan="4"><img src="images/xt.jpg" alt="迅腾" ></td>
        <td>以责任为理念</td>
        </tr>
        <tr><td>以发展为目标</td></tr>
        <tr><td>以落实为重点</td></tr>
        <tr><td>以结果为导向</td></tr>
        </table>
    </body>
</html>
```

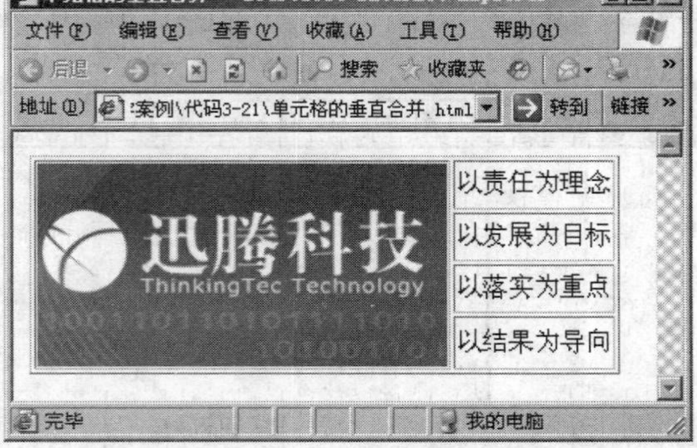

图 3-21 单元格的垂直合并

图 3-21 中的“迅腾科技图片”的内容部分所在单元格就是一个合并的单元格。这是利用了“<td>”标记的“rowspan”属性，它的作用是垂直合并单元格，“<td rowspan=n>”，n 为一整数，是单元格的垂直合并数。本例中垂直跨越了 4 个单元格，则“rowspan=4”，结果是合并了 4 行。

3.4 框架

框架是用来将窗口分割成几部分，在其中分别显示不同的网页，以方便用户同时浏览不同的页面，或者利于网站分别显示导航、明细等不同内容。

3.4.1 窗口框架

我们能对窗口进行切分，然后在不同窗口中显示不同的网页，来达到多网页同时显示的效果。

1. 窗口框架的建立

窗口框架的建立是通过“<frameset></frameset>”标记来实现的。

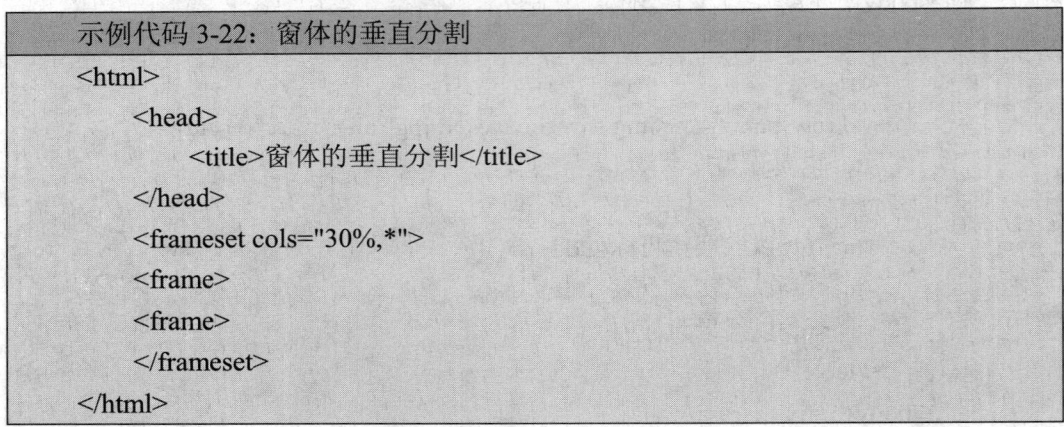

示例代码 3-22：窗体的垂直分割

```
<html>
    <head>
        <title>窗体的垂直分割</title>
    </head>
    <frameset cols="30%,*">
    <frame>
    <frame>
    </frameset>
</html>
```

在浏览器中打开这个网页，其效果如图 3-22 所示。

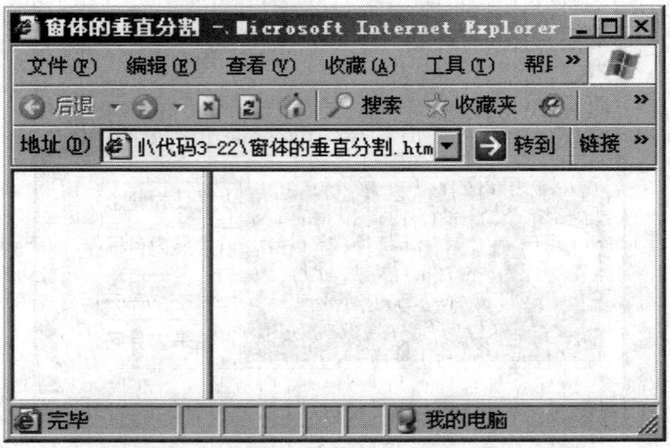

图 3–22 窗体分割

仔细观察上面的代码，我们可以发现“<body></body>”标记不见了。

因为使用“<frameset></frameset>”标记来定义时也就等于是一个主体标记了，所以使用“<frameset>”标记时是不能加“<body>”标记的。如果把“<frameset></frameset>”包含在“<body></body>”中，“<frameset>”标记将无法正常使用。“<frame>”标记是单个使用的，它是定义一个子窗口，有几个“<frame>”就有几个子窗口。

窗口框架的分割方式有两种，一种是水平分割，另一种是垂直分割。在“<frameset>”标记中的“rows”属性和“cols”属性控制窗口的分割方式。

“rows”或“cols”属性的使用方法是“<frameset rows（或 cols）= " n1,n2,…,* " >”，其中“n1,n2,…”表示各子窗口的高（或宽）度，单位是像素或百分比。星号“*”表示窗口剩下的高（或宽）度。比如“<frameset rows="20%,30%,*">”，那么“*”就是 50%了。

再来看看下面这个水平分割的例子。

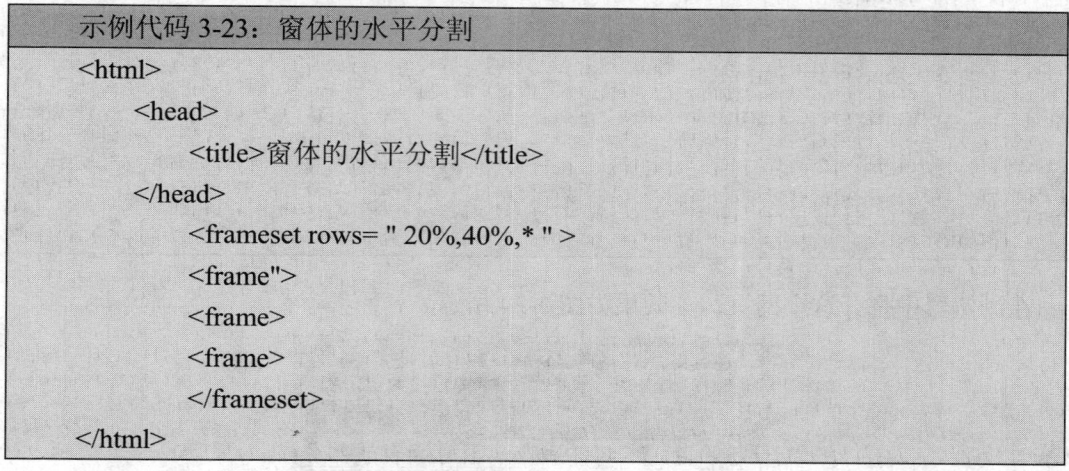

示例代码 3-23：窗体的水平分割

```
<html>
    <head>
        <title>窗体的水平分割</title>
    </head>
        <frameset rows= " 20%,40%,* " >
        <frame">
        <frame>
        <frame>
        </frameset>
</html>
```

在浏览器中打开这个网页，其效果如图 3-23 所示。

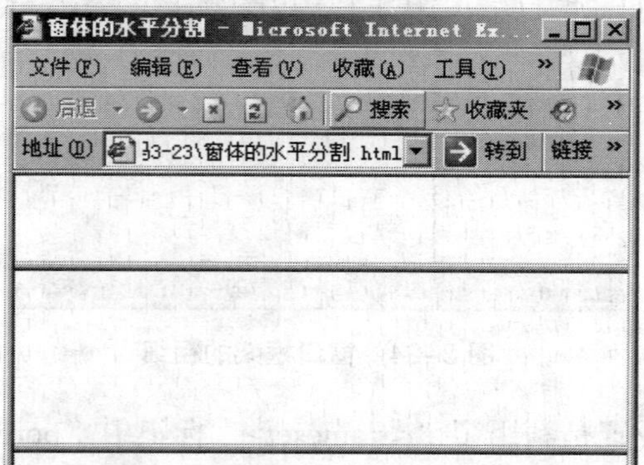

图 3–23　窗体的水平分割

我们可以知道“rows”或“cols”属性的使用方法完全一样。另外我们发现，窗口框架是能被拖动的。但当刷新网页的时候，所改变的框架位置还是会回到原来的位置上。

2. 子窗口的边框设置

既然在分割窗体时，每一个子窗口都出现了边框，那么对这个边框也是可以进行设置的。

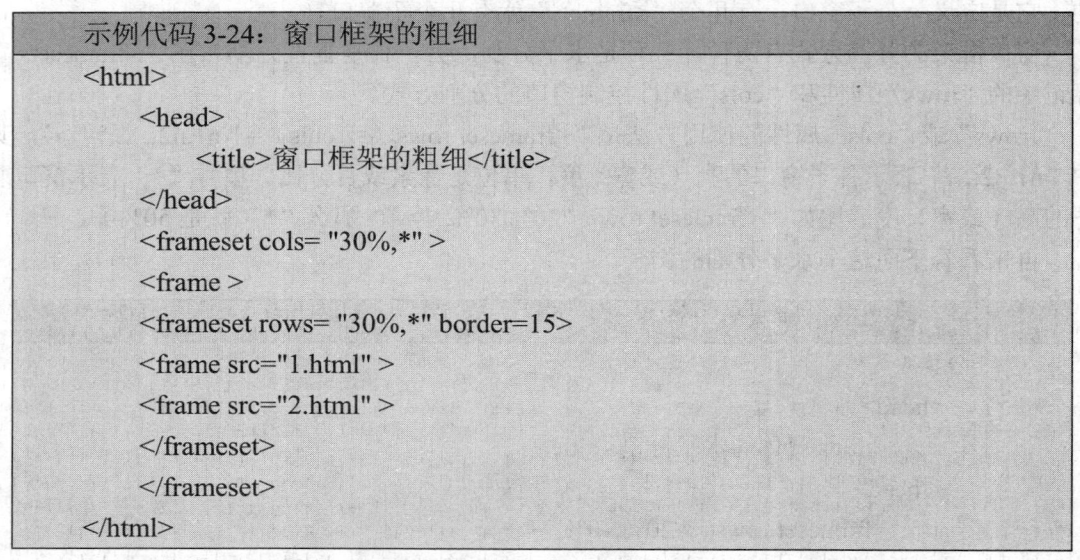

示例代码 3-24：窗口框架的粗细

```
<html>
    <head>
        <title>窗口框架的粗细</title>
    </head>
    <frameset cols= "30%,*" >
    <frame >
    <frameset rows= "30%,*" border=15>
    <frame src="1.html" >
    <frame src="2.html" >
    </frameset>
    </frameset>
</html>
```

在浏览器中打开这个网页，其效果如图 3-24 所示。

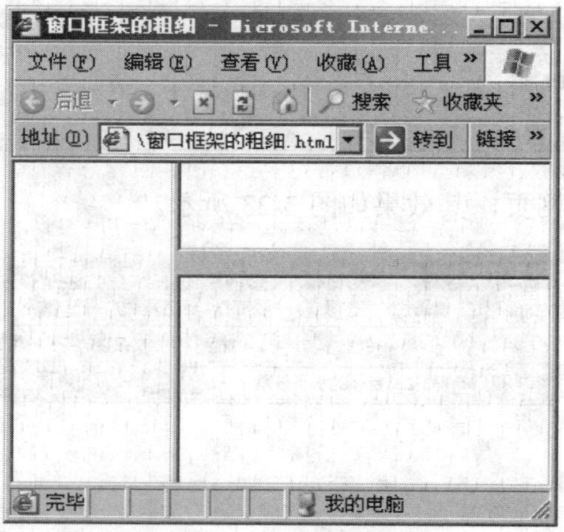

图 3–24　窗口框架的粗细

窗口边框的粗细的设置是利用了“<frameset>”标记中“border”属性，为“<frameset border=n>”，n 为一整数，以像素为单位。

如果我们不想看到任何子窗口的边框，该如何实现呢？

示例代码 3-25：窗口框架的隐藏

```
<html>
    <head>
```

```
        <title>窗口框架的隐藏</title>
    </head>
    <frameset cols="30%,*" frameborder="0">
    <frame src="frame_index.html">
    <frame src="frame_intro.html">
    </frameset>
</html>
```

在浏览器中打开这个网页，其效果如图 3-25 所示。

图 3-25　窗口框架的隐藏

除了设置边框的粗细，我们还可以隐藏边框。边框隐藏不能想当然地用“border=0”来实现，而要使用“frameborder”属性。这个属性不仅可以在“<frameset>”中使用，还能在“<frame>”中使用。使用在“<frameset>”中时，可控制窗口框架的所有子窗口；使用在“<frame>”中时，仅控制该标记所代表的子窗口。“frameborder”属性取值 0 或 1，0 代表不显示，1 代表显示，不设置则默认为显示。

下面再看一个隐藏指定子窗口边框的例子。

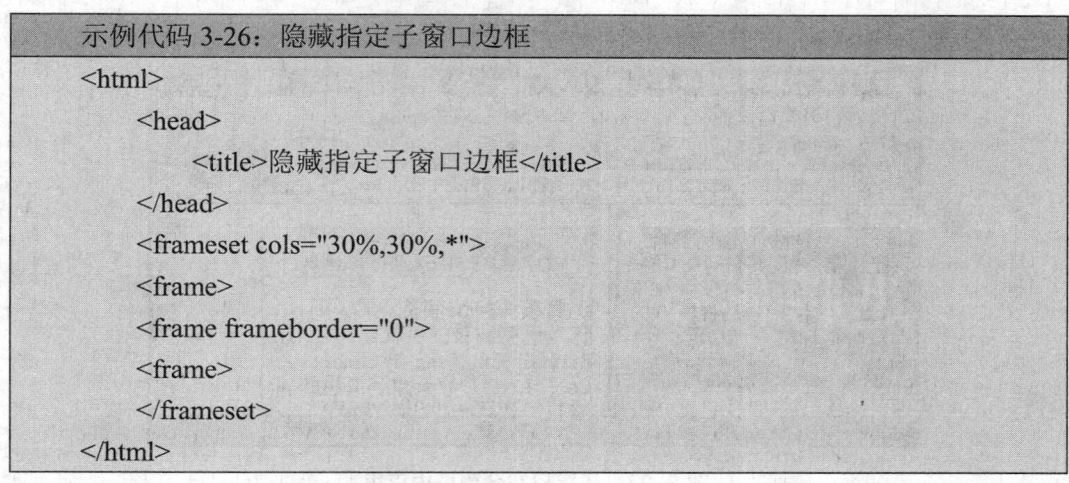

示例代码 3-26：隐藏指定子窗口边框

```
<html>
    <head>
        <title>隐藏指定子窗口边框</title>
    </head>
    <frameset cols="30%,30%,*">
    <frame>
    <frame frameborder="0">
    <frame>
    </frameset>
</html>
```

在浏览器中打开这个网页，其效果如图 3-26 所示。

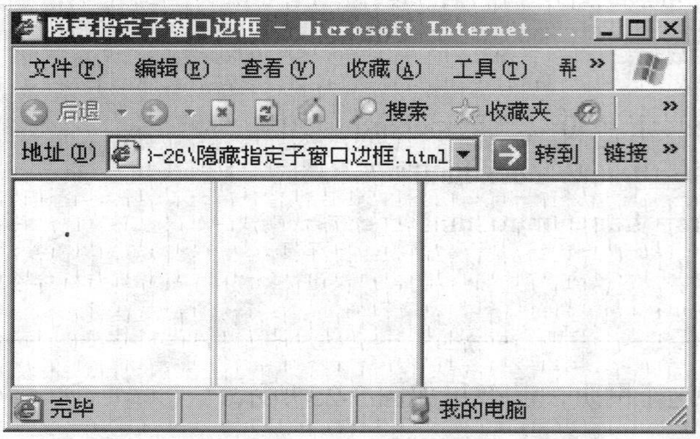

图 3-26 隐藏指定子窗口边框

可以发现被隐藏的边框并未完全消失，而是显示为灰色，但仍旧（和未被隐藏的边框一样）可以被我们任意拖动。

3. 子窗口的设置

子窗口的作用当然是显示网页，这是利用“src”属性来设置的。

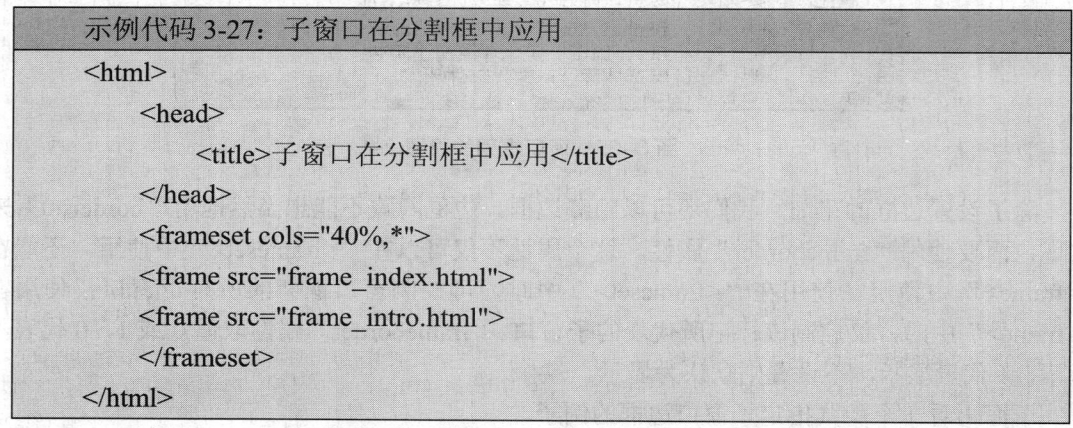

示例代码 3-27：子窗口在分割框中应用

```
<html>
    <head>
        <title>子窗口在分割框中应用</title>
    </head>
    <frameset cols="40%,*">
    <frame src="frame_index.html">
    <frame src="frame_intro.html">
    </frameset>
</html>
```

在浏览器中打开这个网页，其效果如图 3-27 所示。

图 3-27 子窗口在分割框中应用

“<frame>”标记中的这个“src”属性的用法和“<img>”标记中的“src”属性的用法是一模一样的。

4. 窗口滚动条的设置

能否设定子窗口中滚动条的显示呢？答案是肯定的，来看下面的例子。

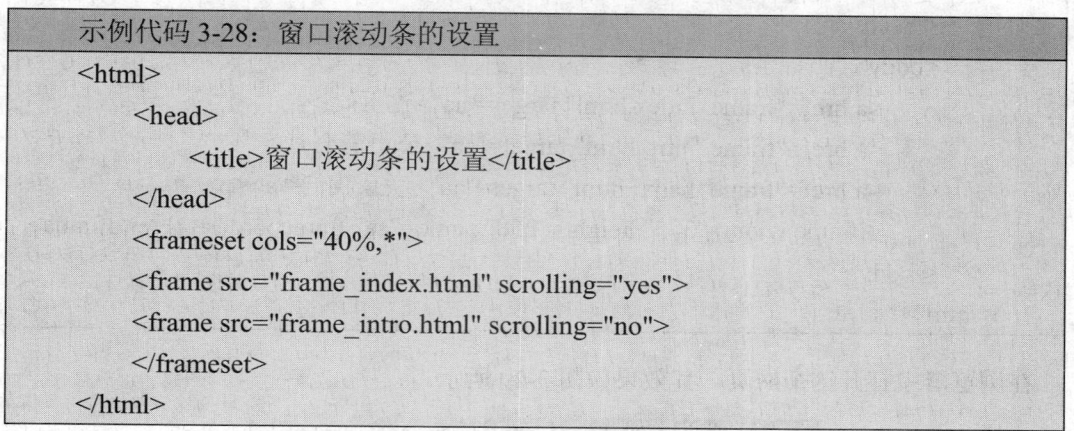

示例代码 3-28：窗口滚动条的设置

```
<html>
    <head>
        <title>窗口滚动条的设置</title>
    </head>
    <frameset cols="40%,*">
    <frame src="frame_index.html" scrolling="yes">
    <frame src="frame_intro.html" scrolling="no">
    </frameset>
</html>
```

在浏览器中打开这个网页，其效果如图 3-28 所示。

图 3–28　窗口滚动条的设置

由“<frame>”标记的“scrolling”属性来控制是否显示滚动条。该属性可取值为“yes”（显示）、“no”（不显示）、“auto”（自动显示，即子窗口不能显示网页的全部内容时，显示滚动条；子窗口能显示网页的全部内容时，不显示滚动条）。如果不设置“scrolling”则默认为“auto”。

3.4.2　iframe 标记

在前面学习的“<frameset>”标记只能把现有的窗口分成几个子窗口，而且大小只能由框架的高（或宽）度属性来设置，不怎么灵活。有没有一个标记可以自由控制窗口的大小，可以配合表格随意地在网页中的任何位置插入窗口呢？有！这就是“<iframe>”标记，它实际上也就是在窗口中再创建一个窗口。

1. iframe 窗口

如何“iframe”窗口中显示所链接的网页呢？

示例代码 3-29：iframe 窗口的任意应用

```
<html>
    <head>
        <title>iframe 窗口的任意应用</title>
    </head>
    <body>
        <a href="frame_index.html" target="aa">首页</a>
        <a href="frame_intro.html" target="aa">公司简介</a>
        <a href="frame_lianxi.html" target="aa">联系我们</a><p>
        <iframe width="375" height="250" name="aa" frameborder="0"></iframe>
    </body>
</html>
```

在浏览器中打开这个网页，其效果如图 3-29 所示。

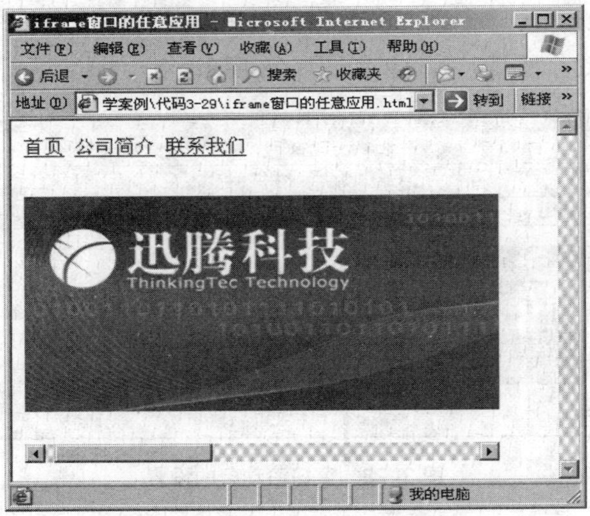

图 3–29 iframe 窗口的任意应用

可以看到，“<iframe>”标记和“<frameset>”标记非常类似。表 3-5 给出了“<iframe>”标记的属性。

表 3–5 “<iframe>”标记的属性

属性名	设置值	功能
width	数字（单位是像素或百分比）	控制窗口的宽度
height	颜色的英文名称	控制窗口的颜色
bgcolor	颜色的英文名称	控制窗口的背景颜色
align	left 或 center 或 right	控制窗口内文字的水平位置
valign	top 或 middle 或 bottom	控制窗口内文字的垂直位置

2. 直接设置网页

如何在“iframe”窗口中显示所链接的网页呢？

示例代码 3-30：直接设置网页

```
<html>
    <head>
        <title>iframe 窗口中直接显示网页或图片</title>
    </head>
    <body>
        <center>
        <p><iframe src="frame_index.html" width="400" height="100" framebor
der="no">
        </iframe></p>
        <p><iframe src="frame_intro.html" width="400" height="100" framebor
der="yes" scrolling="yes">
        </iframe></p>
        <p><iframe src="images/xt.jpg" width="400" height="100" frameborder
="yes" scrolling="yes">
        </iframe></p>
        </center>
    </body>
</html>
```

在浏览器中打开这个网页，其效果如图 3-30 所示。

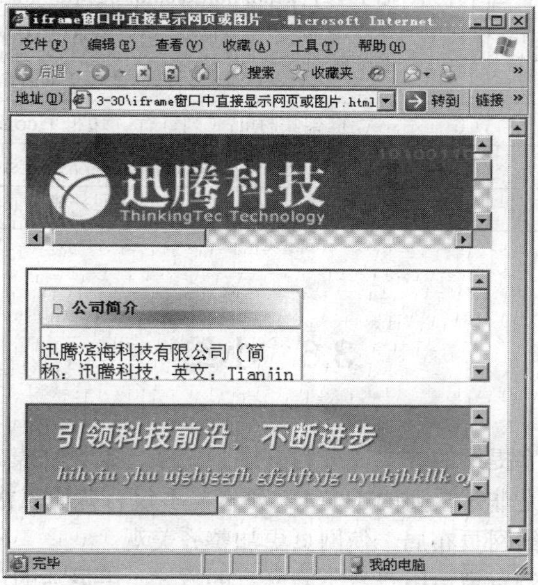

图 3-30　iframe 窗口中直接显示网页或图片

“<iframe>”标记和“<frameset>”标记一样使用，其本身也可以引用文件。

3.5 本章总结

通过本章的学习，大家掌握如何使用 HTML 语言在网页中实现列表、表格、框架，从而制作出现今流行的，广为网站使用的各类页面的效果。大家可以更深刻的理解 HTML。

表 3–6 总结

标记	含义、主要属性
<ol>	有序列表（序号类型、开始位置）type start
<li>	列表项
<ul>	无序列表（序号类型）type
<menu>、<lh>	其他无序列表
<dl>	定义列表
<dt>	定义术语
<dd>	定义说明
<table>	HTML 表格标记（边框、宽度、高度、内边框粗细、文字到内边框的距离、边框颜色、背景颜色、对齐）border width height cellspacing cellpadding bordercolor bgcolor align
<tr>	表格行标记（宽度、边框颜色、背景颜色、水平对齐、垂直对齐、）width bordercolor bgcolor align valign
<td>	表格列标记（宽度、边框颜色、背景颜色、水平对齐、垂直对齐、合并列、合并行）width bordercolor bgcolor align valign colspan rowspan
<caption>	表格标题（对齐）align
<th>	表标题（宽度）width
<frameset>	框架集标记（列、行、边框）cols rows border
<frame>	框架标记（超链接、框架边框、滚动条）src frameborder scrolling
<iframe>	智能框架标记（宽度、高度、框架边框）width height frameborder

3.6 小结

✓ 列表是组织文字提纲的方式，分为有序、无序、定义列表。

✓ 网页中的表格是非常重要的 HTML 元素，不仅有普通表格的含义，能将数据按照分类组织在一起，更能给网页布局，使网页更加整齐美观。

✓ 框架是在一个浏览窗口中查看不同网页的方式，更灵活的还有 iframe，它们让网页内容更加丰富多彩。

3.7 英语角

frame：画面、框架
frameset：框式支架
horizontal：水平的
vertical：垂直的

3.8 作业

1. 列表项的标记是（ ），有序列表的标记是（ ），无序列表的标记（ ），定义列表的标记是（ ）。

a.<ul> b.<dl> c.<li> d.<ol>

2. 制定序号从小写罗马数字 4 开始，标记的写法是<__type= "__" __= "__">。

3. 标号样式为“■”的标记写法是<____= "__">。

4. 表格标记是<__>，它的“border”属性是用来控制__的、表格行的标记是<__>，表格列的标记是<__>，表格标题的标记是<__>。

5. “cellspacing”“cellpadding”“rowspan”“colspan”分别是作什么用的？

6. 框架标记是<__>，它不能和<__>标记一起使用。

3.9 思考题

表格怎样在网页布局中发挥作用？

3.10 学员回顾内容

列表、表格、框架的诸多设定方法。

第 4 章　使用多媒体文件、表单、段

学习目标

- ✧ 理解多媒体文件、表单、段在网页中的作用。
- ✧ 掌握 HTML 在使用多媒体文件、表单、段的技巧。

课前准备

一台安装了 Windows 操作系统和 Dreamweaver 的计算机。

复习上一章的内容。

4.1　本章简介

这一章我们介绍多媒体文件、表单、段在 HTML 中的使用方法。多媒体在网页中起到增色、加深印象等作用。表单是网页中在客户机和服务器之间传递消息的元素，起到一定的交互作用。学习了本章，你将能够在 HTML 中插入多媒体文件、使用表单及其元素、控制段的设定等，从而使网页更加绚丽多彩。

4.2　使用多媒体文件

在网页中除了可以加入各种文字、图片，还可以插入音乐及影视文件。通过本节的学习，大家能掌握如何在网页中插入音乐及影视文件，如何控制音乐及影视播放。

在 Windows 操作系统中，可播放的较为普遍的音乐文件格式有 MP3、MID、WAV 等，可播放的较为普遍的影视文件格式有 MOV、AVI、ASF、MPEG 等。在网页中链接多媒体同样使用的是"<a></a>"标记，并利用"href"属性就可以了。当单击链接的时候，浏览器将会自动调用 Windows Media Player 播放多媒体文件。假如安装了 Realplayer，则将调用它进行播放。

4.2.1　多媒体文件的链接

链接，顾名思义就是在网页中设置一个指向多媒体文件的链接，每次点击这个链接来播

放多媒体文件。

那么链接播放怎样用“<a>”来实现呢？

示例代码 4-1：多媒体文件的链接

```
<html>
    <head>
        <title>多媒体文件的链接</title>
    </head>
    <body bgcolor="#CCFFFF">
        <center>
        单击<a href="中国人民解放军进行曲.mp3">中国人民解放军进行曲</a>
播放音乐
        <p>
        单击<a href="clock.avi">clock</a>播放影视
        <p>
        </center>
    </body>
</html>
```

在浏览器中打开这个网页，其效果图如图 4-1 所示。

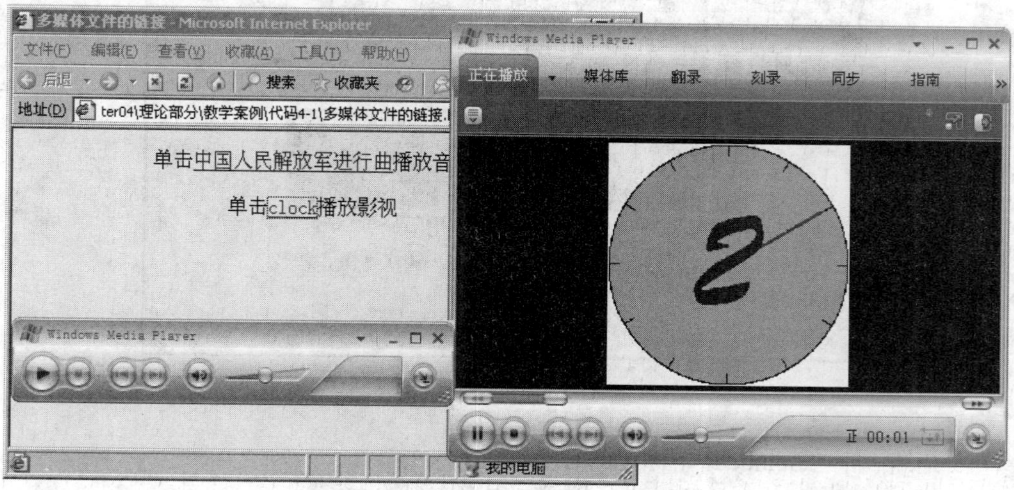

图 4–1　多媒体文件的链接

链接多媒体文件就像链接图片一样方便，格式也相同。

4.2.2　多媒体文件的嵌入

使用多媒体文件链接方式，实际上是把多媒体文件下载到 PC 的临时文件夹中，有一个缺点就是要等完全下载完毕后才能进行播放。那么能否一边下载一边观看呢？多媒体的嵌入，就是把多媒体文件下载到文件缓存，实现 PC 边读文件边播放的效果。嵌入“<embed>”

标记就可以实现，下面我们将详细讲解它的用法。

1. 音乐文件的嵌入

我们先看看如何把音乐文件嵌入网页。

示例代码 4-2：音乐文件的嵌入

```
<html>
    <head>
        <title>音乐文件的嵌入</title>
    </head>
    <body bgcolor="#CCFFFF">
        <center>
        <embed src="中国人民解放军进行曲.mp3" width="294" height="110"
autostart="true" loop="true">
        </center>
    </body>
</html>
```

在浏览器中打开这个网页，其效果如图 4-2 所示（显示效果因默认的播放器不同而不同）。

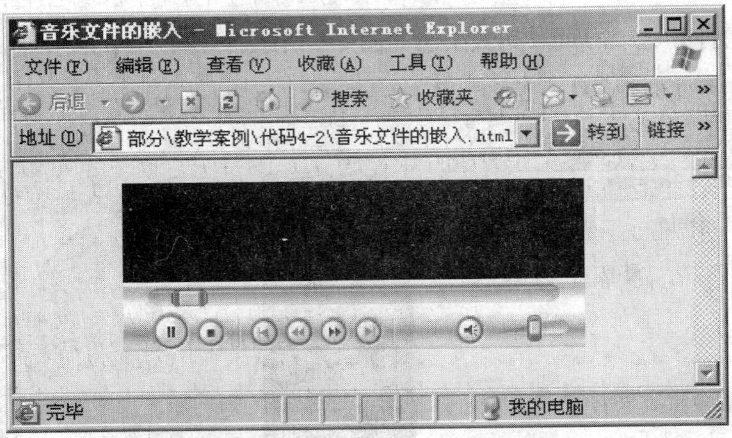

图 4–2　音乐文件的嵌入

下面介绍一下“<embed>”标记的各个属性。

src 属性：指定嵌入的多媒体的名称，后缀名不能省略。

width 属性：设置嵌入的多媒体宽度。

height 属性：设置嵌入的多媒体的高度。

autostart 属性：当设置为“true”时，打开网页就会自动播放多媒体；而设置为“false”时，打开网页还需要再单击面板上的“play”键才能播放。不设置则该属性默认为“false”。

loop 属性：设置多媒体文件的播放次数，当设置为“true”时，会无限制地重复播放，直到访客离开该页面或单击面板上的“stop”键；而设置为“false”时，就只能播放一次。不设置则该属性默认为“false”。

2. 影视文件的嵌入

我们再看看如何把影视文件嵌入网页。

示例代码 4-3：影视文件的嵌入

```
<html>
    <head>
        <title>影视文件的嵌入</title>
    </head>
    <body bgcolor="#CCFF00">
        <center>
        <embed  src="clock.avi"  width="300"  height="300"  autostart="true"
loop="true">
        </center>
    </body>
</html>
```

在浏览器中打开这个网页，其效果如图 4-3 所示。

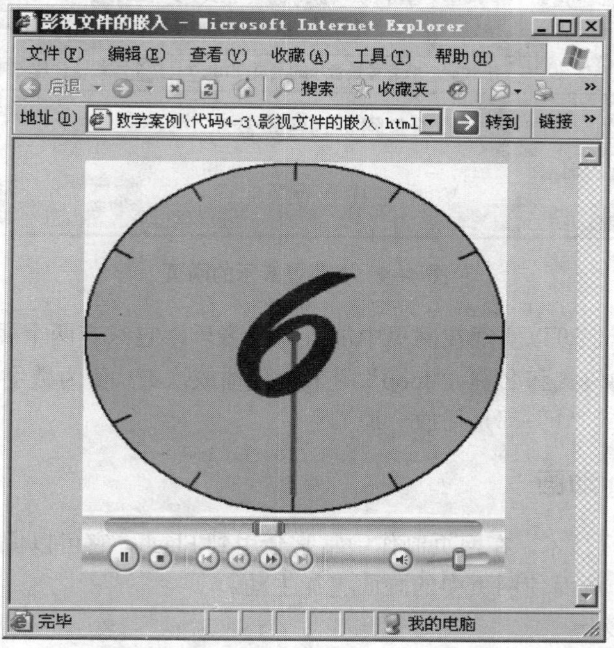

图 4-3　影视文件的嵌入

嵌入影视文件就像嵌入音乐一样方便。

4.2.3　加入背景音乐

当我们打开一些网页的时候，会听到一段美妙的音乐，在浏览时多了一份享受。这是怎么做到的呢？

示例代码 4-4：有背景音乐的网页

```
<html>
    <head>
        <title>有背景音乐的网页</title>
    </head>
    <body bgcolor="#CCFFFF">
        <center>
        这是网页的背景音乐
        <bgsound src="中国人民解放军进行曲.mp3" loop="-1">
        </center>
    </body>
</html>
```

在浏览器中打开这个网页，其效果如图 4-4 所示（背景音乐为重复播放的《中国人民解放军进行曲》）。

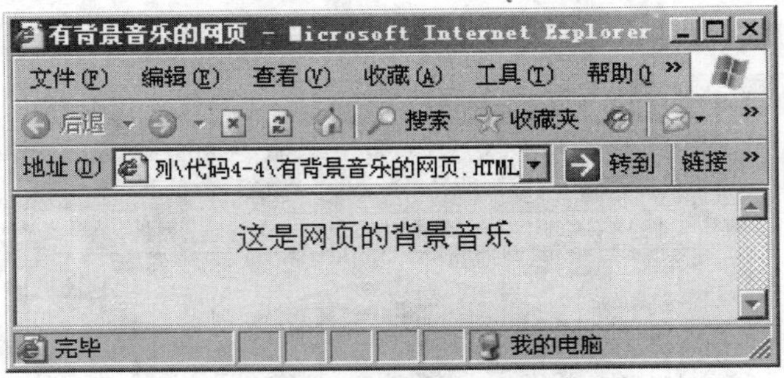

图 4–4 有背景音乐的网页

“<bgsound>”标记可以实现在网页中加入背景音乐，它只有两个属性。“src”用来指定要播放的音乐文件的位置和名称；“loop”用来设置播放次数，值为数字，无限播放设成“-1”即可（若设成“0”或“1”都是播放一遍）。

4.2.4 加入 Flash 动画

Flash 是一种动画技术，在网页制作中常常会用到 Flash，它可以像播放电影一样呈现较为复杂的动态效果，从而使网页中的画面更加生动。

Flash 动画的加入

除了上面所介绍的音乐和影视文件之外，我们还能向网页中插入 Flash 动画。具体操作步骤如下：

打开 Dreamweaver，在“插入”面板打开的情况下，切换到“常用”标签，然后单击箭头所示的“Flash”按钮，如图 4-5 所示，会弹出一个对话框，选择要插入的 Flash 动画文件即可。

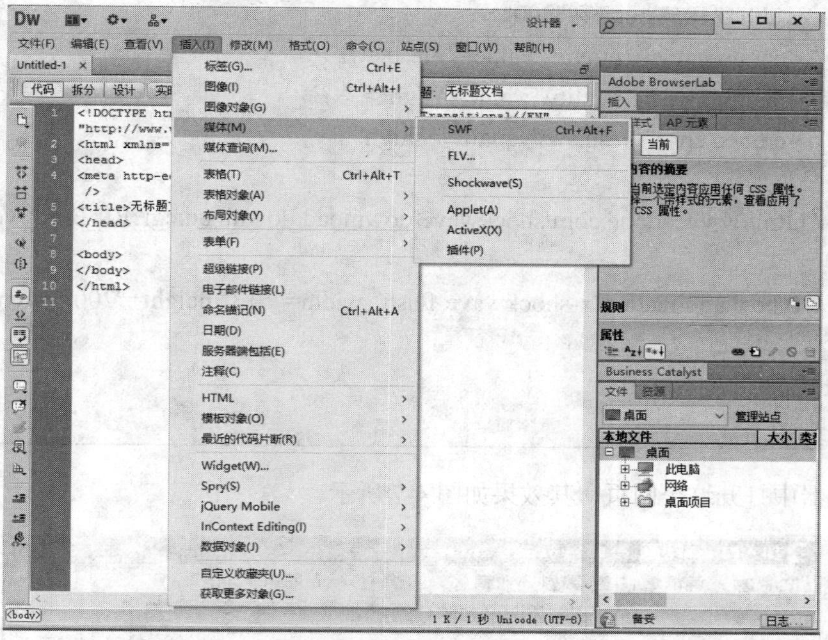

图 4–5　插入 Flash

此时，插入的是 Flash 对象，因此看不到 Flash 动画效果。要看到该 Flash 效果，可通过属性面板（图 4-6）上“播放”来实现。点了“播放”按钮将出现一个进度条显示调入该 Flash，到“100%”以后，在 Flash 对象上右击鼠标，然后在弹出菜单中再点击“播放”才可播放。

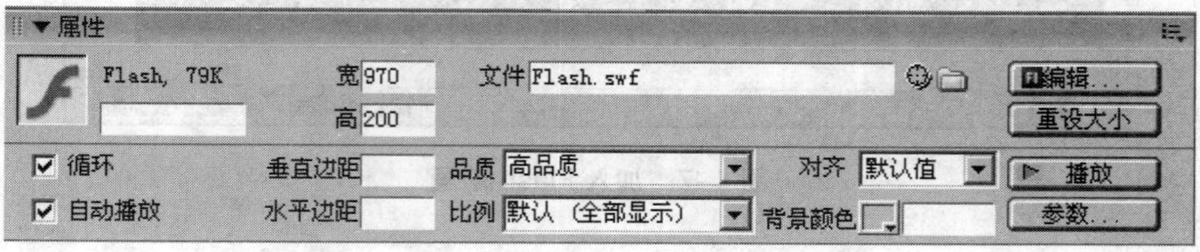

图 4–6　属性面板

打开代码视图，发现由 Dreamweaver 自动生成的代码如下（“<object></object>”标记中的参数“classid”“codebase”会有不同）。

示例代码 4-5：加入 Flash 动画

```
<html>
    <head>
        <title>加入 Flash 动画</title>
    </head>
    <body>
        <object classid="clsid:D27CDB6E-AE6D-11cf-96B8-444553540000"
        codebase="http://download.macromedia.com/pub/shockwave/cabs
        /flash/swflash.cab#version=9,0,28,0"
```

```
            width="485" height="200">
            <param name="movie" value="Flash.swf">
            <param name="quality" value="high">
            <embed src="Flash.swf" quality="high"

pluginspage="http://www.adobe.com/shockwave/download/download.cgi?P1_Prod_Version=Shoc
kwaveFlash"
            type="application/x-shockwave-flash" width="513" height="200"></embed>
            </object>
        </body>
    </html>
```

在浏览器中打开这个网页，其效果如图 4-7 所示。

图 4–7 加入 Flash 动画

4.3 使用表单

所谓表单，就是在文档中用于获取用户输入信息的部件。

在网页中，表单是关键环节。它可以完成部分用户与网站交互的功能，在这个过程中不一定需要用户进行数据信息的输入。同时，表单可以为用户提供更多的自主性和可操作性。

4.3.1 表单简介

表单是通过“<form></form>”标记来进行定义的。“<form></form>”标记类似于一个容器标记，其他表单元素标记需要在它的包围中才有效。

“<form></form>”标记有 3 个属性，分别是“action”“method”“name”。

action 属性：用以指明服务器位置和服务器端脚本的名称，可以是文件名甚至邮件地址。

method 属性：用于设置传送资料的方式，取值有 2 个，分别是“post”和“get”。前者用于传送大量资料，而后者传送资料限制是 1 KB。

name 属性：给表单命名。

“<form></form>”标记的事件：

onSubmit 事件：该事件在表单提交时触发。在该事件中可以加入用来进行表单验证的代码。

4.3.2　表单元素

表单元素，就是包含在“<form></form>”标记中的网页元素，用于接受用户的输入并提供一些交互式操作。用户输入的数据可以通过客户端脚本来验证，然后提交给服务器做进一步处理。

表单元素大概有这几种：文本框、选择框、按钮、列表等。下面分别介绍。

1. 单行文本框、密码文本框

网页上最常见的用来接收用户输入信息的表单元素就是文本框了，先看看单行文本框是怎么实现的。

示例代码 4-6：单行文本框

```
<html>
    <head>
        <title>单行文本框</title>
    </head>
    <body>
        <form>
        <table width="279" height="79">
        <tr>
        <td height="44" colspan="2"><img src="images/zxly.jpg"></td>
        </tr>
        <tr>
        <td width="93" height="34" align="center">您的帐号：</td>
        <td width="175" align="right" ><input type="text"/></td>
        </tr>
        </table>
        </form>
    </body>
</html>
```

在浏览器中打开这个网页，其效果如图 4-8 所示。

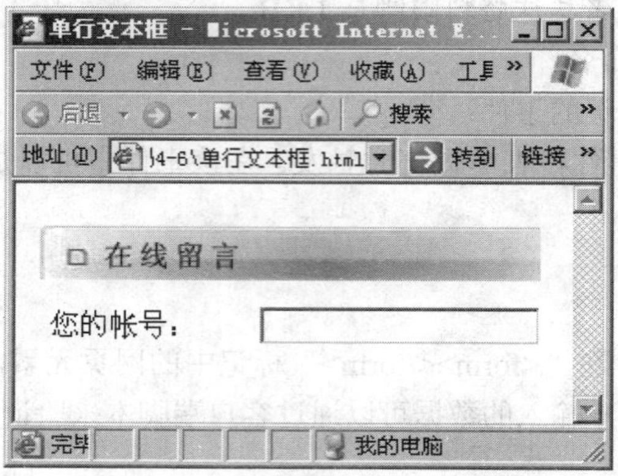

图 4–8　单行文本框

单行文本框的属性见表 4-1。

表 4–1　单行文本框属性

属　性	功　　能
type	声明表单元素的类型
name	为表单元素命名
value	设置文本框中文字的值，不填则为空（由用户添加）
size	设置文本框的显示长度
maxlength	设置文本框可输入的最大长度

那么这个“type”属性究竟有什么妙用呢？下面来演示。

示例代码 4-7：密码文本框

```
<html>
    <head>
        <title>密码文本框</title>
    </head>
    <body>
        <form>
        <table width="285" border="0" >
        <tr>
        <td colspan="2"><img src="images/zxly.jpg" ></td>
        </tr>
        <tr>
        <td width="116" height="38" >您的帐号：</td>
        <td width="203"><input type="text" size="23"/></td>
        </tr>
        <tr>
        <td height="38" >您的密码：</td>
```

```
            <td><input type="password" value="12345678" size="25"/></td>
            </tr>
            </table>
            </form>
        </body>
</html>
```

在浏览器中打开这个网页，其效果如图 4-9 所示。

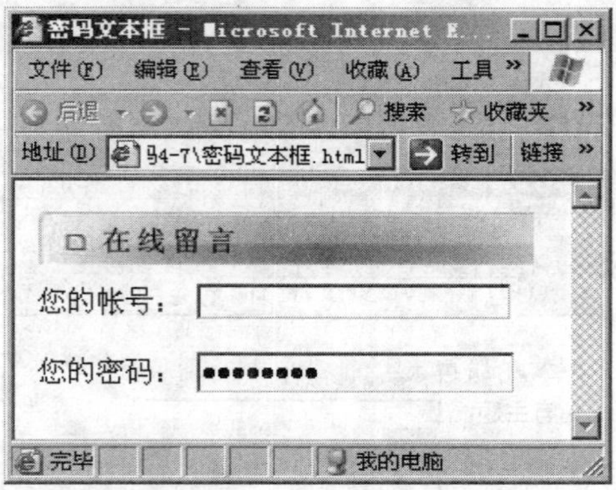

图 4–9　密码文本框

密码文本框的奥秘其实就是把“type”属性变为“password”了，而用户输入的字符就以点号（“•”）或星号（“*”）显示。它的属性和单行文本框一样。

2. 多行文本框

大多情况下，我们需要输入多行文字，与前面的“<input>”标记不同，用来解决输入多行文本问题的是“<textarea>”标记。

示例代码 4-8：多行文本框

```
<html>
        <head>
            <title>多行文本框</title>
        </head>
        <body>
            <form>
            <table width="278" border="0" >
            <tr>
            <td colspan="2"><img src="images/zxly.jpg" ></td>
            </tr>
            <tr>
            <td width="85" height="25">留言主题：</td>
            <td width="184"><input type="text" size="25"/></td>
```

```
            </tr>
            <tr>
            <td height="101">留言内容：</td>
            <td><textarea name="textarea" cols="20" rows="5"></textarea></td>
            </tr>
            </table>
            </form>
        </body>
</html>
```

在浏览器中打开这个网页，其效果如图 4-10 所示。

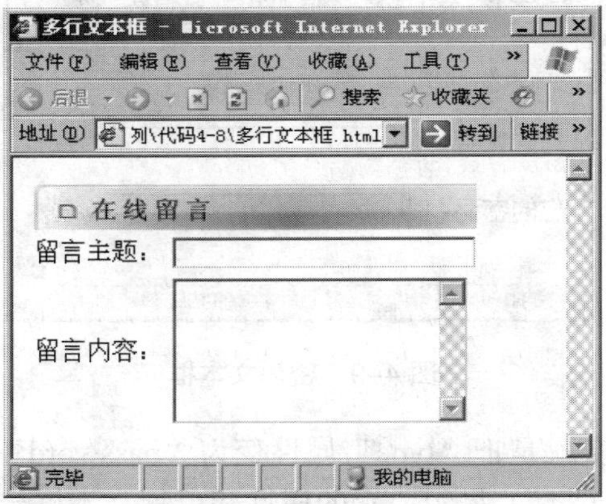

图 4–10 多文本框

多行文本框的属性见表 4-2。

表 4–2 多行文本框的属性

属 性	功 能
name	为表单元素命名
cols	设置多行文本框的列数值
rows	设置多行文本框的行数值

3. 单选框

网页中有时候需要单选框，比如性别、血型等唯一的类型。单选框是由“<input>”标记的“type”属性设置为“radio”来实现的。

示例代码 4-9：单选框

```
<html>
    <head>
        <title>单选框</title>
    </head>
    <body>
```

```
          <form>
          <table width="200" border="0">
          <tr>
          <td><img src="images/wsdc.JPG"></td>
          </tr>
          <tr>
          <td align="center">您对本站的评价是：</td>
          </tr>
          <tr>
          <td align="center">非常好：
          <input type="radio" name="dc" checked/></td>
          </tr>
          <tr>
          <td align="center">不  好：
          <input type="radio" name="dc"/></td>
          </tr>
          <tr>
          <td align="center">无所谓：
          <input type="radio" name="dc"/></td>
          </tr>
          </table>
          </form>
     </body>
</html>
```

在浏览器中打开这个网页，其效果如图 4-11 所示。

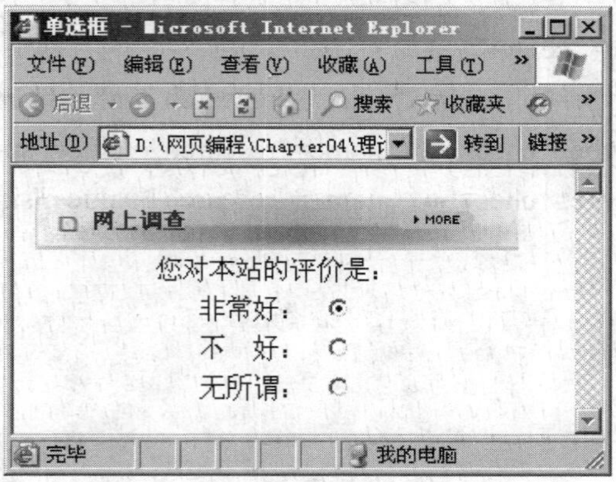

图 4–11　单选框

单选框的属性见表 4-3。

表 4-3 单选框的属性

属　　性	功　　能
name	为表单元素命名
value	设置选择框的值
checked	设定默认选中项

小贴士

需要指出的是，同一组的单选框中的“name”属性值必须保持一致并且“checked”属性必须有且仅有一项选中，若多于一项被选中，则认为选中最后一项。

4. 复选框

网页中有时候需要访客选择爱好、意愿等多项的类型，这时就要用到复选框。复选框是把“<input>”标记的“type”属性设置为“checkbox”来实现。

示例代码 4-10：复选框

```
<html>
    <head>
        <title>复选框</title>
    </head>
    <body>
        <form>
        <table width="294" border="0">
        <tr>
        <td><img src="images/wsdc.JPG" width="288" height="32"></td>
        </tr>
        <tr>
        <td align="center">爱好：
        <input type="checkbox" name="research" value="read" checked>看书
        <input type="checkbox" name="research" value="sport">运动
        <input type="checkbox" name="research" value="sing">唱歌
        </td>
        </tr>
        </table>
        </form>
    </body>
</html>
```

在浏览器中打开这个网页，其效果如图 4-12 所示。

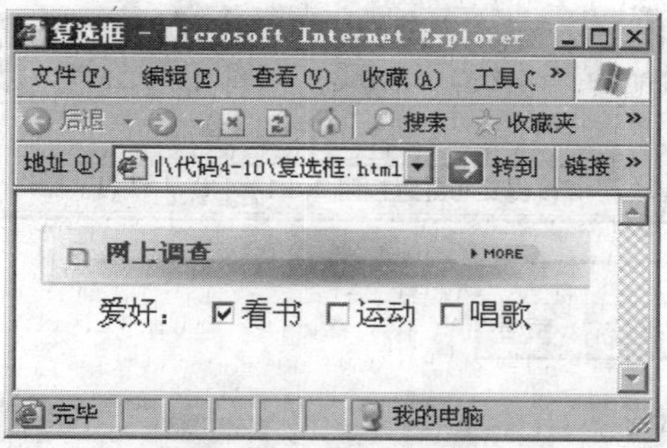

图 4–12　复选框

复选框的属性见表 4-4。

表 4–4　复选框的属性

属　性	功　能
name	为表单元素命名
value	设置选择框的值
checked	设定默认选中项

5. 提交按钮、重置按钮

我们经常在表格最下方看到两个按钮，"提交" 和 "重置"（英文网页也是一样，显示为 "submit" 和 "reset"），其实它们也是表单元素。提交、重置按钮是由 "<input>" 标记的 "type" 属性设置为 "submit" "reset" 来实现的。

示例代码 4-11：提交与重置按钮

```
<html>
    <head>
        <title>提交与重置按钮</title>
    </head>
    <body>
        <form action="dd" method="post">
        <input type="text" size="22"><br>
        <input type="submit" value="提交">
        <input type="reset" value="重置">
        </form>
    </body>
</html>
```

在浏览器中打开这个网页，其效果如图 4-13 所示。

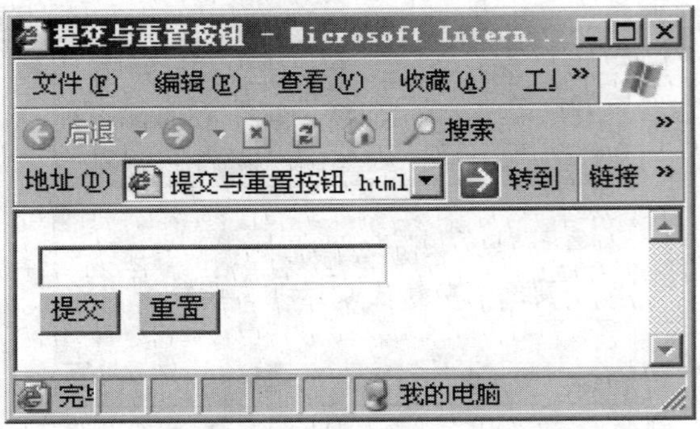

图 4-13 提交与重置按钮

由上例可知，提交和重置按钮的区别仍在“type”。按钮的属性见表 4-5。

表 4-5 按钮属性

属　　性	功　　能
name	为表单元素命名
value	显示在按钮上的值

6. 图片按钮

如果厌倦了单调的按钮，想用多彩的图片作为按钮外观，这也是可行的。图片按钮是由“<input>”标记的“type”属性设置为“image”来实现的。

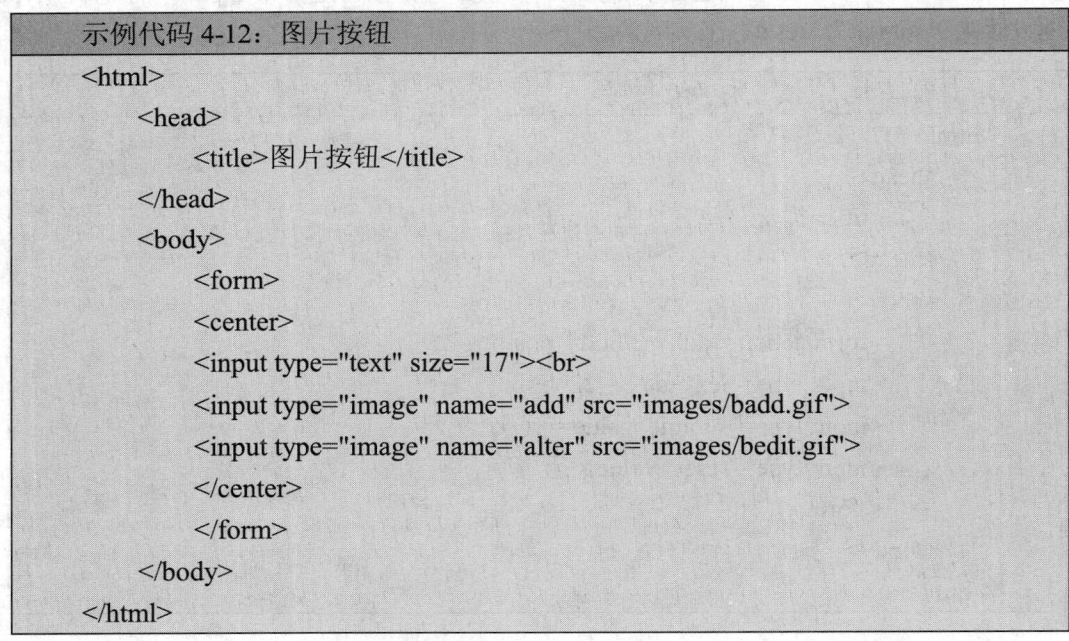

示例代码 4-12：图片按钮

```
<html>
    <head>
        <title>图片按钮</title>
    </head>
    <body>
        <form>
        <center>
        <input type="text" size="17"><br>
        <input type="image" name="add" src="images/badd.gif">
        <input type="image" name="alter" src="images/bedit.gif">
        </center>
        </form>
    </body>
</html>
```

在浏览器中打开这个网页，其效果如图 4-14 所示。

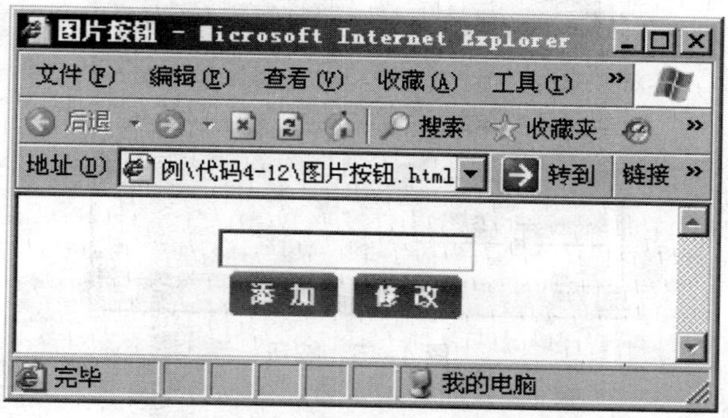

图 4–14　图片按钮

由上例可知，图片按钮和其他按钮的区别仍在“type”。图片按钮的属性见表 4-6。

表 4–6　图片按钮属性

属　性	功　能
name	为表单元素命名
src	设置图片的路径和文件名

当然了，“src”中的文件名必须带扩展名。

7. 按钮

如果不习惯于受到限制，想自己定义一个普通按钮，那么怎样制作它呢？我们可以将“<input>”标记的“type”属性设置为“button”来实现。

示例代码 4-13：按钮

```
<html>
    <head>
        <title>按钮</title>
    </head>
    <body>
        <form>
        <input type="text" size="17"><br>
        <input type="button" name="button1" value="按钮一">
        <input type="button" name="button2" value="按钮二">
        </form>
    </body>
</html>
```

在浏览器中打开这个网页，其效果如图 4-15 所示。

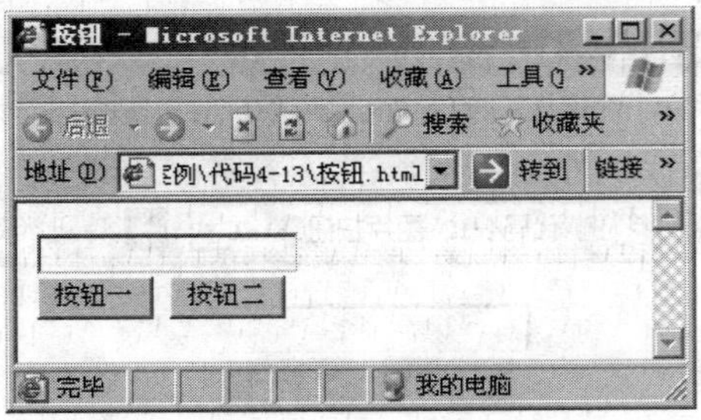

图 4–15　按钮

按钮属性名称及功能见表 4-7。

表 4–7　按钮属性

属　性	功　能
name	为表单元素命名
value	显示在按钮上的值

8. hidden

在以“<input>”开头的标记中，还有一个非常特殊的标记，那就是“type="hidden"”的隐藏标记。这个标记专门用来处理没有必要显示在网页上的数据。

示例代码 4-14：hidden 用法

```
<html>
    <head>
        <title>hidden 用法</title>
    </head>
    <body>
        <script language="javascript">
        function show()
        {
            with(document.form1)
            tt.value = hh.value;
        }
        </script>
<!-- 以上是用 JavaScript 编写的一个函数，我们将在后面学到 -->
        <form name="form1">
        hidden 的内容是"天津迅腾滨海科技有限公司"<br><br>
        <input type="hidden" name="hh" value="天津迅腾滨海科技有限公司">
        <input name="tt" size="30">    
        <!--   是 不间断空格  -->
        <input type="button" value="显示" onClick="show()">
        </form>
```

```
    </body>
</html>
```

在浏览器中打开网页，其效果如图 4-16 所示。

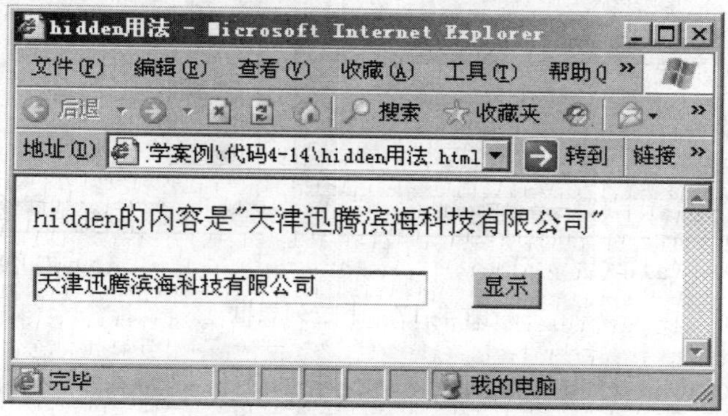

图 4-16　hidden 用法

"hidden" 元素不会显示在文档里，用户也无法操作该元素。但该元素在需要传输一些客户端到服务器的状态信息时非常有用。虽然此元素不会显示出来，但是用户可以通过查看 HTML 的源代码看到该元素属性的值。所以不要用该元素传递敏感信息，比如说密码等。

9. 下拉列表框

有时候许多项目要访客选择，但又不想完全显示他们，以减少占用网页空间。那么就需要下拉列表帮忙了。下拉列表也是由一个标记"<select>"来制作，其中的列表项是用"<option>"标记实现的。

示例代码 4-15：下拉列表框

```
<html>
    <head>
        <title>下拉列表框</title>
    </head>
    <body>
        <form>
        <select name="set">
        <option value="sh"> 上海 </option>
        <option value="bj" selected> 北京 </option>
        <option value="tj"> 天津 </option>
        <option value="cq"> 重庆 </option>
        <option value="ly"> 洛阳 </option>
        </select>
        </form>
    </body>
</html>
```

在浏览器中打开这个网页，其效果如图 4-17 所示。

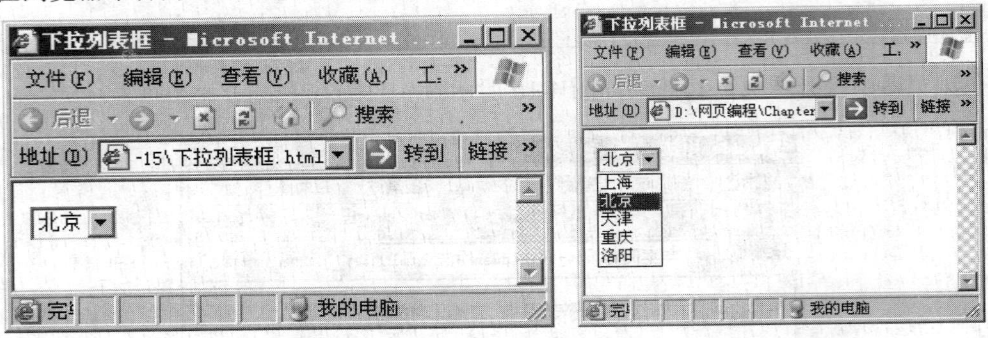

（a）默认显示　　　　（b）展开状态

图 4–17　下拉列表框

“<select></select>”标记为下拉列表，“<option>”标记为其中选项。

“<select></select>”标记常用属性见表 4-8。

表 4–8　“<select></select>”标记常用属性

属　性	功　能
name	为表单元素命名
size	设置要用的项目总数
multiple	允许列表项目被多选

“<option>”标记常用属性见表 4-9。

表 4–9　“<option>”标记常用属性

属　性	功　能
value	设定列表中的选中值
name	为表单元素命名

我们也经常看到一个有垂直滚动条的列表，其实它也是一个下拉列表，不信再看例子。

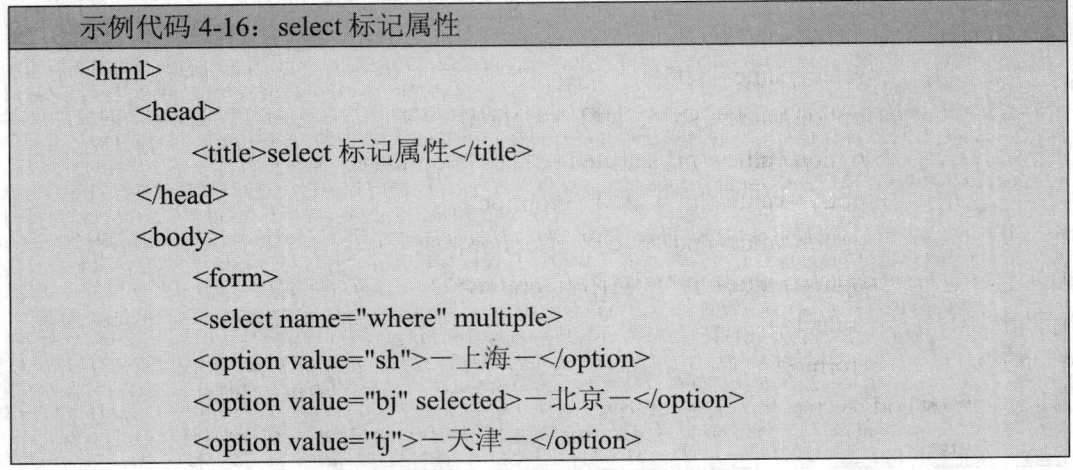

示例代码 4-16：select 标记属性

```
<html>
    <head>
        <title>select 标记属性</title>
    </head>
    <body>
        <form>
        <select name="where" multiple>
        <option value="sh">－上海－</option>
        <option value="bj" selected>－北京－</option>
        <option value="tj">－天津－</option>
```

```
            <option value="cq">一重庆一</option>
            <option value="ly">一洛阳一</option>
            <option value="xz">一西藏一</option>
            </select>
            <select name="where" size="6">
            <option value="sh">一上海一</option>
            <option value="bj" selected>一北京一</option>
            <option value="tj">一天津一</option>
            <option value="cq">一重庆一</option>
            <option value="ly">一洛阳一</option>
            <option value="xz">一西藏一</option>
            </select>
            </form>
        </body>
    </html>
```

在浏览器中打开这个网页，其效果如图 4-18 所示。

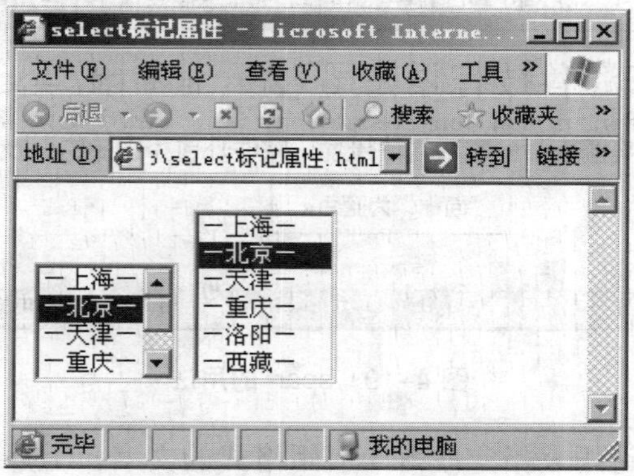

图 4–18　select 标记属性

“multiple”和“size”都是 select 的常用属性，但是他们不能同时出现，并且不用取值。不同的是“<select>”标签一旦被设置了“multiple”后就可以进行多选了，如图 4-18 所示。

4.4　段

有时候我们需要向网页的某一小部分应用一个属性，比如让某些文字在网页中显示为某种字体，我们该如何制作呢？

4.4.1　span

这就要通过 span 来设置了。我们且看下面这个例子。

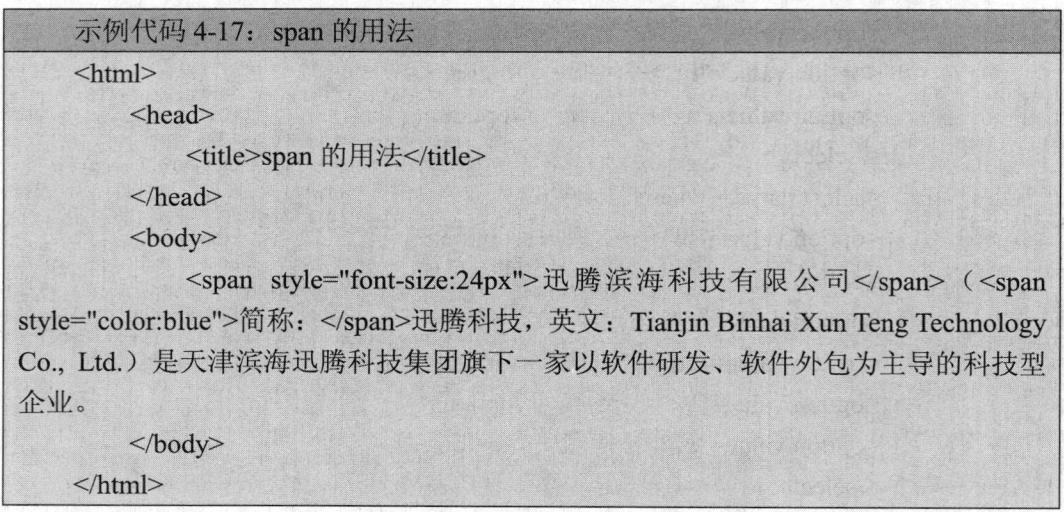

示例代码 4-17：span 的用法

```
<html>
    <head>
        <title>span 的用法</title>
    </head>
    <body>
        <span style="font-size:24px">迅腾滨海科技有限公司</span>（<span style="color:blue">简称：</span>迅腾科技，英文：Tianjin Binhai Xun Teng Technology Co., Ltd.）是天津滨海迅腾科技集团旗下一家以软件研发、软件外包为主导的科技型企业。
    </body>
</html>
```

在浏览器中打开这个网页，其效果如图 4-19 所示。

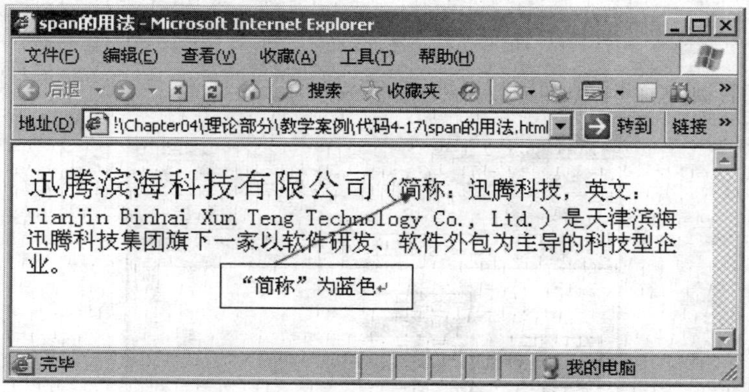

图 4–19 span 的用法

“<span></span>”标记用来指定段落中应用格式的文字。另外它的属性“style”是对段落中文字应用指定的格式。说起这个“style”属性，它可是大有来头，我们会在下面的 CSS 课程中经常用到它，它也是 CSS 的重点。

4.5 本章总结

通过本章的学习，可以使大家掌握如何向 HTML 网页中插入多媒体文件、表单（元素），以及怎样控制段。

表 4-10　总结

标记	含义、主要属性
<embed>	多媒体嵌入标记（源文件、宽度、高度、自动开始、循环次数）src、width、height、autostart、loop
<bgsound>	背景音乐
<form>	表单（动作、方法、名称、验证提交）action、method、name、onsubmit
<input>	输入标记（类型：文本/密码、名称、值、显示长度、最大长度）type=text/password、name、value、size、maxlength
<input>	输入标记（类型：单选/多选、名称、值、选中）type=text/password/radio/checkbox、name、value、checked
<input>	输入标记（类型：提交/取消/图片按钮/按钮、名称、值、源文件）type=submit/reset/image/button、name、value、src
<input>	输入标记（类型：隐藏、名称、值）type=hidden、name、value
<textarea>	多行文本框标记（名称、列、行）name、cols、rows
<select>	列表标记（名称、宽度、选择多行）name、size、multiple
<option>	列表项标记（名称、值）name、value
<span>	段标记（样式）style

4.6　小结

✓　HTML 网页中是可以插入声音、视频、Flash 的，方法主要有“链接”和“嵌入”两种。

✓　表单元素主要有文本框、选择框、按钮、列表，除了多行文本框和下拉列表框，其他都是用“<input>”标记定义的，只是“type”属性不同而已。

4.7　英语角

action：动作、行动

embed：嵌入、埋置

form：表单、形状

method：方法

4.8 作业

1. 在网页中加入多媒体有两种方法，即______和 _____。
2. 表单元素大概有这几种______、______、______、______。
3. 单行文本框和密码框的不同在哪里？

4.9 学员回顾内容

1. 使用多媒体文件的方法？
2. 表单元素有哪些？
3. 段的作用是什么？

第 5 章 CSS 基础

学习目标

✧ 了解如何通过 CSS 设置文字、背景，以及美化网页。
✧ 掌握在 CSS 中设置文字、背景。

课前准备

一台安装了 Windows 操作系统和 Dreamweaver 的计算机。

复习上一章的内容。

5.1 本章简介

这一章我们介绍 CSS 中文字的设置、背景的设置和美化网页的技巧。先用 CSS 的定义方法来介绍文字使用。再讲如何用 CSS 来设置文字及网页背景。当然，这些多半都可以用 HTML 的标签来实现，但 CSS 样式定义更加丰富，实用性更强。学习了本章内容，你将能够用 CSS 灵活地进行网页设计。

5.1.1 CSS 初步

如果我们已经完成了一个网页，突然想把里面的所有大小各异的图片都变成同一尺寸，或者把不同大小的文章标题都定义为“h2”，那该怎么办？逐一地修改它们的属性？若图片或网页数量是三个五个当然可以，可是如果有成千上万个的话，那岂不要改到下个世纪了？

1. CSS 的概念

CSS，通常称之为层叠样式表。样式，就是指网页中的内容（文字、图片）该以什么样子（大小、颜色、背景、插入位置）显示出来。层叠是指当 CSS 定义的样式发生了冲突，将依据层次的先后顺序来处理网页中的内容。

HTML 既能显示网页内容，又能控制网页样式；而 CSS 就是让网页的样式独立出来，以方便批量处理我们上面提到的样式变更问题。

现在 CSS 已经广泛应用于各种网页的制作当中，在 CSS 的配合下，HTML 如虎添翼，发挥出了更大的作用。

CSS 有以下优点：

- 制作、管理网页非常方便。

● 可以更加精细地控制网页的样式。比如“<font>”控制的字体大小只有 7 级，而要按像素任意设置字体的大小，它就无能为力了。但用 CSS 可以办到，它可以任意设置字体大小。

● CSS 样式是丰富多彩的。如滚动条的样式定义、鼠标光标的样式定义等。

● CSS 样式是灵活多样的。可以根据不同的情况，选用不同的定义方法。如可以在 HTML 文件内部定义，可以分标记定义，可以分段定义，也可以在 HTML 外部定义等。

在演示如何使用 CSS 之前，还要说明一点。尽管现在 CSS 已经被广泛应用并获得业界认同和支持，仍有少数 CSS 语句不能被少数浏览器正常解读，而会以默认方式显示出来。

2. CSS 初体验

学习任何一样新的知识或技能，首先要学习它的规则，然后在这个框架内充分发挥。这里只给一个简单的 CSS 例子，通过它我们来了解 CSS 是怎样被定义和使用的。

示例代码 5-1：CSS 初体验

```
<html>
    <head>
        <title>CSS 初体验</title>
        <style type="text/css">
        <!--
        h3{color:#FF0000}
        h5{font-style:italic}
        -->
        /*以上是 CSS 的定义*/
        </style>
    </head>
    <body>
        <h3>(红色)行业资讯</h3>
        <h5>（斜体）消息称“谷歌杀手”Cuil 永久性.. 2010-09-20 </h5>
    </body>
</html>
```

在浏览器中打开这个网页，其效果如图 5-1 所示。

这就是一个 CSS 应用，直接在 HTML 文件中插入“<style></style>”标记，“<style>”的语法为：

```
<style type= "text/css ">
<!--
标记 1{样式属性:属性值;样式属性:属性值;……}
标记 2{样式属性:属性值;样式属性:属性值;……}
……
-->
</style>
```

“<style>”标记用来说明定义哪类语法的样式，该标记通常放在“<head></head>”标记

图 5–1　CSS 初体验

之间。

"type" 属性则指定使用 CSS 语法来定义网页的内容样式。

"<!-- -->" 是 HTML 的注释，加上它用来防止 CSS 代码泄漏。当 CSS 无法被浏览器认识的时候，"<style></style>" 中的内容不会被浏览器原样显示。

"/* */" 是 CSS 的注释，浏览器同样不会解释它包括的内容。

代码中我们在 CSS 里分别对 h3 和 h5 进行了样式设置，而在 "<body></body>" 中我们直接使用 h3 和 h5 标签它们就已经带有了 CSS 中所设置的样式了，这就是 CSS 标签选择器，它属于类型选择器。

类型选择器用来选择特定类型的元素。可以根据三种类型来选择。

（1）id 选择器，根据元素 id 来选择元素

前面以 "#"号来标志，在样式里面可以这样定义：

#demoDiv{ color:#FF0000; }

这里代表 id 为 demoDiv 的元素的设置它的字体颜色为红色。我们在页面上定义一个元素把它的 id 定义为 demoDiv，如：

<div id="demoDiv"> 这个区域字体颜色为红色 </div>

用浏览器浏览，我们可以看到区域内的颜色变成了红色。

（2）类选择器 根据类名来选择

前面以 "." 来标志，如：

.demo{ color:#FF0000; }

在 HTML 中的元素可以通过 class 属性对样式进行引用。如：

<div class="demo"> 这个区域字体颜色为红色 </div>

同时，我们可以再定义一个元素：

<p class="demo"> 这个段落字体颜色为红色 </p>

最后，用浏览器浏览，我们可以发现所有 class 属性为 demo 的元素都应用了这个样式。包括了页面中的 div 元素和 p 元素。

（3）标签选择器 根据标签选择

标签选择器指根据标签名来应用样式，定义时，直接用标签名。如：

div{ color:#FF0000; }

我们再定义一个元素。

<div> 这个区域字体颜色为红色 </div>

在浏览器中我们发现 div 元素被应用了样式，这里不用定义 id，也无需要定义 class 属性。

id 选择器和标签选择器我们在本章节中都有用到，而类选择器我们将在第六章 6.4.2 中有详细示例来说明。

5.2 文字设置

既然在 HTML 标签中我们已经学过了对文字的设置，那么有什么必要这里再学一遍呢？因为在 CSS 中，包括文字在内的许多设置都更加灵活，HTML 标签中实现不了的效果，在 CSS 中却可以实现。

5.2.1 尺度单位和排版

无规矩不成方圆。若想制作网页，也要先确立尺度单位。单位确立了之后，才可以进行排版，从而使页面更加美观。

1. 尺度单位

在 HTML 网页中，无论是文字的大小，还是图片的长、宽、位置，都是使用等级或使用尺度单位，如像素或百分比来进行设置的。在网页设计中，尺度单位有以下几种。

- px(pixel)

像素，由于它会根据显示设备的分辨率的多少而代表不同的长度，所以它属于相对类型。

- em

设置值以目前字符的高度为单位。em 作为尺度单位是以 font-size 属性为参考依据的，并不常用。

绝对类型：所谓绝对，就是无论显示设备的分辨率是多少，都代表相同的长度。绝对类型的长度单位见表 5-1。

表 5-1 绝对类型的长度单位

尺度单位	说　明
in(英寸)	不是国际标准单位，极少用
cm(厘米)	国际标准单位，较少用
mm(毫米)	国际标准单位，较少用
pt(点数)	最基本的显示单位，较少用
pc(印刷单位)	应用在印刷行业中，1pc = 12 pt

小贴士

以上介绍了许多尺度单位，其实在网页制作中默认以像素为单位。使用其他单位的时候，要加上单位名称，否则浏览器将以像素为单位显示。大部分长度设置都使用正数。

2. 段落的首行缩进

（1）控制首行缩进

在 HTML 中只能控制段落的整体向右缩进，如果不设置，浏览器则默认为不缩进，而在 CSS 中可以控制段落的首行缩进以及缩进距离。

示例代码 5-2：首行缩进

```
<html>
    <head>
        <title>首行缩进</title>
        <style type="text/css">
        <!--
        #p1{text-indent:25}
        #p2{text-indent:45}
        #p3{text-indent:65}
        -->
        </style>
    </head>
    <body>
        <h4>控制首行缩进</h4>
        <p id="p1">缩进 25px</p>
        <p id="p2">缩进 45px</p>
        <p id="p3">缩进 65px</p>
    </body>
</html>
```

在浏览器中打开这个网页，其效果如图 5-2 所示。

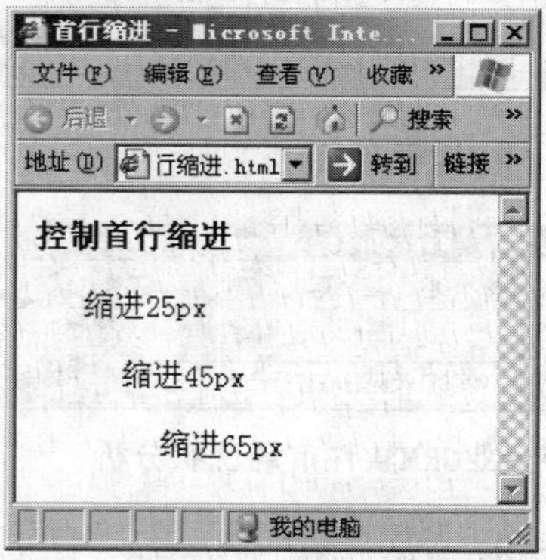

图 5-2　首行缩进

这里利用了“text-indent”属性，取值为数字，表示缩进距离，单位可用前面介绍过的所有尺度单位，如“5cm”“5pt”“5%”等。

小贴士

在不加单位只有数字的情况下 Dreamweaver 使用默认单位像素（px）。

（2）控制首行凸出

CSS 中还能展现首行凸出的效果。

示例代码 5-3：首行凸出

```
<html>
    <head>
        <title>首行凸出</title>
        <style type="text/css">
        <!--
        #ma1{text-indent:-30; margin-left:30}
        #ma2{text-indent:-20; margin-left:50}
        #ma3{text-indent:-10; margin-left:70}
        -->
        </style>
    </head>
    <body>
        <h3>中小企业 CRM 软件市场现状分析</h3>
        <p id="ma1">中小企业将掀起 CRM 应用热潮。这个热潮是时机成熟的必然结果。</p>
        <p id="ma2">中小企业将掀起 CRM 应用热潮。这个热潮是时机成熟的必然结果。</p>
        <p id="ma3">中小企业将掀起 CRM 应用热潮。这个热潮是时机成熟的必然结果。</p>
    </body>
</html>
```

在浏览器中打开这个网页，其效果如图 5-3 所示。

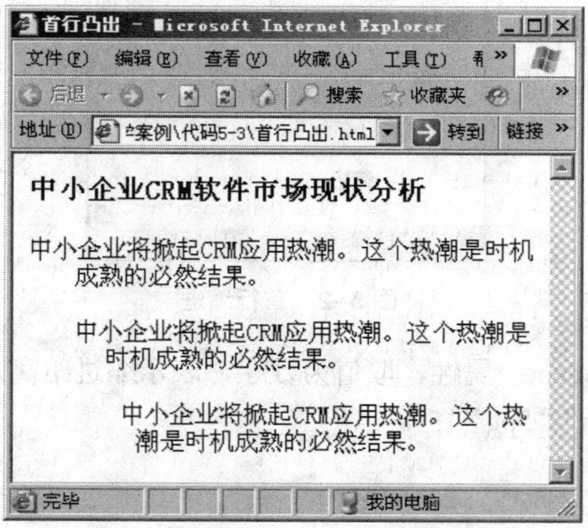

图 5-3　首行凸出

可以看到，不但首行凸出了，连整个段落都向右偏移了。这是因为采用了“text-indent”属性和“margin-left”属性相结合的方式。

3. 字符间距和段落行距

除了上面所介绍的，CSS 还能控制段落中的字符间距和段落行距。

字符间距用“letter-spacing”属性来表示。

示例代码 5-4：字符间距

```
<html>
    <head>
        <title>字符间距</title>
        <style type="text/css">
        <!--
        #sp1 {letter-spacing:15}
        #sp2 {letter-spacing:10}
        #sp3 {letter-spacing:5}
        #sp4 {letter-spacing:0}
        #sp5 {letter-spacing:-5}
          -->
        </style>
    </head>
    <body>
        <p id="sp1"><b>企业新闻</b></p>
        <p id="sp2">庆迅腾科技公司成立一周年</p>
        <p id="sp3">Android 第二款木马现身</p>
        <p id="sp4">前员工曝 Zynga CEO 轶事：宁可抄袭也不愿创新</p>
        <p id="sp5">福布斯：马云是中国的乔布斯</p>
    </body>
</html>
```

在浏览器中打开这个网页，其效果如图 5-4 所示。

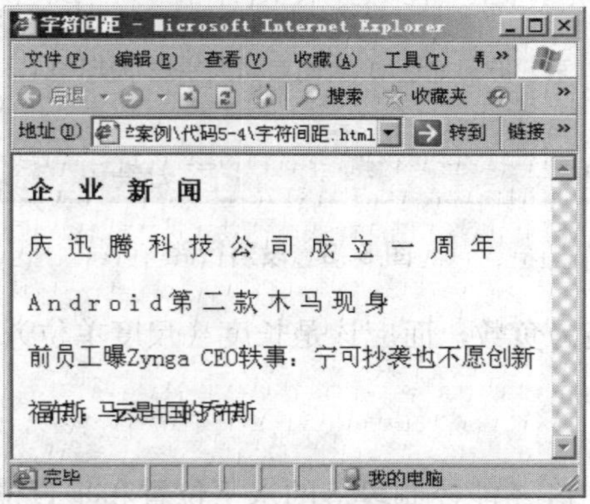

图 5–4　字符间距

“letter-spacing”取值为正表示加宽，取值为负表示紧缩。

这里是利用了“line-height”属性来控制段落行距。

示例代码 5-5：段落行距

```
<html>
    <head>
        <title>段落行距</title>
        <style type="text/css">
        <!--
        #h1 {line-height:2}
        #h2 {line-height:4}
        -->
        </style>
    </head>
    <body>
        <h3>集团新闻</h3>
        <p id="h1">迅腾国际学员项目大赛在津胜利召开</p>
        <p id="h2">津、京、沪三地连动 全面启动大学生帮扶计划</p>
    </body>
</html>
```

在浏览器中打开这个网页，其效果如图 5-5 所示。

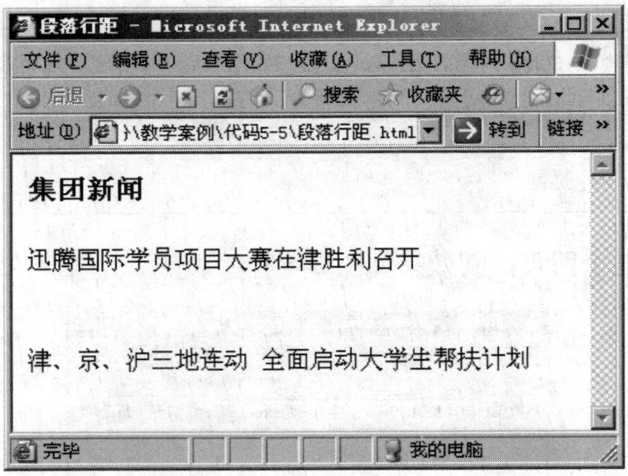

图 5–5 段落行距

“line-height”取值不能为负数，而应该是长度（尺度单位）、“font –size”的倍数或者百分比。

4. 段落的位置

除了上面所介绍的，CSS 还能控制段落的水平位置和垂直位置。

控制段落水平位置这里利用“text-align”属性。

示例代码 5-6：段落水平位置

```
<html>
    <head>
        <title>段落水平位置</title>
        <style type="text/css">
        <!--
        #st1{text-align:center}
        #st2{text-align:left}
        #st3{text-align:right}
        -->
        </style>
    </head>
    <body>
        <img src="images/zngg.jpg" />
        <p id="st1">滨海迅腾科技集团荣获..</p>
        <p id="st2">天津卡巴斯基企业版开放..</p>
        <p id="st3">迅腾科技公司成功代理..</p>
    </body>
</html>
```

在浏览器中打开这个网页，其效果如图 5-6 所示。

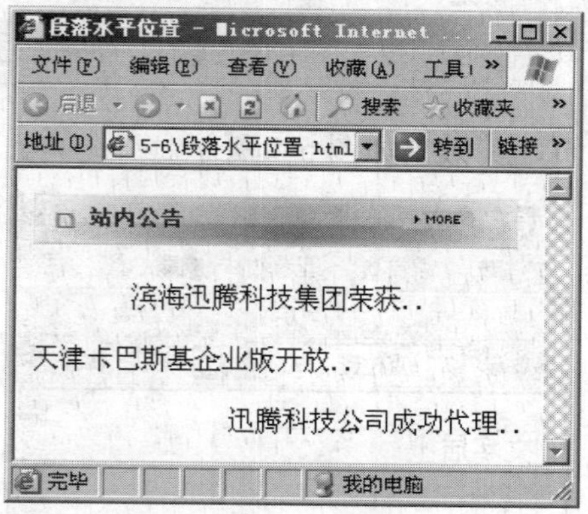

图 5-6　段落水平位置

“text-align”设置值如表 5-2 所示。

表 5-2　“text-align”属性的取值

设置值	说明
left	左对齐，也是浏览器默认值
right	右对齐
center	居中对齐
justify	分散对齐

设置段落的垂直位置是用“vertical-align”属性。

示例代码 5-7：段落垂直位置

```
<html>
    <head>
        <title>段落垂直位置</title>
        <style type="text/css">
        <!--
        #v1{vertical-align:top}
        #v2{vertical-align:middle}
        #v3{vertical-align:bottom}
        -->
        </style>
    </head>
    <body>
        <table width="166" border="1">
        <tr><td height="60" id="v1">文字居上</td></tr>
        <tr><td height="60" id="v2">文字居中</td></tr>
        <tr><td height="60" id="v3">文字居下</td></tr>
        </table>
    </body>
</html>
```

在浏览器中打开这个网页，其效果如图 5-7 所示。

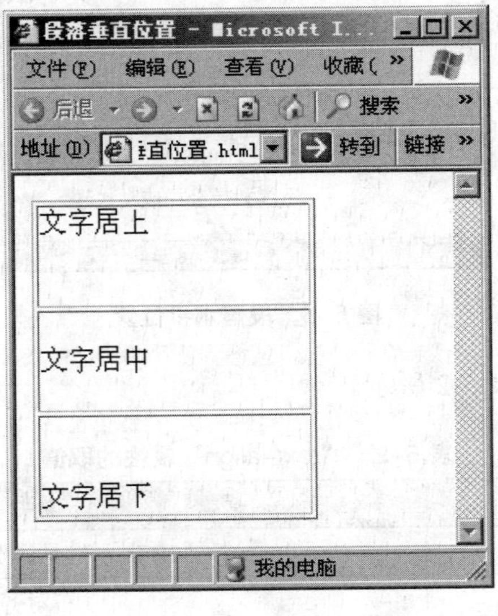

图 5–7 段落垂直位置

“vertical-align”取值见表 5-3。

表 5–3　"vertical–align"属性的取值

设置值	说明
baseline	基线对齐，浏览器默认值
top	顶对齐
middle	垂直居中对齐
bottom	底对齐

5. 化学方程式和数学式

用 CSS 控制化学方程式和数学式，也比 HTML 强大灵活。

示例代码 5-8：文字上、下标的显示

```
<html>
    <head>
        <title>文字上、下标的显示</title>
        <style type="text/css">
        <!--
        #v1 {vertical-align:sub;font-size:10}
        #v2 {vertical-align:super;font-size:10}
        -->
        </style>
    </head>
    <body>
        H<font id="v1">2</font>+O<font id="v1">2</font>=H<font id="v1">2<
/font>O<br><br>
        a<font id="v2">2</font>+b<font id="v2">2</font>=c<font id="v2">2</
font>
    </body>
</html>
```

在浏览器中打开这个网页，其效果如图 5-8 所示。

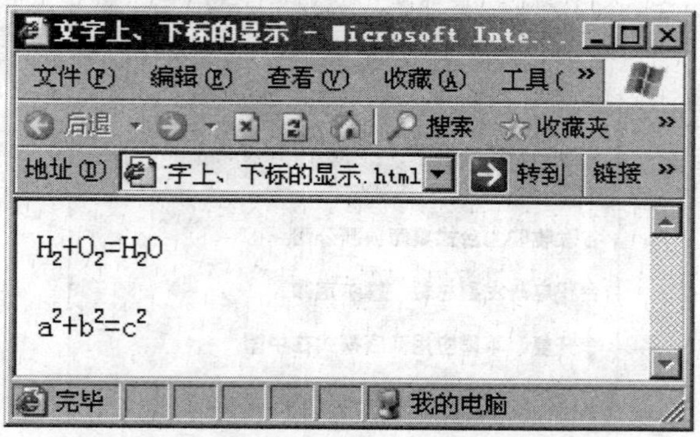

图 5–8　文字上、下标的显示

将“vertical-align”属性设置为“sub”，表示文字以下标显示，同时可以结合“font-size”属性设置字体大小；将“vertical-align”属性设置为“sup”，表示文字以上标显示，同样可以结合“font-size”属性设置字体大小。

5.2.2 文字和列表符号

文字的版面、样式以及列表符号的设置在 HTML 部分中已经向大家作了比较详细的介绍，这里将采用 CSS 来定义文字的版面和样式。

1. 文字的字体设置

在 HTML 中文字的字体设置要用“<font>”标记的“face”属性，而在 CSS 中，则要用“font-family”属性。

示例代码 5-9：文字的字体设置

```
<html>
    <head>
        <title>文字的字体设置</title>
        <style sype="text/css">
        <!--
        p{font-family:黑体}
        -->
        </style>
    </head>
    <body>
        <img src="images/zfxm.jpg"/>
        <p>谷歌收购 3D 台式桌面创新公司.. </p>
        <p>台积电研发副总裁：摩尔定律.. </p>
        <p>李开复：苹果应用商店模式在中国..   </p>
    </body>
</html>
```

在浏览器中打开这个网页，其效果如图 5-9 所示。

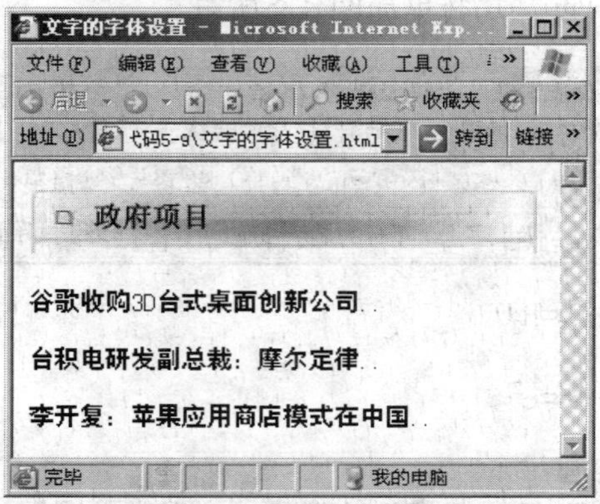

图 5-9 文字的字体设置

可以看到文字是以黑体显示的，“font-family”属性后面可以有多个字体，当浏览器不支持第一种字体的时候，就显示第二种字体，依此类推。若都不支持，浏览器将显示默认字体。

2. 文字的字体效果

在 CSS 中我们也可以将文字设置成斜体。

示例代码 5-10：文字的字体效果

```
<html>
    <head>
        <title>文字的字体效果</title>
        <style type="text/css">
        <!--
        h1 {font-style: italic}
        p {font-style: oblique}
        -->
        </style>
    </head>
    <body>
        <h1>这是 CSS 控制的斜体字</h1>
        <p>这是 CSS 控制的歪斜体字</p>
        <i>这是 HTML 标记直接作用的斜体字</i>
    </body>
</html>
```

在浏览器中打开这个网页，其效果如图 5-10 所示。

图 5-10　文字的字体效果

代码中我们使用“font-style”控制文字的字体效果，“italic”是它的取值。关于“font-style”属性的取值见表 5-4。

表 5-4 “font-style”属性的取值

设置值	说明
normal	正常字体
italic	斜体
oblique	歪斜体

斜体与歪斜体的区别是，歪斜体的倾斜角度更大，正常体一般不用设置，因为是浏览器的默认值。

3. 文字的粗细控制

在 CSS 中怎样设置字体粗细呢？

示例代码 5-11：文字的粗细控制

```
<html>
    <head>
        <title>文字的粗细控制</title>
        <style type="text/css">
        <!--
        #w1{font-weight: normal}
        #w2{font-weight: bold}
        #w3{font-weight: bolder}
        #w4{font-weight: lighter}
        #w5{font-weight: 900}
        -->
        </style>
    </head>
    <body>
        <b>这是 html 标记直接作用的粗体字</b>
        <p id="w1">这是 CSS 控制的字体粗细</p>
        <p id="w2">这是 CSS 控制的字体粗细</p>
        <p id="w3">这是 CSS 控制的字体粗细</p>
        <p id="w4">这是 CSS 控制的字体粗细</p>
        <p id="w5">这是 CSS 控制的字体粗细</p>
    </body>
</html>
```

在浏览器中打开这个网页，其效果如图 5-11 所示。

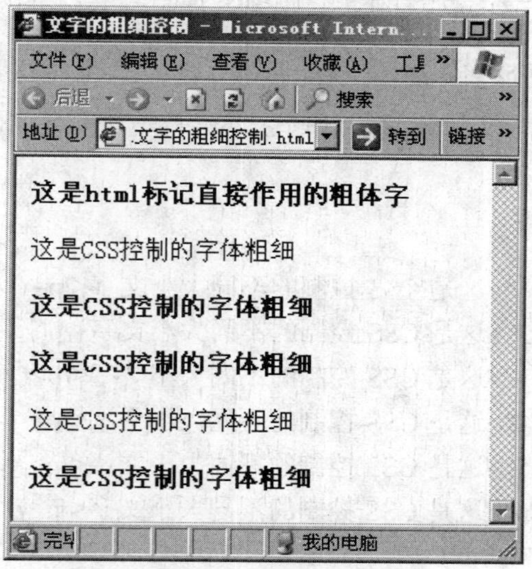

图 5–11　文字的粗细控制

CSS 使用“font-weight”属性来定义文字的粗细，可以更加精确。关于“font-weight”属性的取值见表 5-5。如果没有设置“font-weight”属性，浏览器以默认的“normal”来显示。

表 5–5　“font–weight”属性的取值

设置值	说明
normal	正常字体
bold	粗体
bolder	更粗体
lighter	更细体
100～900	共有 9 级（100、200…900），数字越大字体越粗

4. 文字的大小控制

在 HTML 中，文字的大小以“<font>”标记来控制，只能按照模糊的 7 级来定义。在 CSS 里则以“font-size”属性来设置文字大小。

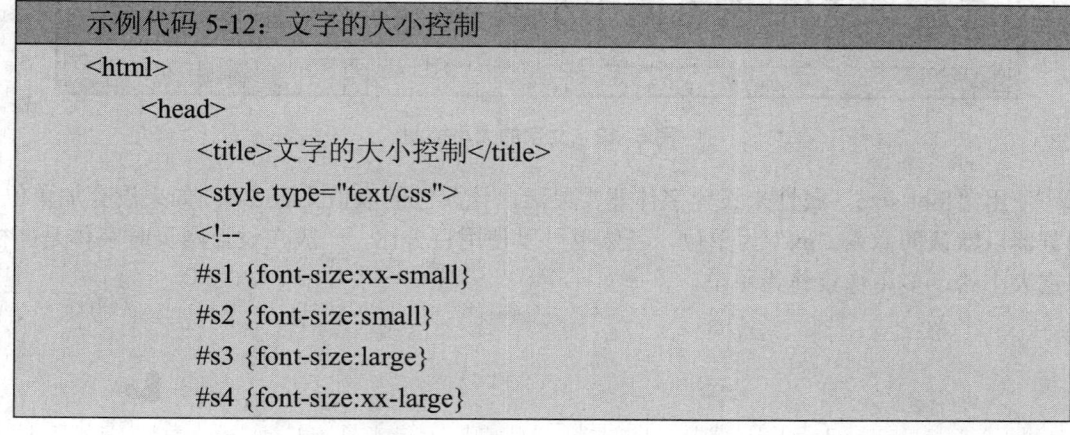

示例代码 5-12：文字的大小控制

```
<html>
    <head>
        <title>文字的大小控制</title>
        <style type="text/css">
        <!--
        #s1 {font-size:xx-small}
        #s2 {font-size:small}
        #s3 {font-size:large}
        #s4 {font-size:xx-large}
```

```
            #s5 {font-size:15pt}
            #s6 {font-size:30}
            -->
            </style>
        </head>
        <body>
            <p id="s1">这是 CSS 控制的不同大小文字</p>
            <p id="s2">这是 CSS 控制的不同大小文字</p>
            <p id="s3">这是 CSS 控制的不同大小文字</p>
            <p id="s4">这是 CSS 控制的不同大小文字</p>
            <p id="s5">这是 CSS 控制的不同大小文字</p>
            <p id="s6">这是 CSS 控制的不同大小文字</p>
        </body>
    </html>
```

在浏览器中打开这个网页，其效果如图 5-12 所示。

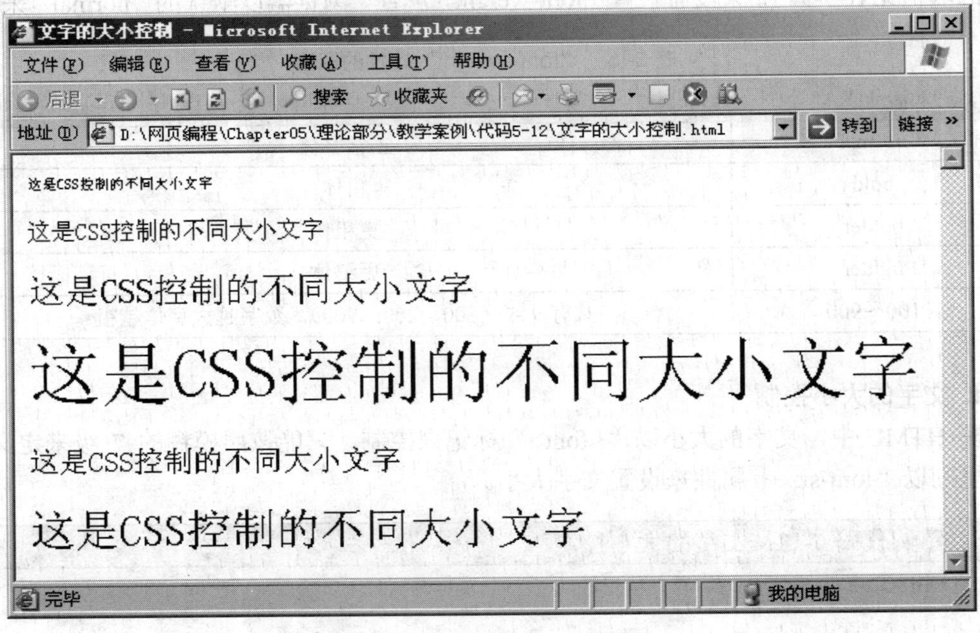

图 5-12 文字的大小控制

使用“font-size”属性来设置字体非常灵活，该属性的取值见表 5-6。如果没有加单位，浏览器以默认的像素“px”为单位，当然也可以使用百分比，一般在设计网页时字体是严格规定大小的，多用像素作为单位。

表 5-6　“font-size”属性的取值

设置值	说明
xx-small	极小
x-small	较小
Small	小
Medium	标准
Large	大
x-large	较大
xx-large	极大
数值	可以使用所有尺度单位，如 pt、cm、mm、em 等

用多个“font”属性一起来控制文字的样式。

示例代码 5-13：粗斜体样式

```
<html>
    <head>
        <title>粗斜体样式</title>
        <style type="text/css">
        <!--
        #s {font-style: italic;font-weight: bold}
        -->
        </style>
    </head>
    <body>
        <p id="s">这是 CSS 控制的粗斜体字</p>
        <b><i>这是 html 标记直接作用的粗斜体字</i></b>
    </body>
</html>
```

在浏览器中打开这个网页，其效果如图 5-13 所示。

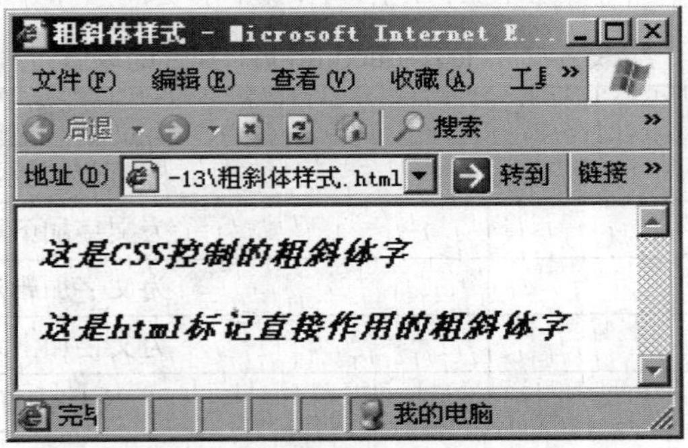

图 5-13　粗斜体样式

这个例子说明可以用多个“font“属性一起来控制文字的样式，只是属性之间须用分号“;”隔开。

5. 文字的加线效果

在 HTML 中，给文字加下划线是用“<u></u>”标记，在 CSS 中由“text-decoration”属性为文字加下划线、删除线和上划线。

示例代码 5-14：文字的加线效果

```
<html>
    <head>
        <title>文字的加线效果</title>
        <style type="text/css">
        <!--
        #t1 {text-decoration:underline}
        #t2 {text-decoration:line-through}
        #t3 {text-decoration:overline}
       -->
        </style>
    </head>
    <body>
        <h2>CSS 对线可以有 3 种效果</h2><p>
        <p id="t1">在下面</p>
        <p id="t2">在中间</p>
        <p id="t3">在上面</p>
        <h2>HTML 对线只有 2 种效果</h2>
        <u>在下面</u><p>
        <s>在中间</s><p>
    </body>
</html>
```

在浏览器中打开这个网页，其效果如图 5-14 所示。

关于“text-decoration”属性的取值见表 5-7。

表 5-7 “text-decoration”属性的取值

设置值	说明
none	正常显示
underline	为文字加下划线
line-through	为文字加删除线
overline	为文字加上划线
blink	文字闪烁

关于文字闪烁的效果，微软的 IE 一般不支持。

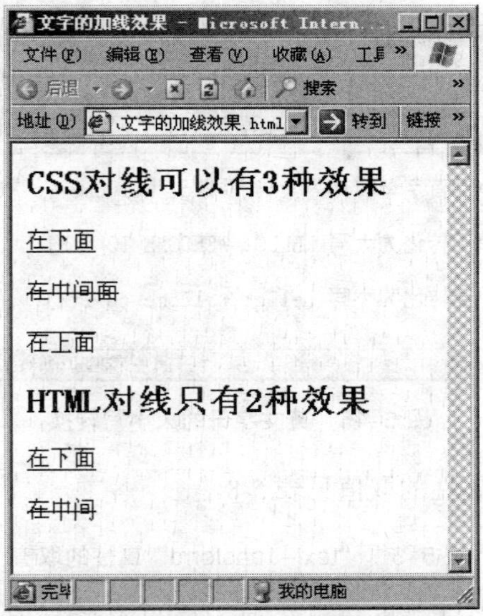

图 5-14　文字的加线效果

6. 英文字母的大小写转换

在 CSS 中，用“text-transform”属性来改变英文字母的大小写格式。

示例代码 5-15：英文字母的大小写转换

```
<html>
    <head>
        <title>英文字母的大小写转换</title>
        <style type="text/css">
        <!--
        #tr1 {text-transform: capitalize;}
        #tr2 {text-transform: uppercase;}
        #tr3 {text-transform: lowercase;}
        -->
        </style>
    </head>
    <body>
        <p id="tr1">英文单词首字母转化为大写  hello! welcome to xtkj!</p>
        <p id="tr2">英文单词转化为大写  hello! welcome to xtkj!</p>
        <p id="tr3">英文单词转化为小写  HELLO! WELCOME TO XTKJ!</p>
    </body>
</html>
```

在浏览器中打开这个网页，其效果如图 5-15 所示。

图 5-15 英文字母的大小写转换

关于“text-transform”属性的取值见表 5-8。

表 5-8 “text-transform”属性的取值

设置值	说明
none	正常显示
capitalize	将每个英文单词的首字母转换为大写
uppercase	将所有的英文字母转换为大写
lowercase	将所有的英文字母转换为小写

还可以用“font-variant”属性将小写字母转换为大写。

示例代码 5-16：小写英文字母转换为大写

```
<html>
    <head>
        <title>小写英文字母转换为大写</title>
        <style type="text/css">
        <!--
        p {font-variant: small-caps}
        -->
        </style>
    </head>
    <body>
        hello!welcome to xtgj!小写英文<br><br>
        <p> hello!welcome to xtgj!小写英文转换为大写</p>
    </body>
</html>
```

在浏览器中打开这个网页，其效果如图 5-16 所示。

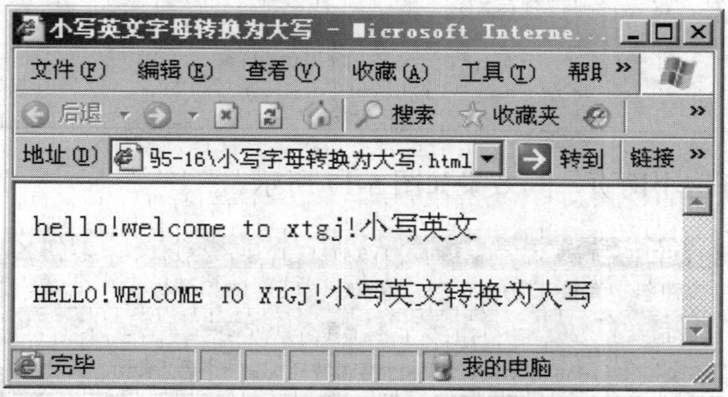

图 5-16 小写英文字母转换为大写

在“font-variant”属性中，取值只有两个，一个是“normal”，表示正常显示；另一个就是“small-caps”它只能将小写的英文字母转化为大写且字体较小。

7. 列表中的符号

利用 CSS 的样式定义，可以设置更多的列表方式，比如列表符号，除使用圆形或方块以外，还可以使用图像符号。

示例代码 5-17：图像符号

```
<html>
    <head>
        <title>图像符号</title>
        <style type="text/css">
        <!--
#in{list-style-image:url(images/nr_tb.gif);list-style-position:inside;color:red}
        #out{list-style:url(images/nr_tb.gif);outside;color:blue}
        -->
        </style>
    </head>
    <body>
        <img src="images/zngg.jpg">
        <ul id="in">
        <li>滨海迅腾科技集团荣获天津市“河东..</li>
        <li>天津卡巴斯基企业版开放空间代理商..</li>
        <li>迅腾科技公司成功代理卡巴斯基企业..</li>
        </ul><br><br>
        <ul id="out">
        <li>Linux 之父访谈录：设计内核只..</li>
        <li>什么是全球网络的主色调？</li>
        <li>开发者看腾讯开放平台：对分成、审批..</li>
```

```
        </ul>
    </body>
</html>
```

在浏览器中打开这个网页，其效果如图 5-17 所示。

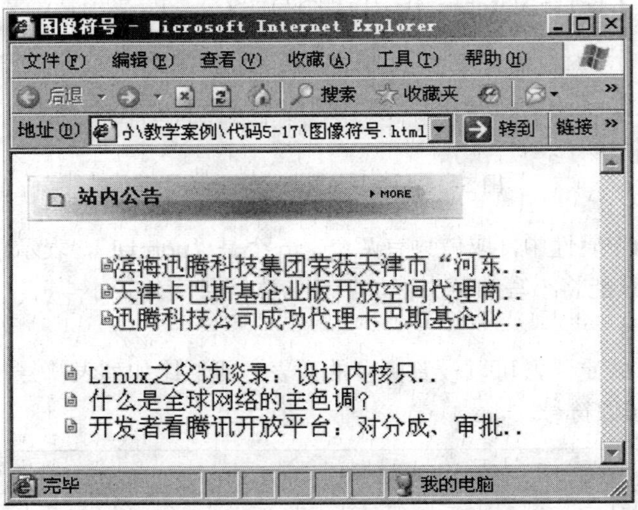

图 5-17 图像符号

用“list-style”属性设置列表的样式。

示例代码 5-18：列表符号

```
<html>
    <head>
        <title>列表符号</title>
        <style type="text/css">
        <!--
        #l1 {list-style-type:lower-roman}
        #l2 {list-style-type:upper-alpha}
        #l3 {list-style-type:decimal}
        -->
        </style>
    </head>
    <body>
        <ul id="l1">
        <li>滨海迅腾科技集团荣获天津市“河东..</li>
        <li>天津卡巴斯基企业版开放空间代理商..</li>
        </ul>
        <ul id="l2">
```

```
        <li>Linux 之父访谈录：设计内核只..</li>
        <li>什么是全球网络的主色调？</li>
        </ul>
        <ul id="l3">
        <li>天津迅腾滨海科技公司入围天津市政..</li>
        <li>天津迅腾滨海科技公司入围天津市政..</li>
        </ul>
    </body>
</html>
```

在浏览器中打开这个网页，其效果如图 5-18 所示。

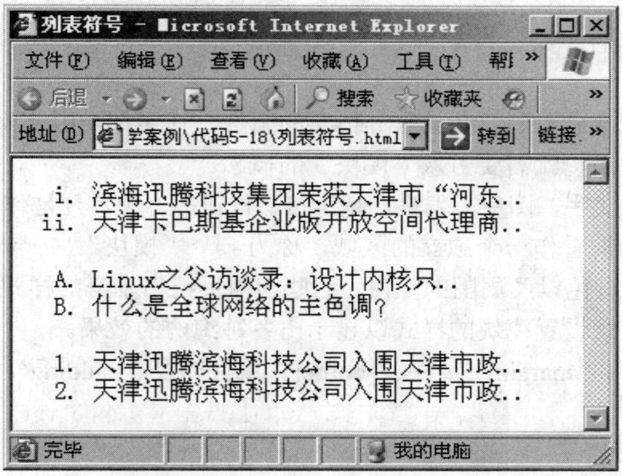

图 5–18　列表符号

这里用“list-style”属性可以分为 3 个：一是“list-style-type”属性，用来设置列表的编号；二是“list-style-image”属性，用来设置列表的图片符号；三是“list-style-position”属性，用来设置列表符号的位置。这三个属性可以单独使用，例如代码 5-17 中“#in”样式里的写法，也可以进行简化，如代码 5-17 中“#out”样式里的写法。

“list-style-type”属性的取值见表 5-9。

表 5–9　关于“list-style-type”属性的取值

设置值	说明
decimal	阿拉伯数字
lower-roman	小写罗马数字
upper-roman	大写罗马数字
lower-alpha	小写英文字母
upper-alpha	大写英文字母

“list-style-image”属性的取值见表 5-10。

表 5-10 “list-style-image”属性的取值

设置值	说明
none	不使用图片符号
url	url（图片文件的路径及名称）

“list-style-position”属性的取值见表 5-11。

表 5-11 “list-style-position”属性的取值

设置值	说明
inside	列表符号内缩进
outside	列表符号不缩进，也是浏览器的默认方式

5.2.3 矩形模块化

在网页中我们经常会看到一些具有立体感的组件，其实都是由 CSS 相应的样式来完成的。要完成类似的效果，就需要引入“模块”的概念。

在网页的组件（文字、图片、表格、超链接、按钮等）中，凡是作为网页一部分的任何组件及其周边都可以被看作一个独立的区域，称为一个“模块”。每一个模块都可以相对的设置它的边框宽度、颜色以及周围的空白，这些和网页组件本身的样式并没有关系。只要建立了模块，就可以随意设置模块的样式以显示出各种绚丽的效果。

在 CSS 中，利用“margin”属性、“border”属性以及“padding”属性来建立模块。下面分别介绍。

1. 模块边界的设置

“margin”属性主要用来控制模块与其他组件的空白距离，分为“margin-top”“margin-right”“margin-bottom”“margin-left”4 个属性，分别用来设置模块的上、右、下、左 4 边的空白区域。它们的取值都是数值，可以用任意尺度单位，也可用百分比。

示例代码 5-19：边界的设置

```
<html>
    <head>
        <title>边界的设置</title>
        <style type="text/css">
         <!--
         p{margin-top:30;margin-right:50;margin-bottom:30;margin-left:50}
         -->
        </style>
    </head>
    <body>
        迅腾滨海科技有限公司
        <p>简称：迅腾科技，(英文：Tianjin Binhai Xun Teng Technology Co.,Ltd.)，
```

```
是天津滨海迅腾科技集团旗下一家以软件研发、软件外包为主导的科技型企业。</p>
    </body>
</html>
```

在浏览器中打开这个网页，其效果如图 5-19 所示。

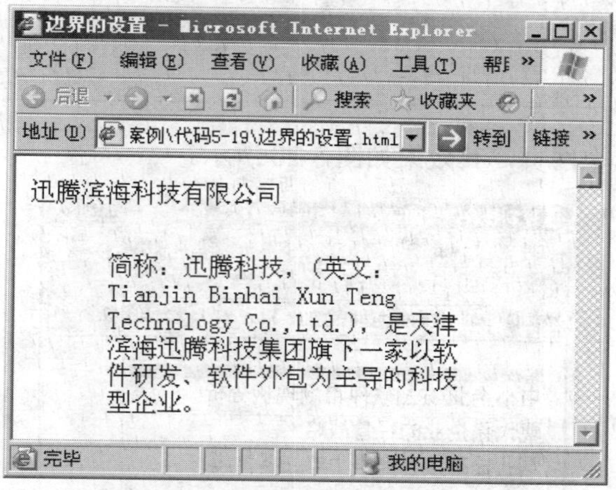

图 5–19　边界的设置

如设置多个属性，属性之间依然用分号“;”隔开。

2. 模块边框的设置

“border”属性中有 3 个属性：一是“border-width”，控制模块边框的宽度；二是“border-color”，控制模块边框的颜色；三是“border-style”，控制模块边框的样式。

示例代码 5-20：控制模块边框的宽度

```
<html>
    <head>
        <title>控制模块边框的宽度</title>
        <style type="text/css">
        <!--
        #w1{border-top-width:10}
        #w2{border-right-width:20}
        #w3{border-bottom-width:15}
        #w4{border-left-width:5}
        #w5{border-width:5}
        -->
        </style>
    </head>
    <body>
        <table border="1">
        <tr><td id="w1">中小企业 CRM 软件市场现状分析</td></tr>
```

```
            <tr><td id="w2">现代化企业的经营战略</td></tr>
            <tr><td id="w3">烟业提高核心竞争力的必备武器</td></tr>
            <tr><td id="w4">客户关系管理的保险企业营销创新分析</td></tr>
            <tr><td id="w5">进行 CRM 建设是零售企业产生..</td></tr>
            </table>
        </body>
    </html>
```

在浏览器中打开这个网页，其效果如图 5-20 所示。

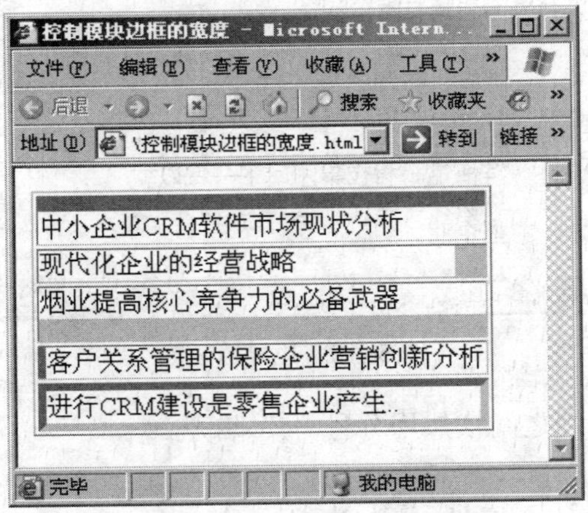

图 5-20 控制模块边框的宽度

设置边框宽度的方法为：利用“border-width”统一设置，也可以用“border-top-witdth”“border-right-width”“border-bottom-width”“border-left-width”分别设置上、右、下、左边框的宽度。

“border-width”属性的取值见表 5-12。

表 5-12 “border-width”属性的取值

设置值	说明
thin	细
medium	中等
thick	粗
数值	尺度单位，可以是 pt、cm、em 等

（1）控制模块边框的颜色

设置模块边框颜色的方法为：利用“border-color”统一设置，也可以用“border-top-color”“border-right-color”“border-bottom-color”“border-left-color”分别设置上、右、下、左边框的颜色。

示例代码 5-21：控制模块边框的颜色
<html>

```
<head>
    <title>控制模块边框的颜色</title>
    <style type="text/css">
    <!--
    #c1{border-top-color:red;border-top-width:10}
    #c2{ border-right-color:green;border-right-width:20}
    #c3{ border-bottom-color:yellow;border-bottom-width:15}
    #c4{ border-left-color:blue;border-left-width:5}
    #c5{border-color:red;border-width:5}
    -->
    </style>
</head>
<body>
    <table border="1" cellpadding="0" cellspacing="0">
    <tr><td height="40" id="c1">助企业成功实施迅腾 CRM</td></tr>
    <tr><td height="40" id="c2">企业迅腾 CRM 项目持续发展的三要素</td></tr>
    <tr><td height="40" id="c3">如何评估 CRM 系统效果？</td></tr>
    <tr><td height="40" id="c4">客户关系管理的保险企业营销创新分析</td></tr>
    <tr><td height="40" id="c5">进行 CRM 建设是零售企业产生..</td></tr>
    </table>
</body>
</html>
```

在浏览器中打开这个网页，其效果如图 5-21 所示（模块边框为彩色）。

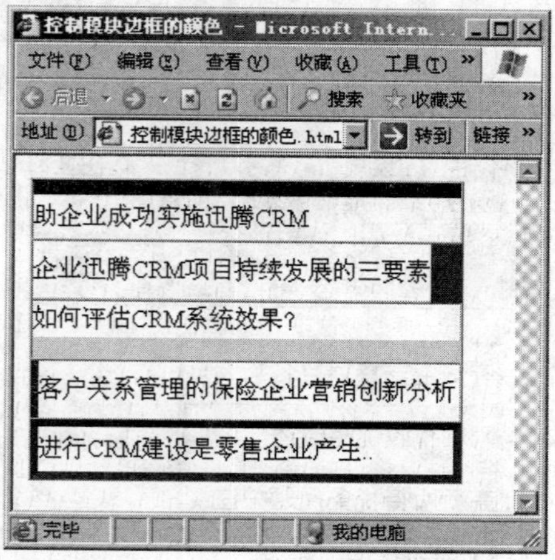

图 5-21　控制模块边框的颜色

（2）控制模块边框的样式

设置边框样式的方法为：利用“border-style”统一设置（各个值之间以空格分开），也可以用“border-top-style”、“border-right-style”、“border-bottom-style”、“border-left-style”分别设置上、右、下、左边框的样式。如果只设置一个值，那么4个边界都使用这个值；如果只设置两个值，那么上、下边界使用前面的值，左、右边界使用后面的值。

示例代码 5-22：控制模块边框的样式

```
<html>
    <head>
        <title>控制模块边框的样式</title>
        <style type="text/css">
        <!--
        #c1{border-top-color:#006600;border-top-width:5;border-top-style:dotted}
      #c2{border-right-color:#66FF33;border-right-width:5;border-right-style:ridge}
        #c3{border-bottom-color:#FFFF66;border-bottom-width:5;border-bottom-
style:double}
        #c4{border-left-color:#66FF99;border-left-width:5;border-left-style:groove}
        -->
        </style>
    </head>
    <body>
        <table border="3" cellpadding="0" cellspacing="0">
        <tr><td height="40" id="c1">府资金支持项目名录大全</td></tr>
        <tr><td height="40" id="c2">网站税收优惠概述</td></tr>
        <tr><td height="40" id="c3">高新所得税务问题关注</td></tr>
        <tr><td height="40" id="c4">中国科技统计汇编</td></tr>
        </table>
    </body>
</html>
```

在浏览器中打开这个网页，其效果如图 5-22 所示。

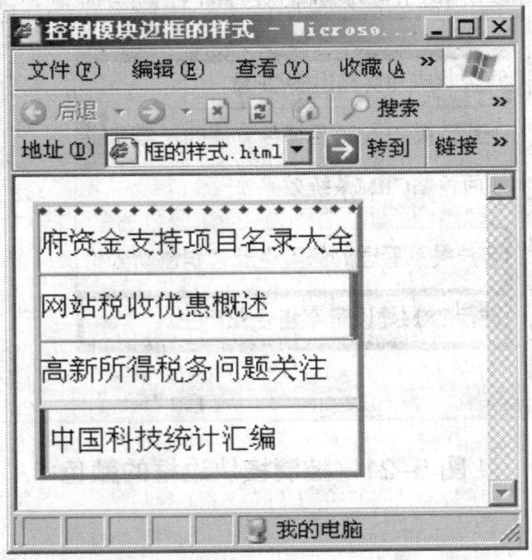

图 5-22 控制模块边框的样式

“border-style”属性的取值见表 5-13。

表 5–13　“border–style”属性的取值

设置值	说明
none	浏览器默认方式显示
dotted	小点虚线
dashed	大点虚线
solid	实线
double	双直线
groove	3D 凹线
ridge	3D 凸线
inset	3D 陷入线
outset	3D 突出线

3. 模块内边界的设置

另外我们还可以用“padding”属性设置模块的内边界，即模块中内容与模块边框的距离。同样道理，能用“padding”统一设置，也可以用“padding-top”“padding-right”“padding-bottom”“padding-left”分别设置模块上、右、下、左的内边界。

示例代码 5-23：模块内边界的设置

```
<html>
    <head>
        <title>模块内边界的设置</title>
        <style type="text/css">
        <!--
        #p1{padding-top:30}
        #p2{padding-right:20}
        #p3{padding-bottom:10}
        #p4{padding-left:30}
        #p5{padding:30 20 10 20}
        -->
        </style>
    </head>
    <body>
        <table width="239" height="251" border="1" cellspacing="0">
        <tr><td width="196" id="p1">天津迅腾滨海科技有限公司</td></tr>
        <tr><td id="p2">天津迅腾滨海科技有限公司</td></tr>
        <tr><td id="p3">天津迅腾滨海科技有限公司</td></tr>
        <tr><td id="p4">天津迅腾滨海科技有限公司</td></tr>
        <tr><td id="p5">天津迅腾滨海科技有限公司</td></tr>
```

```
            </table>
        </body>
    </html>
```

在浏览器中打开这个网页，其效果如图 5-23 所示。

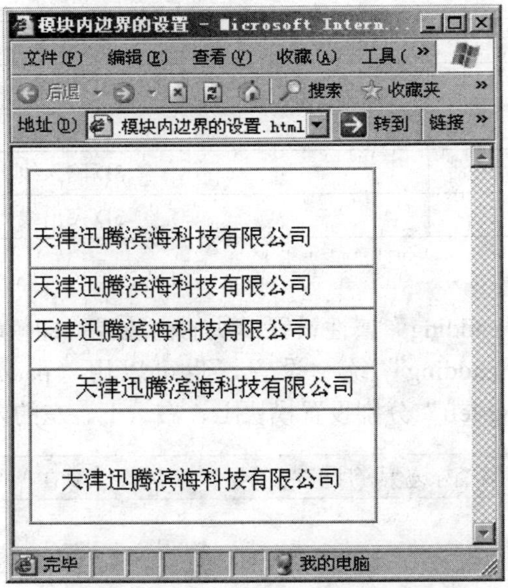

图 5-23　模块内边界的设置

用“padding”属性设置模块的内边界时也可以一起设置各边，值之间用空格分隔，例如“#p5{padding:30 20 10 20}”。

5.3　背景设置

HTML 中我们已经学过如何设置网页的背景颜色，并对如何把图片设置为网页的背景作了详细介绍。本节要介绍如何用 CSS 更灵活地设置背景。

5.3.1　背景颜色的设置

颜色的设置大体分为以下 3 种。

（1）以颜色的（英文）名称设置

这种方法我们已经学过，而且一直在用。在网页设计中，使用该方法优点是简单且便于记忆，缺点是系统定义的颜色数量有限且大都是纯色，表现力单薄。

（2）以 16 进制数设置

这种方法我们在上机课上简单介绍过。它是建立在 RGB 色彩系统的理论之上，即所有颜色均由红（Red）、绿（Green）、蓝（Blue）3 种颜色混合而成，每种颜色取值 0～255 代表光的强度，0 即黑色，255 即白色。其格式为“#rrggbb” rr、gg、bb 分别代表红、绿、蓝 3 种颜色光的强度的 16 进制数值，即取 00～ff。这种方法的优点是表现力强，缺点是难以记忆。

（3）以 RGB 函数设置

这个函数的格式为 RGB(r,g,b)，其中 r、g、b 分别代表红、绿、蓝 3 种颜色光的强度的 10 进制数值，即取 0～255。

示例代码 5-24：设置文字的颜色

```
<html>
    <head>
        <title>设置文字的颜色</title>
        <style type="text/css">
        <!--
        font{color:red}
        -->
        </style>
    </head>
    <body>
        <font>迅腾国际欢迎你！(红色文字)</font>
    </body>
</html>
```

在浏览器中打开这个网页，其效果如图 5-24 所示。

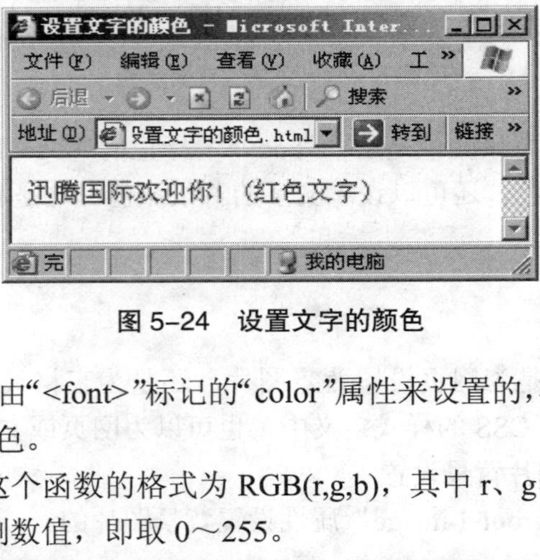

图 5-24　设置文字的颜色

HTML 中字体颜色是由“<font>”标记的“color”属性来设置的，在 CSS 中也同样用“color”属性来设置网页的字体颜色。

以 RGB 函数设置。这个函数的格式为 RGB(r,g,b)，其中 r、g、b 分别代表红、绿、蓝 3 种颜色光的强度的 10 进制数值，即取 0～255。

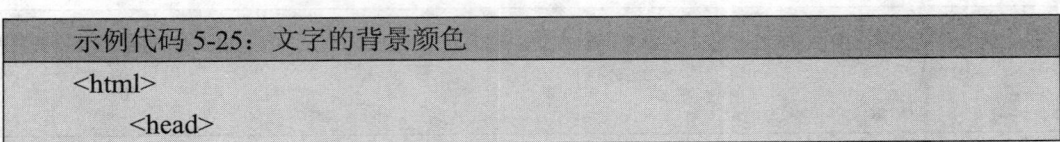

示例代码 5-25：文字的背景颜色

```
<html>
    <head>
```

```
        <title>文字的背景颜色</title>
        <style type="text/css">
        <!--
        font {background-color:yellow}
        body {background-color:red}
        #f {color:blue}
        -->
        </style>
    </head>
    <body>
        <font>这是红色的网页背景，但文字背景是黄色的</font><br><br>
        <font id=f>这是红色的网页背景，但文字是蓝色，背景是黄色的</font>
    </body>
</html>
```

在浏览器中打开这个网页，其效果如图 5-25 所示。

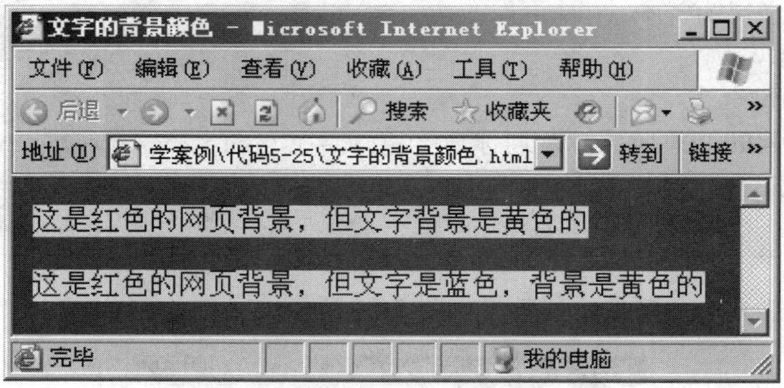

图 5–25　文字的背景颜色

HTML 中设置网页的背景颜色是用“<body>”标记的“bgcolor”属性，而在 CSS 中不但可以设置网页的背景颜色，还可以设置文字的背景颜色。这是利用了“background-color”属性。

5.3.2　背景图片的设置

在 HTML 中，无论是为网页设置背景图片，还是为表格设置背景图片，使用的都是“background”属性，而在 CSS 的样式定义中，也可以为网页或文字设置背景图片。

1. 网页以及文字的图片背景设置

CSS 中是利用“background-image”属性设置背景图片的。

示例代码 5-26 背景图片的设置

```
<html>
    <head>
```

```
            <title>背景图片的设置</title>
            <style type="text/css">
            <!--
            font{background-image:url(images/dhl.jpg)}
            body{background-image:url(images/top.jpg);background-repeat:repeat-x}
            -->
            </style>
        </head>
        <body>
            <font>天津迅腾滨海科技有限公司</font>
        </body>
</html>
```

在浏览器中打开这个网页，其效果如图 5-26 所示。

图 5-26　背景图片的设置

2. 背景图片的并排设置

利用“background-image”属性设置网页的背景图片时，我们发现如果图片和网页窗口大小不一致，那么图片会横向纵向重复出现以铺满整个页面窗口。我们可以设置背景图片为纵向或者横向并排延伸或者不重复来解决这个问题。这里我们用“background-repeat”属性来帮助我们。

示例代码 5-27：背景图片的横向并排

```
<html>
    <head>
        <title>背景图片的横向并排</title>
        <style type="text/css">
        <!--
        body{background-image:url(images/top.jpg);background-repeat:repeat-x}
        -->
        </style>
```

```
        </head>
        <body>
        </body>
    </html>
```

在浏览器中打开这个网页，其效果如图 5-27 所示。

图 5-27 背景图片的横向并排

这是用了“background-repeat”属性，取值见 5-14。

表 5-14 “background-repeat”属性的取值

设置值	说明
repeat	背景图片铺满全页面
repeat-x	背景图片以横向并排
repeat-y	背景图片以纵向并排
no-repeat	背景图片不以并排显示

3. 图片的固定设置

当在网页上设置背景图片时，随着滚动，文字也会跟着一起移动，但背景图片却始终不动，这怎么实现呢？

示例代码 5-28：图片的固定

```
<html>
    <head>
        <title>图片的固定</title>
        <style type="text/css">
        <!--
        body{background-image:url(images/top.jpg);
        background-repeat:no-repeat;
```

```
            background-attachment:fixed}
            -->
            </style>
        </head>
        <body>
            <b>软件开发</b><br>
            中小企业 CRM 软件市场现状分... 2010-12-01 <br><br>
            现代化企业的经营战略：迅腾客... 2010-11-26 <br><br>
            <b>网站建设</b><br>
            滨海迅腾科技集团荣获天津市“河东.. 2010-11-26 <br><br>
            天津卡巴斯基企业版开放空间代理商.. 2010-11-26<br><br>
        </body>
    </html>
```

在浏览器中打开这个网页，其效果如图 5-28 所示。

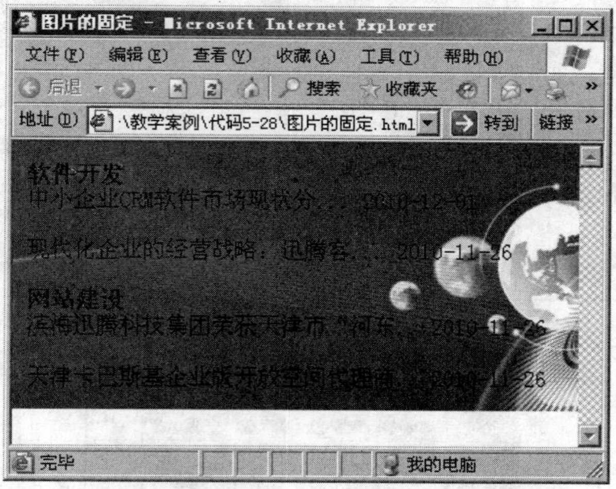

图 5–28 图片的固定

这里利用的是“background-attachment”属性，它的取值见表 5-15。

表 5–15 “background–attachment”属性的取值

设置值	说明
fixed	设置背景图片固定不动
scroll	设置背景图片跟着移动，是浏览器默认值

4. 图片的定位设置

在网页中设置背景图片时，图片插入的位置默认在左上角，其实可以任意设置的。

示例代码 5-29：背景图片的位置

```
<html>
```

```
<head>
    <title>背景图片的位置</title>
    <style type="text/css">
    <!--
    #p1 {background-image:url(images/xtt.jpg);background-repeat:no-repeat;
    background-position:0% 0%}
    #p2 {background-image:url(images/xtt.jpg);background-repeat:no-repeat;
    background-position:50% 50%}
    #p3 {background-image:url(images/xtt.jpg);background-repeat:no-repeat;
    background-position:100% 100%}
    -->
    </style>
</head>
<body>
    <table border="1" height="300" cellspacing="0">
    <tr><td  width="257"  height="100"  id="p1"  >迅腾滨海科技有限公司
</td></tr>
    <tr><td height="100" id="p2" >迅腾滨海科技有限公司</td></tr>
    <tr><td height="100" id="p3" >迅腾滨海科技有限公司</td></tr>
    </table>
</body>
</html>
```

在浏览器中打开这个网页，其效果如图 5-29 所示。

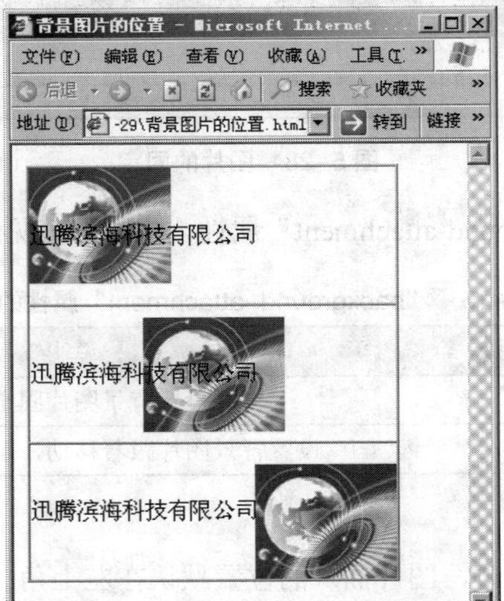

图 5-29　背景图片的位置

这里利用的是“background-position”属性，取值见表 5-16。

表 5-16　“background-position”属性的取值

设置值	说明
X（数值）	设置网页的横向位置，可以是任意尺度单位
Y（数值）	设置网页的纵向位置，可以是任意尺度单位

也可以使用百分比设置，取值见表 5-17。

表 5-17　“background-position”属性的百分比取值

设置值	说明
0%0%	左上位置
50%0%	中上位置
100%0%	右上位置
0%50%	左中位置
50%50%	正中位置
100%50%	右中位置
0%100%	左下位置
50%100%	中下位置
100%100%	右下位置

也可以使用关键字设置，取值见表 5-18。

表 5-18　“background-position”属性的关键字取值

设置值	说明
top left	左上位置
top center	中上位置
top right	右上位置
left center	左中位置
center center	正中位置
right center	右中位置
bottom left	左下位置
bottom center	中下位置
bottom right	右下位置

“background-position”属性都可以设置以上的值，同时也可以混合设置，只要横向和纵向的值以空格隔开即可。

5.4 本章总结

本章按照文字设置、背景设置的过程，向大家讲解了 CSS 的基础用法。通过本章学习，可以使大家掌握如何通过 CSS 设置网页，感受 CSS 的强大，用它丰富的样式制作出多彩的页面。本章总结如表 5-19 所示。

表 5–19 总结

属性	含义
margin-left	左右空余
letter-spacing	字符间距
line-height	段落行踪
text-align	水平对齐
vertical-align	垂直对齐（上、下标）sup、sub
font-family	字体：宋体、黑体等
font-style	字形：斜体、歪斜体等
font-weight	字重：粗细程度
font-size	字号：文字大小
text-decoration	文字加线
text-transform	英文大小写转换
font-variant	小写变大写
list-style-type	设置列表的编号
list-style-image	设置列表的图片符号
list-style-position	设置列表符号的位置
margin	设置模块的空白区域
border-width	控制模块边框的宽度
border-color	控制模块边框的颜色
border-style	控制模块边框的样式
padding	设置模块的内边界
color	设置文字颜色
background-color	设置文字背景颜色
background-image	设置网页背景图片
background-attachment	背景图片运动方式
background-position	背景图片的定位

5.5　小结

✓　CSS 能像 HTML 那样设置文字、图片。
✓　可以利用模块组织网页元素及其周边区域。

5.6　英语角

indent：缩进、凹痕
justify：证明、正当
decoration：装饰

5.7　作业

1．用 CSS 控制字体粗细的属性是（　　）。
　A.font-style　　B. letter-spacing　　C.text-indent　　D.font-weight
2. border-bottom-color 是用来设置________________的。

5.8　思考题

既然 CSS 是把样式从网页中独立出来，能不能把 CSS 单独放在一个文件中，让网页引用呢？

5.9　学员回顾内容

1. CSS 的定义；
2. 文字的各种设置；
3. 模块化；
4. 背景设置。

第 6 章　CSS 的应用

学习目标

✧ 理解区域与层的概念，CSS 与 HTML 结合的方式。
✧ 掌握对光标、滚动条的设置，区域与层的应用，CSS 与 HTML 结合的用法。

课前准备

一台安装了 Windows 操作系统和 Dreamweaver 的计算机。
复习上一章的内容。

6.1　本章简介

这一章我们介绍 CSS 的应用技巧。先通过超链接、滚动条、光标使用技巧讲解如何美化网页。再讲区域与层的概念，使大家了解复杂的网页怎样拆解。然后讲 CSS 与 HTML 结合的方式，即 CSS 与 HTML 怎么配合工作。学习了本章，你将能够用 CSS 从更深层次进行网页设计。

6.2　美化网页

通过 CSS 定义的样式，可以将网页制作得更加绚丽多彩，本节将通过超链接、滚动条、光标 3 个方面向大家展示如何美化网页。

6.2.1　多样的超链接

在 HTML 部分已经向各位读者介绍了超链接的颜色变化以及链接的使用状态。但使用 CSS 定义的样式能够更加丰富。这里利用了“a”的 4 个属性，具体见表 6-1。

表 6–1　“a”的属性

属性	设置值	说明
a:link	各种颜色设置	尚未链接过的文字颜色
a:visited	各种颜色设置	已经链接过的文字颜色
a:active	各种颜色设置	当鼠标点击链接时文字的颜色
a:hover	各种颜色设置	当鼠标移到上方时文字的颜色

链接颜色的设置：

示例代码 6-1：不同的链接颜色

```
<html>
    <head>
        <title>不同的链接颜色</title>
        <style type="text/css">
        <!--
        a:link {color: red}
        a:visited {color: blue}
        a:hover {color: green}
        a:active {color: yellow}
        -->
        </style>
    </head>
    <body>
        <a href="http://news.xt-kj.com">天津迅腾滨海科技有限公司新闻网</a>
（注意点击时的颜色变化）
    </body>
</html>
```

在浏览器中打开这个网页，其效果如图 6-1 所示。

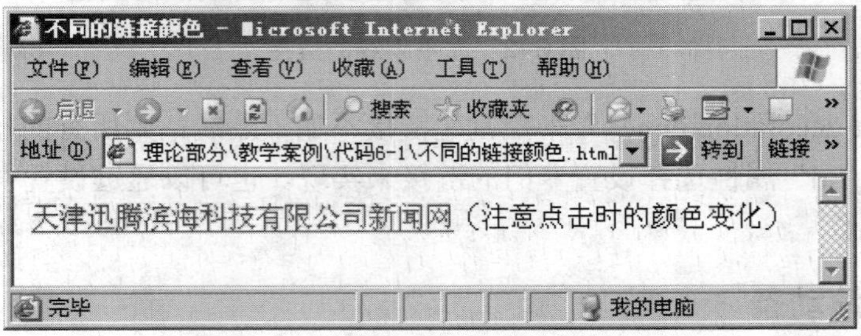

图 6–1　不同的链接颜色

可以看到，最开始的链接是红色，当鼠标移到上方时变为绿色，按着鼠标单击以后链接变为黄色，最后链接到天津迅腾滨海科技有限公司新闻网的网页并退出时，链接已经变成了蓝色。

使用“a{text-decoration:none}”来去掉超链接的下划线。

示例代码 6-2：无下划线的链接

```
<html>
    <head>
        <title>无下划线的链接</title>
        <style type="text/css">
        <!--
        a{text-decoration:none}
        a:link{color:red}
        a:visited{color:blue}
        a:active{color:yellow}
        a:hover{color:green;font-size:18px}
        -->
        </style>
    </head>
    <body>
     <a href ="http://news.xt-kj.com">天津迅腾滨海科技有限公司新闻网</a>
    </body>
</html>
```

在浏览器中打开这个网页，其效果如图 6-2 所示。

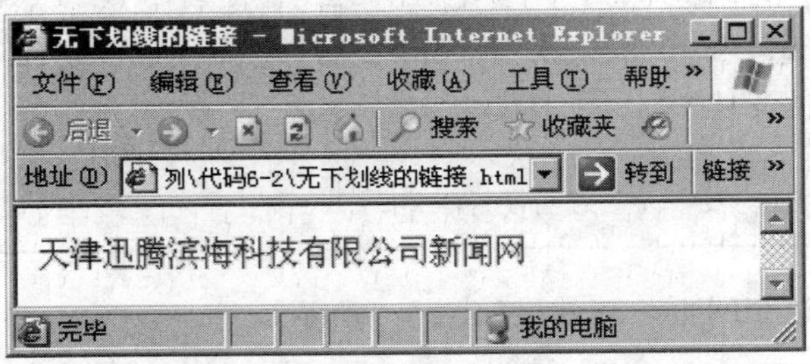

图 6-2 无下划线的链接

使用“a{text-decoration:none}”来控制超链接不加下划线，则所有的超链接将没有下划线，也可以使用“id”属性选择设置专门的链接来实现。也可以通过设置“href=#”来实现，它代表一个空链接。

6.2.2 华丽的滚动条

在 CSS 中我们可以为浏览器窗口的滚动条添加漂亮的颜色，做出许多不同的效果。

立体滚动条的制作：利用“scrollbar”属性来对滚动条进行设置。

示例代码 6-3：多彩的滚动条

```
<html>
    <head>
        <title>多彩的滚动条</title>
        <style type="text/css">
        <!--
        body{scrollbar-face-color:lightgreen;scrollbar-shadow-color:purple;
        scrollbar-highlight-color:purple;scrollbar-track-color:red;
        scrollbar-3dlight-color:yellow;scrollbar-darkshadow-color:green;
        scrollbar-arrow-color:red}
        -->
        </style>
    </head>
    <body>
        <img src="images/top.jpg">
    </body>
</html>
```

在浏览器中打开这个网页，其效果如图 6-3 所示。

图 6–3 多彩的滚动条

这是利用“scrollbar”属性来对滚动条进行设置的，目前它一共有 7 个属性。

scrollbar-face-color 属性：用来控制滚动条以及箭头按钮的表面颜色。

scrollbar-shadow-color 属性：用来控制滚动条以及箭头按钮边缘阴影的颜色。

scrollbar-highlight-color 属性：用来控制滚动条以及箭头按钮边框颜色。

scrollbar-3dlight-color 属性：用来控制滚动条以及箭头按钮的 3D 光影颜色。

scrollbar-darkshadow-color 属性：用来控制滚动条以及箭头按钮的 3D 阴影颜色。

scrollbar-track-color 属性：用来控制滚动区域的颜色。

scrollbar-arrow-color 属性：用来控制箭头按钮中箭头的颜色。

6.2.3 炫目的光标

在网页中我们经常看到一些不同的光标样式，代表不同的意义。遗憾的是 HTML 中并未给出这一方面的设置，但在 CSS 中却有，看下面的例子。

示例代码 6-4：光标样式

```
<html>
    <head>
        <title>光标样式</title>
        <style type="text/css">
        <!--
        a:link{color:red}
        a:visited{color:blue}
        a:active{color:yellow}
        a:hover{color:green;cursor:help}
        -->
        </style>
    </head>
    <body>
        <a href=#>眩目的光标（注意光标的样式）</a>
        <!--"href=#"代表一个空链接-->
    </body>
</html>
```

在浏览器中打开这个网页，其效果如图 6-4 所示。

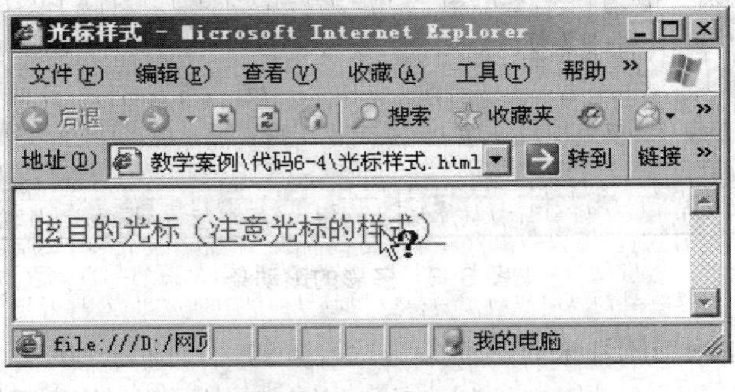

图 6–4 光标样式

可以看到，当鼠标移动到超链接上方时，光标就不是原来默认的样子了。这是利用“cursor”属性完成的，该属性提供了 16 种取值，如表 6-2 所示。

表 6–2 “cursor”属性的取值

取值	样式	取值	样式	取值	样式	取值	样式
auto	同 default	pointer	手伸食指	nw-resize	西北箭头	s-resize	向南箭头
help	问号	move	十字箭头	n-resize	向北箭头	w-resize	向西箭头
crosshair	“十”字	e-resize	向东箭头	se-resize	东南箭头	text	“工”字
default	默认	ne-resize	东北箭头	sw-resize	西南箭头	wait	沙漏

大家可以把上面的试验一遍，看看都有哪些形状。

小贴士

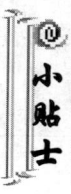

这些形状会随着浏览器的不同，甚至版本不同而各异，所以如果发现和上述形状不符，也不要觉得奇怪。

6.3 区域与层

前面已经介绍了许多 CSS 的样式定义，既可以通过标记直接定义，也可以通过 id 有选择地定义。面对现实中更复杂的网页布局状况，我们还有没有其他妙策应对呢？当然有！我们还可以分区域设置网页的样式。通过这一节的介绍，大家将了解区域与层在网页设计中的作用。

6.3.1 区域的概念

在网页上划出特定的一块，在这个块中可以包含文字、图片和表格等各种网页组件，这个块就是区域。区域的作用是划分网页，并把密切相关的组件组织在一起，以便集体设置；并把它们同别的组件区分开来，各区域之间彼此独立。

“<div></div>”标记就是区域标记。

1. 区域的定义

区域的定义必须配合其他样式，否则就没意义了。下面我们就看一个制作 3 个相邻区域的例子。

示例代码 6-5：区域的概念

```
<html>
    <head>
        <title>区域的概念</title>
        <style type="text/css">
        <!--
        #d1 {background-color:red; width:400;height:80}
        #d2 {background-color:blue;width:300;height:60}
        #d3 {background-color:green;width:200;height:40}
```

```
        -->
        </style>
    </head>
    <body>
        <center>
        <div id="d1">区域一</div>
        <div id="d2">区域二</div>
        <div id="d3">区域三</div>
        </center>
    </body>
</html>
```

浏览器中打开这个网页，其效果如图 6-5 所示。

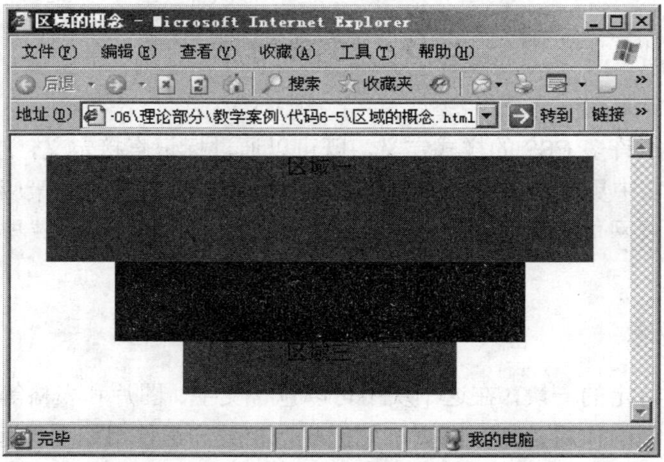

图 6-5 区域的概念

这是一个最简单的区域示例，可以看到，不同的区域显示不同的颜色以及不同的大小。

2. 区域的定位

区域也可以设置在不同位置。利用“position”“left”“top”3 个属性来给区域定位。

示例代码 6-6：区域位置

```
<html>
    <head>
        <title>区域位置</title>
        <style type="text/css">
        <!--
        div {width:200;height:60}
        #d1 {background-color:red;position:absolute;top:0;left:0}
        #d2 {background-color:blue;position:absolute;top:50;left:50}
```

```
        #d3 {background-color:green;position:absolute;top:100;left:100}
        -->
        </style>
    </head>
    <body>
        <center>
        <div id="d1"></div>
        <div id="d2"></div>
        <div id="d3"></div>
        </center>
    </body>
</html>
```

在浏览器中打开这个网页，其效果如图 6-6 所示。

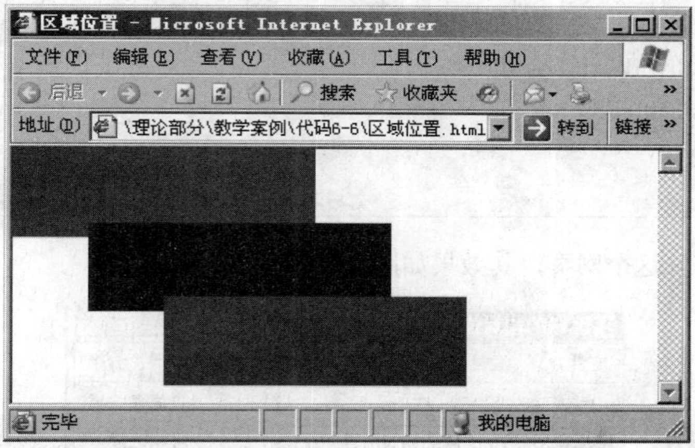

图 6–6　区域位置

这里我们利用了“position”“left”“top”3 个属性。“position”用来设定区域的位置，取值见表 6-3。“left”和“top”即区域左边缘到网页左端的距离、区域上边缘到网页上端的距离，可以用尺度单位，也可以用百分比表示。

表 6–3　“position”属性的取值

设 定 值	说　　明
absolute	区域位置以网页左上角为基准来设置
relative	区域位置以其原始来设置
static	区域位置以 HTML 默认位置来设置

区域的相对位置：

示例代码 6-7：区域的相对位置

```
<html>
```

```
    <head>
        <title>区域的相对位置</title>
        <style  type="text/css">
        <!--
        div{width:150;height:40}
        #d1{background-color:red;position:relative;top:0;left:0}
        #d2{background-color:blue;position:relative;top:10;left:20}
        #d3{background-color:green;position:relative;top:20;left:50}
        -->
        </style>
    </head>
    <body>
        <center>
        <div id="d1"></div>
        <div id="d2"></div>
        <div id="d3"></div>
        </center>
    </body>
</html>
```

在浏览器中打开这个网页，其效果如图 6-7 所示。

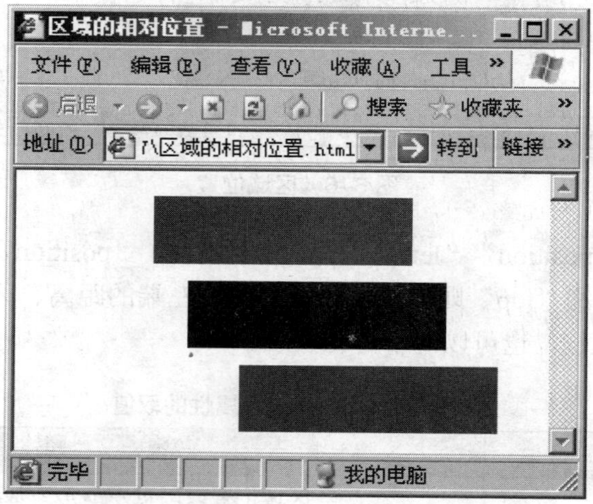

图 6–7　区域的相对位置

6.3.2　网页组件的分段

我们已经了解区域的概念以及它的简单应用。网页中可以对组件进行分段管理。下面的例子将分段显示不同的文字。

分段显示不同的文字字体：

示例代码 6-8：区域的分段管理

```
<html>
    <head>
        <title>区域的分段管理</title>
        <style type="text/css">
        <!--
        #d1{color:red;font-family:"宋体";font-size:18px;width:500;height:30}
        #d2{color:red;font-family:"幼圆";font-size:18px;width:400;height:35}
        #d3{color:red;font-family:"隶书";font-size:18px;width:300;height:40}
        -->
        </style>
    </head>
    <body>
        <center>
        <div id="d1">
        <table border="1"><tr><td>迅腾滨海科技有限公司</td></tr></table>
        </div><br><br>
        <div id="d2">
        <table border="1"><tr><td>迅腾滨海科技有限公司</td></tr></table>
        </div><br><br>
        <div id="d3">
        <table border="1"><tr><td>迅腾滨海科技有限公司</td></tr></table>
        </div>
        </center>
    </body>
</html>
```

浏览器中打开这个网页，其效果如图 6-8 所示。

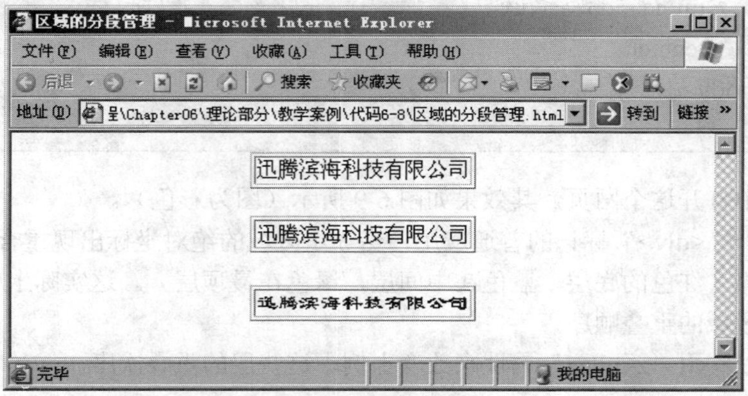

图 6-8　区域的分段管理

在这个例子里，每个区域包含了一个表格和一个字段。利用区域标记，统一定义了表格的长度和宽度，以及文字的字体和大小。

6.3.3 层的概念

什么是层？其实一个区域就可以被看作是一个层，是一个总处于同一平面中的层。

1. 层的定义

下面我们来看一个多区域重叠的例子，通过它我们对层先有一个感性的认识。

（1）区域的重叠

示例代码 6-9：层的重叠

```
<html>
    <head>
        <title>层的重叠</title>
        <style type="text/css">
        <!--
       #d1{background-color:red;width:300;height:180;position:absolute; top:30;
left:30}
        #d2{background-color:blue;width:250;height:150;position:absolute;top:
30;left:60}
        #d3{background-color:green;width:200;height:100;position:absolute; top:
30;left:30}
        -->
        </style>
    </head>
    <body>
        <center>
        <div id="d1"></div>
        <div id="d2"></div>
        <div id="d3"></div>
        </center>
    </body>
</html>
```

在浏览器中打开这个网页，其效果如图 6-9 所示（图为彩色）。

这只是一个“<div>”标记的普通应用，当 3 个区域的绝对坐标出现重合时，就会看到它们重叠的效果（红色的底层，蓝色在中间层，绿色在最顶层）。这实际上就是层。

（2）改变区域的重叠顺序

我们也可以利用“z-index”属性来改变上例中这些层的重叠次序。

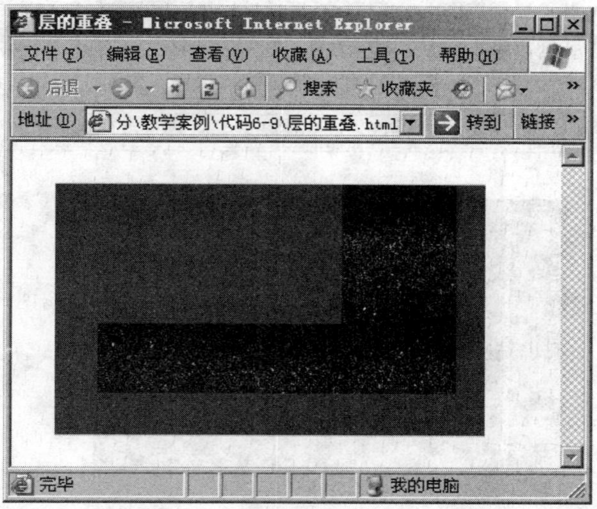

图 6–9　层的重叠

示例代码 6-10：层的概念

```
<html>
    <head>
        <title>层的概念</title>
        <style type="text/css">
        <!--
        #z1{background-color:red;width:300;height:180;position:absolute;top:30;left:30; z-index:1}
        #z2{background-color:blue;width:250;height:100;position:absolute;top:30;left:60; z-index:3}
        #z3{background-color:green;width:200;height:150;position:absolute; top:30;left:30; z-index:2}
        -->
        </style>
    </head>
    <body>
        <center>
        <div id="z1"></div>
        <div id="z2"></div>
        <div id="z3"></div>
        </center>
    </body>
</html>
```

在浏览器中打开这个网页，其效果如图 6-10 所示。

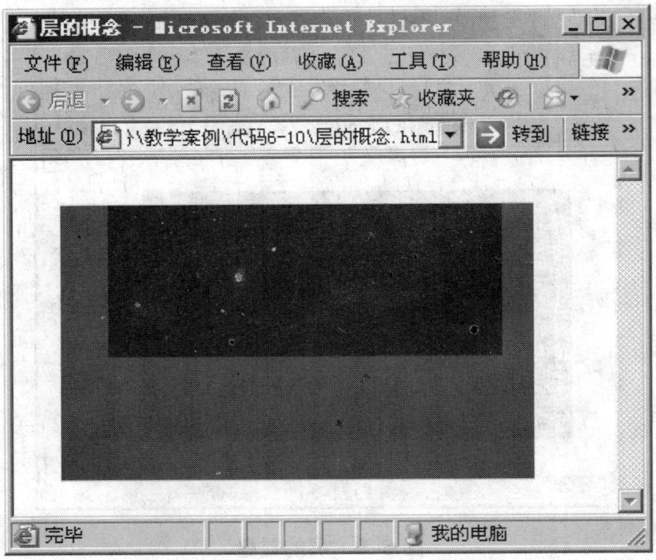

图 6–10　层的概念

可以看到，绿色从最上层到了中间层，而原来中间层的蓝色到了最上层，这是利用“z-index”属性来实现的，该属性的取值为整数，最下层为 1，数值越大越靠近上层。

2. 三维空间的建立

建立一个 3D 空间，需要 X、Y、Z 坐标。前面提到的“left”和“top”属性，其实就是 X、Y 坐标，而“z-index”属性就是三维空间中的 Z 坐标，它用来设置区域的上、下层关系。

图片和文字层次的建立：

示例代码 6-11：三维空间的建立

```
<html>
    <head>
        <title>三维空间的建立</title>
        <style type="text/css">
        <!--
        #z1 {position:absolute;top:25;left:45;z-index:1}
        #z2{position:absolute;top:30;left:50;font-family; 楷书;font-size:30;
        color:red;z-index:3}
        #z3 {position:absolute;top:40;left:60;font-family;隶书;font-size:40;
        color:blue;z-index:2}
        -->
        </style>
    </head>
    <body>
        <center>
        <div id="z1"><img src="images/top.jpg"></div>
```

```
        <div id="z3">网<br>页<br>设<br>计</div>
        <div id="z2">HELLO!CSS</div>
        </center>
    </body>
</html>
```

在浏览器中打开这个网页，其效果如图 6-11 所示。

图 6–11　三维空间的建立

可以看到，在使用区域标记时用上“z-index”属性，就可以做出文字与文字、文字与图片的重叠效果。

6.4　CSS 与 HTML 结合的方式

在 CSS 课程的一开始就介绍了两种在 HTML 中使用 CSS 定义样式的方法。其实 CSS 与 HTML 结合的方式是多种多样的，灵活应用这些方式，可以更加方便地进行网页的样式设计。本节将要详细介绍这些方式，通过学习，大家可以在实际中灵活运用，更加随心地制作出各种漂亮的网页。

6.4.1　HTML 的内部定义

在 HTML 文件内部可以直接定义 CSS 样式，常用于一些样式统一而简单，页数有限的场合。

1. 对 HTML 标记直接定义

这是前面我们介绍过的，并一直在用的方法，下面再举例一则。

示例代码 6-12：对 HTML 标记直接定义

```
<html>
```

```
    <head>
        <title>对 HTML 标记直接定义</title>
        <style type="text/css">
        <!--
        h1{font-family:"黑体";color:red}
        h2{font-family:"华文楷体";color:blue}
        -->
        </style>
    </head>
    </body>
        <p><h1>此行文字为红色，字体为黑体</h1></p>
        <p><h2>此行文字为蓝色，字体为华文楷体</h2></p>
    </body>
</html>
```

浏览器中打开这个网页，其效果如图 6-12 所示。

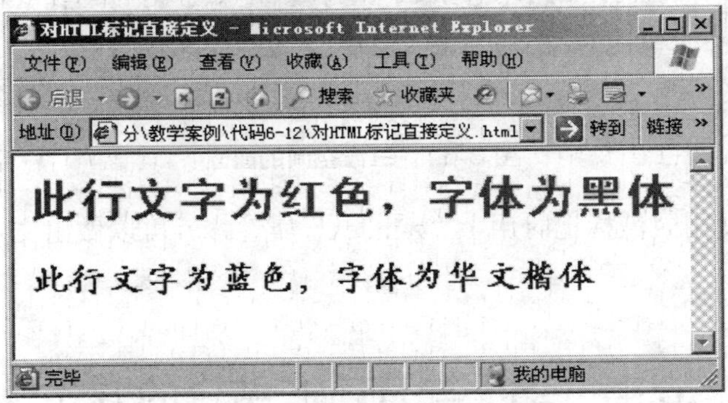

图 6-12 对 HTML 标记直接定义

对 HTML 标记直接定义后，每次只要用到这个标记，就能显示同样的样式效果。

2. 在 HTML 标记内直接定义

其实几乎每个 HTML 标记都有一个“style”属性，用这个属性可以直接定义 CSS。这也是最简单的 CSS 定义方法。

示例代码 6-13：在 HTML 标记内的直接定义

```
<html>
    <head>
        <title>在 HTML 标记内的直接定义</title>
    </head>
    <body>
        <p><h1 style="font-family:'黑体';color:red">
        这字体被定义为红色黑体</h1></p>
```

```
        <p><h1 style="font-family:'华文楷体';color:green">
        这字体被定义为绿色华文楷体</h1></p>
    </body>
</html>
```

在浏览器中打开这个网页，其效果如图 6-13 所示。

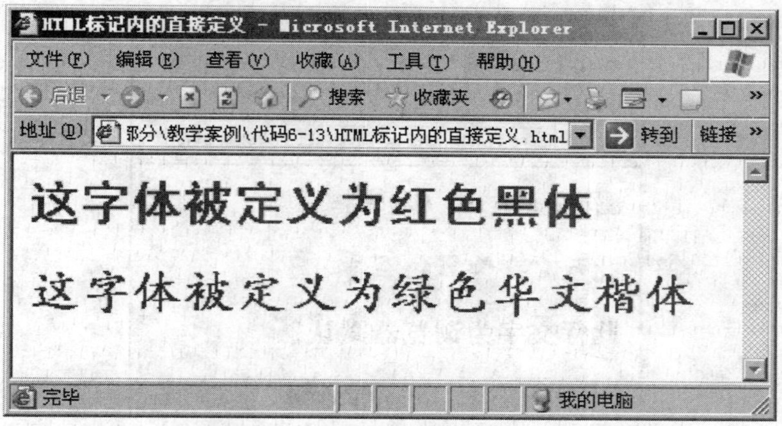

图 6–13　在 HTML 标记内的直接定义

使用此方法只能控制该标记的显示样式，并不影响其他标记的样式。只不过这个方法比上例提到的方法来的麻烦，因为需要的每个标记都要去定义一下。它一般只用在偶尔有几处花样时，但用 HTML 标记却不能满足（极罕见，一般只做“最简单的 CSS”教学演示）的场合。

3. 利用 class 或 id 选择器定义

用 id 定义，前面已经讲过了，而且一直在用。其实我们还能利用 class 进行选择器定义。用 id 或 class 定义没太大区别，只是格式不同，下面只举 class 一例。

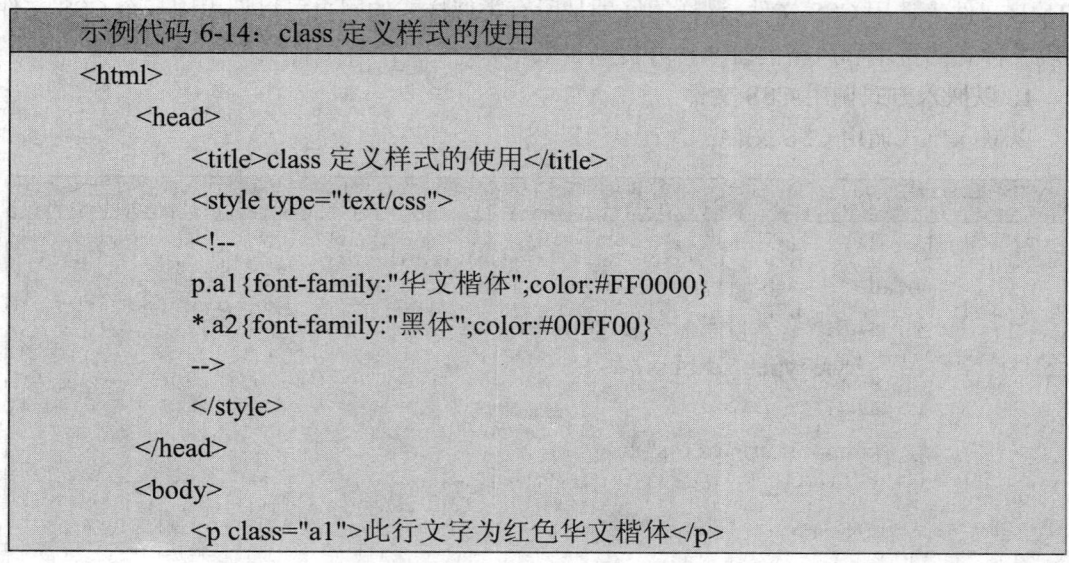

示例代码 6-14：class 定义样式的使用

```
<html>
    <head>
        <title>class 定义样式的使用</title>
        <style type="text/css">
        <!--
        p.a1{font-family:"华文楷体";color:#FF0000}
        *.a2{font-family:"黑体";color:#00FF00}
        -->
        </style>
    </head>
    <body>
        <p class="a1">此行文字为红色华文楷体</p>
```

```
        <h3 class="a2">此行文字为绿色黑体</h3>
        <h3 class="a1">此行文字为浏览器默认</h3>
    </body>
</html>
```

浏览器中打开这个网页，其效果如图 6-14 所示。

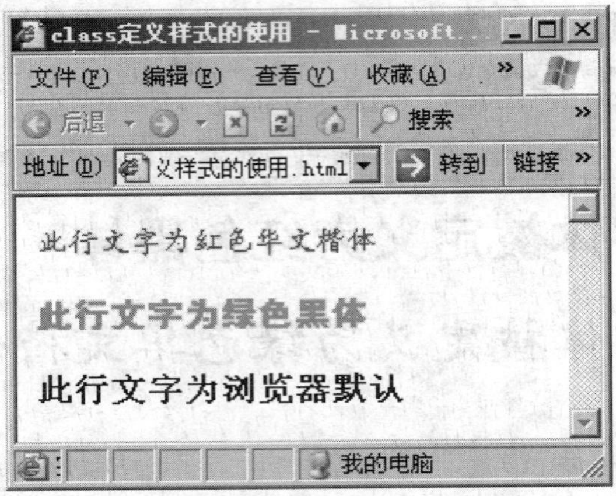

图 6–14 class 定义样式的使用

可以看到并不是所有的标记使用“class”属性后都显示定义的样式。比如例子中“<h3 class="a1">”而文字却是默认字体，这是因为前面“p.a1”代表只是有“<p>”标记使用该“class”属性时才有用。样式名可以自己定义，里面的“*”就等同于使用“id”属性里的“#”，星号“*”可以省略。

6.4.2 HTML 的外部定义

除了在 HTML 文件中进行 CSS 样式定义外，还可以先制作一个 CSS 文件，然后通过 HTML 文件来调用 CSS 文件。这样的好处是所有类似样式的网页可以调用同一个 CSS 文件，实现了样式的重用和风格的统一，并提高了效率。

1. 以嵌入方式调用 CSS 文件

以嵌入方式调用 CSS 文件：

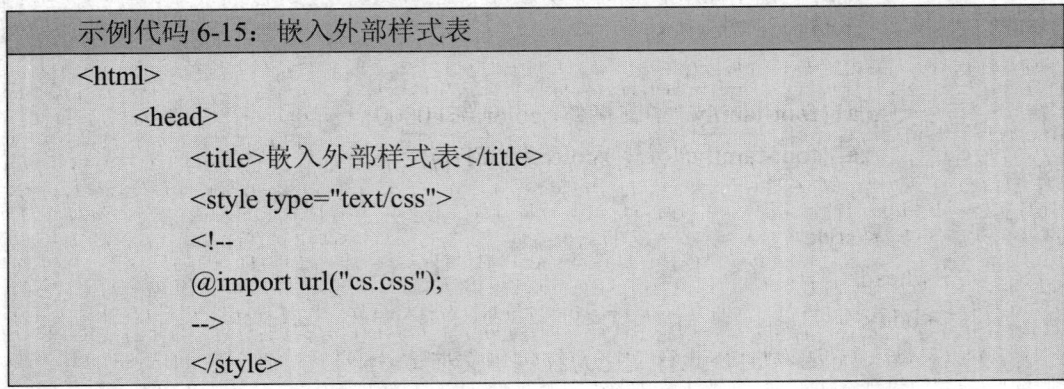

示例代码 6-15：嵌入外部样式表

```
<html>
    <head>
        <title>嵌入外部样式表</title>
        <style type="text/css">
        <!--
        @import url("cs.css");
        -->
        </style>
```

```
    </head>
    <body bgcolor="lightyellow">
        <center class="text">
        欢迎光临<i>迅腾科技</i>欢迎光临
        </center><br/><br/>
        <center>
        <img src="images/top.jpg">
        </center>
    </boby>
</html>
```

在浏览器中打开这个网页，其效果如图 6-15 所示

图 6-15　嵌入外部样式表

所引用的 CSS 文件“cs.css”内容如下。

cs.css 文件

```
center.text{font-family:"华文彩云";font-size:25px}
i{color:green;font-size:50pt}
img{height:100px}
```

2. 以链接方式调用 CSS 文件

以链接方式调用 CSS 文件：

代码 6-16：链接外部样式表

```
<html>
    <head>
        <title>链接外部样式表</title>
        <link type="text/css" rel="stylesheet" href="cs.css">
```

```
        </head>
        <body bgcolor="lightyellow">
            <center class="text">
            欢迎光临<i>迅腾科技</i>欢迎光临
            </center><br><br>
            <center>
            <img src="images/top.jpg">
            </center>
        </body>
    </html>
```

在浏览器中打开这个网页，其效果如图 6-16 所示。

图 6-16 链接外部样式表

由于引用的是同一个 CSS 文件，其效果和图 6-15 一样。两种调用方法所不同的除了格式外，嵌入引用 CSS 文件要先复制文件的内容，而链接引用是直接读取 CSS 文件的。理论上当 CSS 文件很大时用链接，反之则用嵌入。现实中由于 CSS（其实就是文本）文件非常小，所以两种引用方式没有多大差别。

6.4.3 CSS 的调用顺序

上面介绍了几种 CSS 和 HTML 结合的方式，但是还要考虑到一点，就是以上几种方式同时出现时，浏览器究竟会怎样处理？利用“style”属性在 HTML 标记中直接定义样式的方法最优先，其他样式的定义方法则没有先后顺序，浏览器将选择最后定义的样式来显示网页内容。

CSS 的调用顺序：

示例代码 6-17：CSS 的调用顺序

```
<html>
    <head>
        <title>CSS 的调用顺序</title>
        <link type="text/css" rel="stylesheet" href="cs.css">
        <style type="text/css">
        <!--
        @import url("cs2.css");
        -->
        </style>
    </head>
    <body bgcolor=lightyellow>
        <center class="text">
        欢迎光临<i>迅腾科技</i>欢迎光临
        </center><br><br>
        <center>
        <img src="images/top.jpg">
        </center>
    </body>
</html>
```

在浏览器中打开这个网页，其效果如图 6-17 所示。

图 6-17　CSS 的调用顺序

所引用的 CSS 文件“cs.css”内容同上，“cs2.css”内容如下。

cs2.css 文件

```
center.text{font-family:隶书;color:blue;font-size:20px}
i{color:red;font-size:60px}
img{height:100}
```

可以看到在“cs.css”和“cs2.css”文件中都对“<center>“ “<i>”标记所控制的文字字体、字号、和颜色进行了定义。结果文字呈现的字体是最后一个设置，即“cs2.css”中定义的“隶书”，字号和颜色也一样，即最后一个对 HTML 标记直接定义的“蓝色、20 像素”和“红色、60 像素”。

6.4.4 CSS 的继承性质

1. 包含继承

在网页设计中，如果标记套标记，外层定义了样式而内层没有，内层会怎样显示呢？

示例代码 6-18：CSS 的包含继承

```
<html>
    <head>
        <title>CSS 的包含继承</title>
        <style type="text/css">
        <!--
        h1{color:blue}
         -->
        </style>
    </head>
    <body>
        <h1>欢迎光临<i>迅腾科技</i>欢迎光临</h1>
    </body>
</html>
```

在浏览器中打开这个网页，其效果如图 6-18 所示。

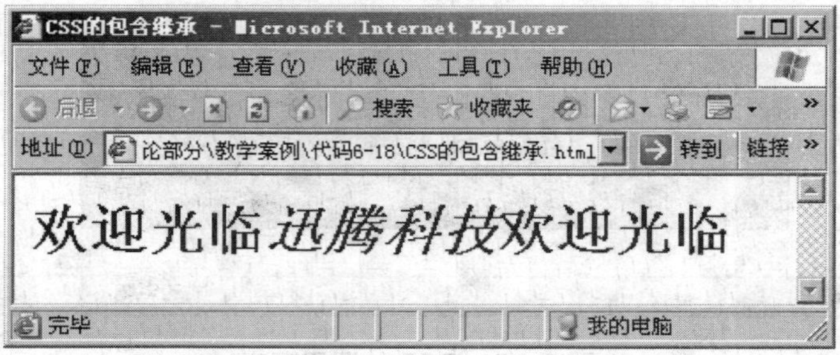

图 6–18 CSS 的包含继承

结果很显然，内层没有定义样式，但受到了外层文字颜色定义的影响，文字变成了蓝色。

2. 定义冲突

在网页设计中，如果标记套标记，内、外标记分别定义了不同的样式，外层会影响到内层吗？

示例代码 6-19：CSS 的定义冲突

```
<html>
    <head>
        <title>CSS 的定义冲突</title>
        <style type="text/css">
        <!--
        h1{color:blue}
        i{color:red}
        -->
        </style>
    </head>
    <body>
        <h1>欢迎光临<i>迅腾科技</i>欢迎光临</h1>
    </body>
</html>
```

在浏览器中打开这个网页，其效果如图 6-19 所示。

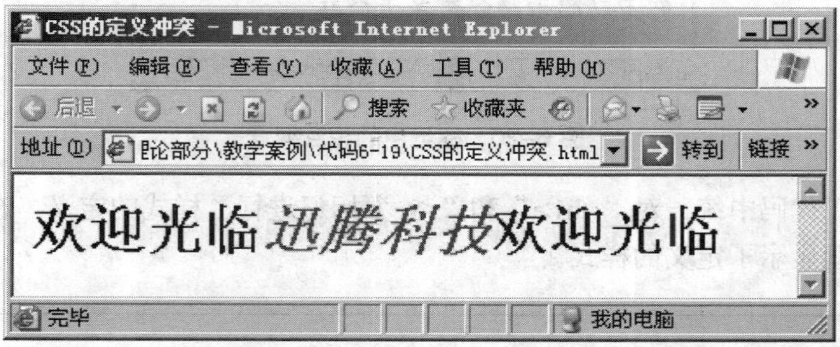

图 6–19　CSS 的定义冲突

结果很显然，外层文字是蓝色内层文字是红色的，外层并不影响内层，所以当 CSS 的定义发生冲突的时候，继承顺序是内层优先。

3. 标记中的相互继承

能否为多组 HTML 标记定义同一个样式呢？该样式又会怎样显示？

示例代码 6-20：标记中的相互继承

```
<html>
    <head>
        <title>标记中的相互继承</title>
        <style type="text/css">
```

```
        <!--
        h3 i{color:red}
        -->
        </style>
    </head>
    <body>
        <i>此为浏览器默认斜体文字样式</i><br>
        <h3>此为浏览器默认标题文字样式</h3><br>
        <h3><i>此为红色斜体标题文字样式</i></h3>
    </body>
</html>
```

在浏览器中打开这个网页，其效果如图 6-20 所示。

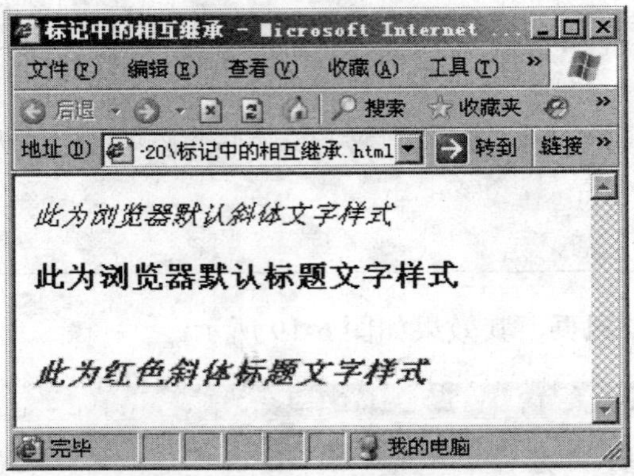

图 6-20 标记中的相互继承

可以看到，代码中统一对“<h1>”和“<i>”标记进行了样式的定义，在“<body>”部分同时使用，就显示了定义的样式。

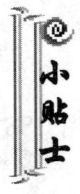

> **小贴士**
>
> 几个标记同时定义也要同时使用，且顺序一致才有效。

6.5 本章小结

本章介绍了美化网页的技巧、区域与层的概念、CSS 与 HTML 的结合。通过这些向大家讲解了 CSS 的高级应用。通过本章的学习，可以使大家掌握如何划分区域，合理编辑、组织网页控件并分层实现 3D 效果，把 CSS 从 HTML 独立出来，而且不用图像处理软件就能增添特效。

6.6　小结

- ✓ CSS 还能对超链接、滚动条、光标进行设置。
- ✓ CSS 和 3D 控件建立的关键是“z-index”。
- ✓ CSS 和 HTML 文件结合有链接和嵌入两种方法。

6.7　英语角

Shadow：阴影

6.8　作业

1. a:hover 是干嘛用的？
2. 设置一个带问号的光标是用________:help。
3. 建立三维空间是用______________属性。
4. CSS 继承顺序是__________优先。

6.9　学员回顾内容

1. 美化网页的常用方法。
2. 区域与层的概念、三维空间的建立。
3. CSS 与 HTML 的结合方式。

第 7 章　JavaScript 介绍

学习目标

✧ 理解 JavaScript 基本概念。
✧ 掌握 JavaScript 简单用法。

课前准备

一台安装了 Windows 操作系统和 Dreamweaver 的计算机。
复习上一章的内容。

7.1　本章简介

这一章我们介绍 JavaScript 的基本概念及其简单用法。先通过讲解 JavaScript 是什么，以及能用来做什么引出大家对它的认识，然后详细讲解 JavaScript 的数据类型、变量、操作符和表达式。通过本章的学习，大家能对 JavaScript 有一个初步的了解，并能进行一些简单的应用。

7.2　JavaScript 概念和编辑器介绍

JavaScript 语言的前身是 LiveScript。自从 Sun 公司推出著名的 Java 语言之后，Netscape 公司引进了 Sun 公司有关 Java 的程序概念，将自己原有的 LiveScript 重新进行设计，并改名为 JavaScript。

7.2.1　JavaScript 概念

JavaScript 是一种基于对象和事件驱动并具有安全性能的脚本语言，有了 JavaScript，可使网页变得生动。使用它的目的是与 HTML 超文本标识语言、Java 脚本语言一起实现在一个网页中链接多个对象，与网络客户交互作用，从而可以开发客户端的应用程序。它是通过嵌入或调入在标准的 HTML 语言中实现的。

（1）JavaScript 的优点

● 简单性。JavaScript 是一种脚本编写语言，它采用小程序段的方式实现编程，像其他脚本语言一样，JavaScript 同样也是一种解释性语言，它提供了一个简易的开发过程。它的基本结构形式与 C、C++、VB、Delphi 十分类似。但它并不像这些语言那样，需要先编译，而是在程序运行过程中被逐行地解释。它与 HTML 标识结合在一起，从而方便用户的使用操作。

● 动态性。JavaScript 是动态的，它可以直接对用户或客户的输入做出响应，无须经过 Web 服务程序。它对用户的响应，是采用以事件驱动的方式进行的。所谓事件，就是指在主页中执行了某种操作时所产生的动作，比如按下鼠标、移动窗口、选择菜单等都可以视为事件。当事件发生后，可能会引起相应的事件响应。

● 跨平台性。JavaScript 是依赖于浏览器本身，与操作环境无关，只要能运行浏览器的计算机，并支持 JavaScript 的浏览器就可以正确的执行。

● 安全性。JavaScript 不允许用户访问硬盘，不允许对网络中的文档进行修改和删除。

● 高效性。随着 WWW 的迅速发展，有许多 WWW 服务器提供的服务需要与浏览器进行交流，明确浏览器的身份、所需服务的内容等等，这项工作通常由用户程序与服务器进行交互来完成。很显然，通过网络与用户的交互过程一方面增大了网络的通信量，另一方面影响了服务器的服务性能。JavaScript 是一种基于客户端浏览器的语言，用户在浏览网页时，填表、验证的交互过程只是通过浏览器对调入 HTML 文档中的 JavaScript 源代码进行解释执行来完成的，大大减少了服务器的开销。

（2）JavaScript 的缺点

● 轻量级。其他轻量级语言有的缺点，JavaScript 也一样会有。比如不严格的数据类型。

● 非面向对象。无法模拟现实，解决庞大复杂的问题。因为不支持自定义类、封装、继承和多态等等。

（3）JavaScript 与 Java、JSP 的区别

尽管 JavaScript 语言和 Java 语言是相关的，前者参考了后者的语法，但它们之间的联系并不像想象中的那样紧密。

首先，它们是两个公司开发的不同的两个产品。Java 是 Sun 公司推出的；而 JavaScript 是 Netscape 公司推出的。

其次，JavaScript 是基于对象的脚本语言，而 Java 是面向对象的程序设计语言。

二者其他方面的区别还有很多，待大家学到 Java 的时候就知道了。

JavaScript 语言和 JSP 名字看起来非常类似，不少人都以为 JSP 是 JavaScript 的缩写，其实二者根本没什么关系。

JSP 是以 Java 语法为基础的一种运行在服务器端的程序；JavaScript 虽然也是以 Java 语法为基础，但它大多运行在客户端浏览器上。

（4）JavaScript 的流派

众多的厂商以他们各不相同的标准自立门户，形成各种不同流派，迫使我们什么都得懂，这也是计算机学习中让初学者感到困扰的事情，还好 JavaScript 不像 Unix/Linux 或者数据库管理系统（DBMS）那样流派众多。

JavaScript 最主要的流派同 Java 的走向一样，分为微软派和非微软派。由于微软目前是世界第一大软件公司，且凭借 Windows 操作系统在业界的霸主地位，强行捆绑 Internet

Explorer 浏览器，使之理所当然地成为浏览器市场份额第一，进而微软推出自己的 JavaScript，起名叫 JScript。

而由 JavaScript 的发起者 Netscape（网景）公司开发的，后来由 ECMA（欧洲计算机制造商协会）统一制订标准的 ECMA JavaScript，得到了 20 多家业界公司的广泛支持，一直以“正统”身份在与微软的 JScript 鏖战不休。

因此，除了 Internet Explorer，其他所有的浏览器——Netscape Navigator、Opera、Firefox、AOL Explorer 甚至 Safari，统统兼容 ECMA JavaScript。但是一般网页开发者还是基于 JScript 开发网页，因为毕竟获得再多厂商的支持，也不如让市场说话来得实在——客户用 IE 还是远多于 NN（Netscape Navigator）之类其他浏览器的。

由于此两大流派稍有不同，所以我们学习的内容参照它们之间大部分的共同点，即 JavaScript 的核心语法为主，个别因两者差异或浏览器差别而引起的显示问题，还要看具体情况。

（5）JavaScript 用法

同 CSS 一样，JavaScript 可以直接在 HTML 中使用，也可以单独放在一个后缀为“.js”的文件里以供需要的 HTML 文件调用。

JavaScript 程序可以放在：

- HTML 网页的“<head></head>”里；
- HTML 网页的“<body></body>”里；
- 外部.js 文件里。

JavaScript 在“<head></head>”之间：有时候并不需要载入 HTML 就运行 JavaScript，而是用户点击了 HTML 中的某个对象，触发了一个事件，才需要调用 JavaScript。这时候，通常将这样的 JavaScript 放在 HTML 的<head></head>里。

```
<html>
    <head>
        <script type="text/javascript">
        ......
        </script>
    </head>
    <body>
    </body>
</html>
```

JavaScript 在“<body></body>”之间：当浏览器载入网页 body 部分的时候，就执行其中的 JavaScript 语句，执行之后输出的内容就显示在网页中。

```
<html>
    <head>
    </head>
    <body>
```

```
        <script type="text/javascript">
        ....
        </script>
    </body>
</html>
```

现在通常将以上代码中的 script type="text/javascript"写成 script language="javascript"，二者等效。

JavaScript 放在外部文件里：假使某个 JavaScript 的程序被多个 HTML 网页使用，最好的方法是将这个 JavaScript 程序放到一个后缀名为“.js”的文本文件里。

这样做，可以提高 JavaScript 的复用性，减少代码维护的负担，不必将相同的 JavaScript 代码拷贝到多个 HTML 网页里，将来一旦程序有所修改，也只要修改.js 文件就可以，不用再修改每个用到这个 JavaScript 程序的 HTML 文件。

在 HTML 里引用外部文件里的 JavaScript，应在<head></head>里写一句

<script src = "文件名"></script>

其中 src 的值就是 JavaScript 所在文件的文件路径。示例代码如下：

```
<html>
    <head>
        <script src="C:\common.js"></script>
    </head>
    <body>
    </body>
</html>
```

以上示例里的 common.js 其实就是 C 盘的一个文本文件，内容如下：

```
function clickme()
{
    alert("You clicked me! ");
}
```

（6）第一个 JavaScript 示例

让我们马上通过下面这个例子对 JavaScript 有一个感性认识。它是直接写在 HTML 中的“<body></body>”标记里面的。

示例代码 7-1：JS 脚本

```
<html>
    <head>
        <title>JS 脚本</title>
    </head>
```

```
    <body>
        <script language="javascript">
        var yesno = confirm("愿意跟我一起进入迅腾国际学习吗？");
        if(yesno)
        {
            var name = window.prompt("请输入你的姓名：");
            document.write(name+":你好，欢迎成为迅腾国际学员！");
        }
        else
        {
            self.close();
        }
        </script>
    </body>
</html>
```

千万别被上面太多陌生的内容吓倒，以后我们都会系统地学习它们。按道理第一个程序不该给得这么复杂，可这里是希望大家关注该程序的运行结果，虽然它不太大，但极具逻辑性，让我们体验了程序设计的乐趣。

在浏览器中打开这个网页，会弹出如图 7-1 所示的窗口。

图 7–1　JS 脚本窗口

点选“取消”按钮，会弹出如图 7-2 所示的对话框。

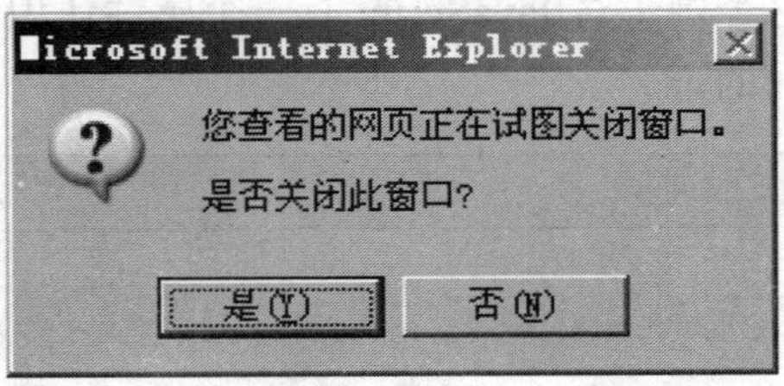

图 7–2　关闭对话框

假若点选“否”按钮，网页会什么也不显示，如图 7-3 所示。

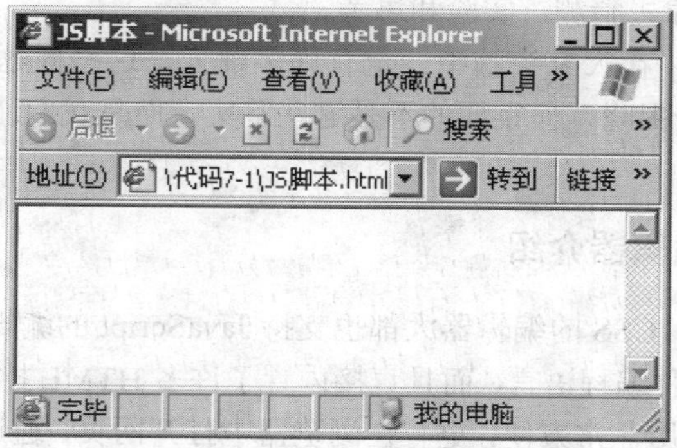

图 7–3　点选“否”按钮后的页面

假若点选“是”按钮，会关闭上图所示的网页，什么也没有了。

假若在第一步（图 7-1）点选“确定”按钮，会弹出如图 7-4 所示的提示。

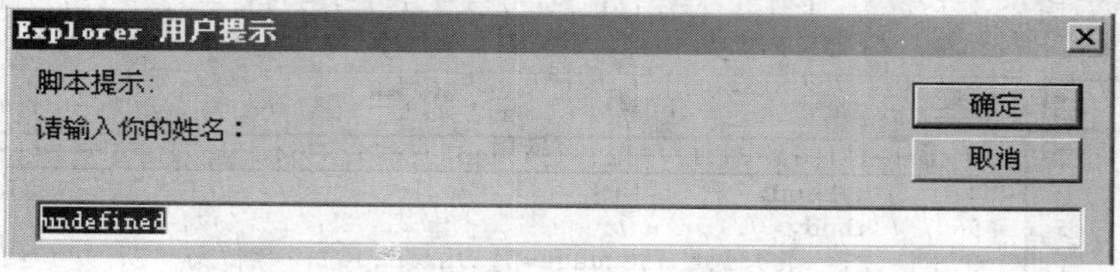

图 7–4　Explorer 用户提示

假若点选“取消”按钮，网页会显示如图 7-5 所示页面。

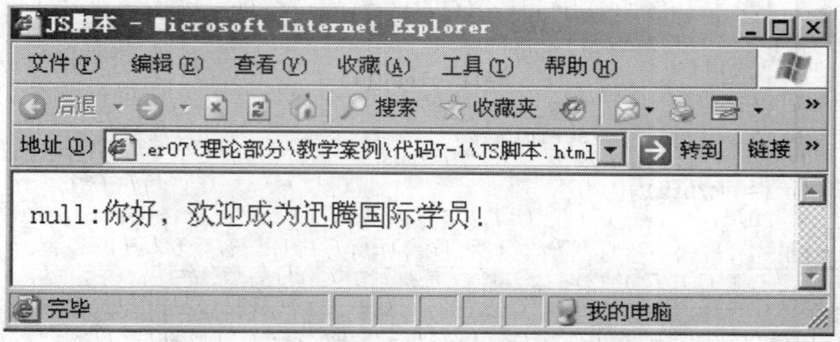

图 7–5　点选“取消”按钮后的页面

假若直接点选“确定”按钮，会显示如图 7-6 所示网页。

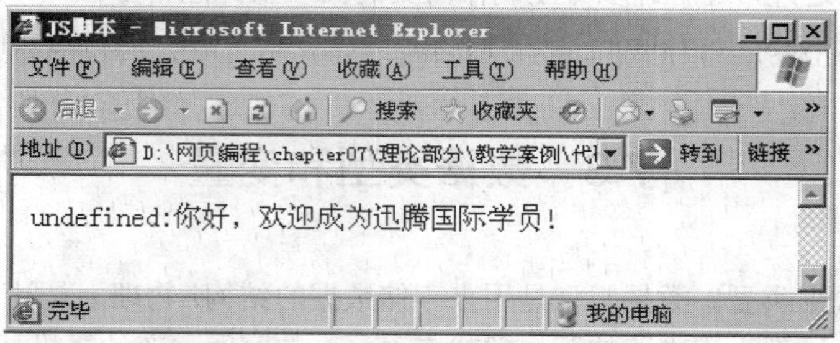

图 7–6　点选“确定”按钮后的页面

假若在“undefined”处换上你的姓名，或者随便什么字符串，点选“确定”按钮，网页会怎样显示呢？留给大家去猜测，实验和思考。

看了上面这个例子，在大家头脑中一定有许多疑云，这些问题的谜底我们都将在以后JavaScript 的学习中逐个揭晓，但重要的不是这些答案，而是我们通过这个例子得到了什么经验和启发。

7.2.2 JavaScript 编辑器介绍

其实只要是 HTML、CSS 的编辑器大都也支持 JavaScript 的编辑，比如著名的商业软件EditPlus。它不仅支持多种编程语言，而且直接内置了许多 HTML 控件（其他控件可以下载，或者自己编程制作），使用非常方便，更有在浏览器中打开网页、通过 FTP 远程访问和修改，通过外挂工具支持程序语言的编译运行等高级功能。

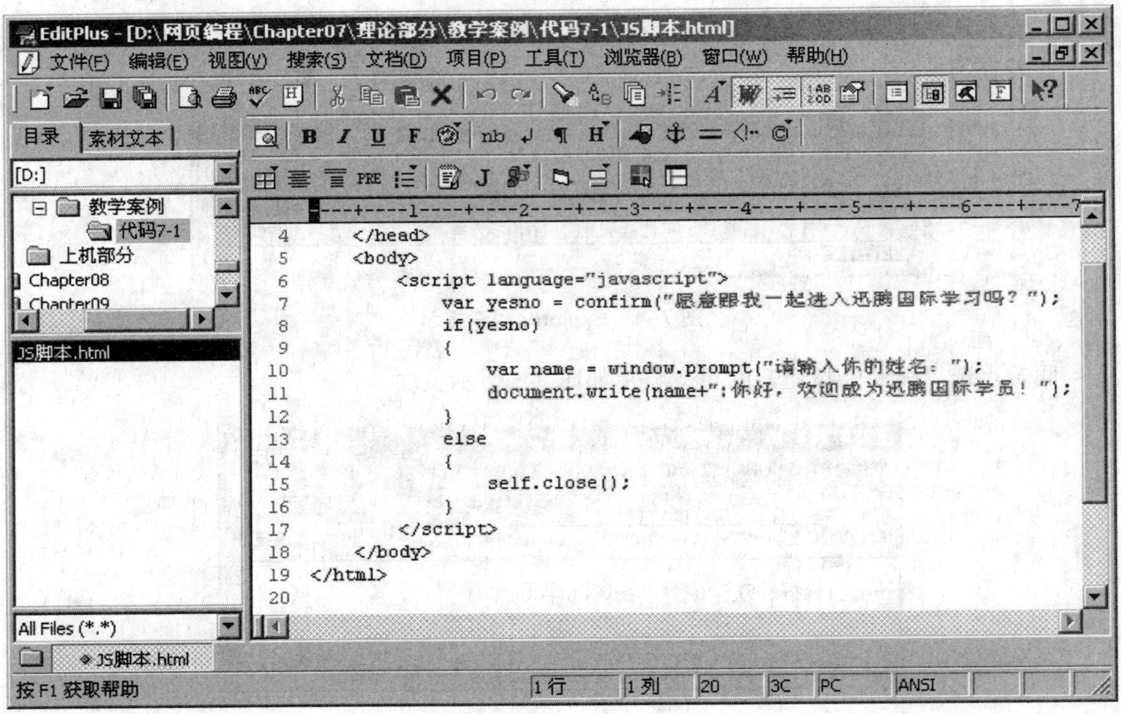

图 7–7 EditPlus 界面

除了 EditPlus 之外，还有许多专业制作网页的商业软件也十分强悍，其中比较著名的有JavaScript Plus 和 JavaScript Editor。同学们以后可以多去了解一些别的软件。

7.3 数据类型和变量

为什么要有数据类型？数据类型是用来存储数据的结构，物理上是计算机存储部件开辟的用来容纳数据（硬件上用电路的开、关状态表示）的空间。在计算机基础课中我们讲过，使用计算机主要目的为了处理数据，提高我们的工作效率，那么待处理的数据是以什么形态存在于硬件中以及怎样存储，我们并不关心，只要集中精力在它的外在表现——数据类型上就行了。所以学习任意一门计算机程序设计语言，最基本的先要学它支持的数据类型。

7.3.1 JavaScript 的数据类型

JavaScript 的基本数据类型有数值型（包括整数和实数）、字符型（包括在""和''之间的字符串或字符）、布尔型（使用 true 或 false 表示）和空值 4 种。

整数型 可以是正整数，负整数和 0。可以用十进制，八进制和十六进制来表示。在 JavaScript 中大多数字是用十进制表示的。加前缀“0”表示八进制的整型值，只能包含 0 到 7 的数字。前缀为“0”同时包含数字“8”或“9”的数被解释为十进制数。加前缀“0x”（零和 x 或 X）表示十六进制整型值。可以包含数字 0 到 9，以及字母 A 到 F（大写或小写）。使用字母 A 到 F 表示十进制 10 到 15 的单个数字。就是说 0xF 与 15 相等，同时 0x10 等于 16。八进制和十六进制数可以为负，但不能有小数位，同时不能以科学计数法（指数）表示。

实数型 可以带小数部分的数，也可以用科学计数法来表示。这就是说，大写或小写“e”用来表示 10 的次方。JavaScript 中数字最大可以到±1.7976931348623157*10+308，最小到±5*10-324。以“0”开始且包含小数点的数字被解释为小数浮点数。注意以“0x”或“00”开始并包含小数点的数将发生错误。

另外，JavaScript 包含特殊值数字。例如“NaN（Not a Number，不是一个数字）”。当对不适当的数据（比如字符串或未定义值）进行数学运算时会给出这样一个结果。还有“正 0”和“负 0”。JavaScript 区分正 0 和负 0。

布尔型（boolean） 数据只有两个值。它们是 true 和 false。boolean 类型常用来判断一个状态的有效性（说明该状态为真或假）。

空值型（null） 只有一个值，它就是 null。关键字 null 不能用作函数或变量的名称。包含 null 的变量包含“无值”或“无对象”。换句话说，该变量没有保存有效的数、字符串、boolean、数组或对象。通常用 null 来清除变量的内容。

7.3.2 变量的声明和作用域

上述这些基本数据类型分为常量和变量两种。

常量，是指在整个计算（程序进行数据处理）的过程中值不会发生改变的量。

例如计算英制和公制的转换，在此过程中，可以把不变的因素，即转换率设置为常量，不论怎样计算，都不用重复设置那同一个不会改变的量。

变量，是指在计算的过程中可以改变的量，主要用作数据的存储容器。

例如计算一个方程式（或组），把未知数设置为变量，是理所当然的也最好理解的方法，不论那个值究竟有多少个（或组），用一个变量代表就可以了。

对于变量，必须明确变量的命名、变量的类型、变量的声明、变量的作用域。

JavaScript 的变量必须以字母或下划线开头，可以由字母、数字、下划线组成的字符串，但中间不能有空格和其他特殊字符。不能使用 JavaScript 的内部关键字和保留字作为变量名。

表 7-1 JavaScript 的关键字

break	case	catch	continue	debugger	default
delete	do	else	false	finally	for
function	if	in	instanceof	new	null
return	switch	this	throw	true	try
typeof	var	void	while	with	

表 7-2 JavaScript 的保留字

abstract	boolean	byte	char	class	const
double	enum	export	extends	final	float
goto	implements	import	int	interface	long
native	package	private	protected	public	short
static	super	synchronized	throws	transient	volatile

JavaScript 中的变量类型同基本数据类型，用 var 来表示及声明，如：

var Myvar;

在具体使用时将变量按照赋值的类型进行处理，如：

```
Myvar=100;      //整数
Myvar=10.0;     //实数
Myvar="12s";    //字符串
Myvar=true;     //布尔值
```

“//” 是 JavaScript 中的单行注释。

声明变量和赋值有以下几种方法：

√ 一次声明一个变量。例如：var a;

√ 同时声明多个变量，变量之间用逗号相隔。例如：var a,b,c;

√ 声明一个变量时，同时赋予变量初始值。例如：var a=2;

√ 同时声明多个变量，并且赋予这些变量初始值，变量之间用逗号相隔。例如：var a=2,b=5;

JavaScript 变量同样也有作用域。

作用域，顾名思义，是指数据的作用范围。在整个程序进行期间都有效的变量叫做全局变量，在程序中的某一段有效的变量叫做局部变量，一般来说，这“一段”是指函数体或代码块。

7.4 操作符、表达式

为什么要有操作符？当我们对数据进行处理的时候，总要约定一个规则。比如两个数字的运算，究竟是要用加法还是乘法，过程不同得到的结果必然不同。同理我们要和计算机交互，就有必要让计算机知道我们想做什么，我们通过数学运算符进行运算，那么计算机也需要操作符来操作。

7.4.1 JavaScript 的操作符

JavaScript 中的操作符可以分为单目运算符、双目运算符、三目运算符。

所谓单目运算符，就是所操作的只有 1 个数字。详细见表 7-3。

表 7–3　单目运算符

运算符	说明
!	“取反”运算符，应用在位运算或逻辑运算当中
~	“取补”运算符，应用在位运算当中
++	“递加 1”运算符，每次执行一次，让数值加 1
--	“递减 1”运算符，每次执行一次，让数值减 1

所谓双目运算符，就是所操作的要有 2 个数字。详细见表 7-4。

表 7–4　双目运算符

运算符	说明
+	“加”运算符，应用在算数运算当中
-	“减”运算符，应用在算数运算当中
*	“乘”运算符，应用在算数运算当中
/	“除”运算符，应用在算数运算当中
%	“取模”运算符，也就是求余数，应用在算术运算当中
|	“按位或”运算符，也是“逻辑或”运算符，应用在算术运算当中
&	“按位与”运算符，也是“逻辑与”运算符，应用在算术运算当中
<<	“左移”运算符，应用在位运算当中
>>	“右移”运算符，应用在位运算当中
>>>	“右移，填充零”运算符，应用在位运算当中
<	“小于”运算符，应用在比较运算当中
>	“大于”运算符，应用在比较运算当中
<=	“小于等于”运算符，应用在比较运算当中
>=	“大于等于”运算符，应用在比较运算当中
==	“等于”运算符，应用在比较运算当中
!=	“不等于”运算符，应用在比较运算当中
&=	“与之后赋值”运算符，应用在逻辑运算当中
|=	“或之后赋值”运算符，应用在逻辑运算当中
^=	“异或之后赋值”运算符，应用在逻辑运算当中
^	“异或”运算符，应用在逻辑运算当中
&&	“与”运算符，应用在逻辑运算当中
||	“或”运算符，应用在逻辑运算当中

所谓三目运算符，就是所操作的要有 3 个数字。该运算符只有一个“?:”，例如“x?y:z”表示当 x 为真时结果为 y，x 为假时结果为 z。

上面介绍了许多运算符，初学的时候难免看了头晕，事实上除了少数使用很频繁之外，一些运算符并不常用。况且可以在往后的学习当中通过实践来理解它们的用法。

7.4.2 JavaScript 表达式

表达式，就是常量、变量、操作符的集合。它经常用来进行计算（处理数据）。

如：h=i+j;

JavaScript 的表达式（expressions）相当于 JavaScript 语言中的一个短语，这个短语可以判断或者产生一个值，这个值可以是任何一种合法的 JavaScript 类型——数字，字符串，对象等。最简单的表达式是字符，举例如下：

```
3.9                          //数字字符
"Hello"                      //字符串字符
false                        //布尔字符
null                         //null 值字符
{x:1,y:2}                    //对象字符
[1,2,3]                      //数组字符
function(x){return x*x;}     //函数字符
```

以下是比较复杂的表达式示例：

```
var anExpression=3*(4/5+6);
var aSecondExpression=Math.PI*radius*radius;
var aThirdExpression=aSecondExpression+"%"+anExpression;
var aFourthExpression="("+aSecondExpression+")%("+anExpression+")";
```

在 JavaScript 语言中，使用等号“=”表示变量赋值。等号左边的值可以是变量、数组元素、对象属性。等号右边的值可以是任何类型的值，包括表达式。例如 x=8 表示将整数 8 赋值给变量 x 这个变量。

在 JavaScript 语言中，要判断两个值是否相等，不用等号，而是用两个等号“= =”来表示。例如：x= =8 表示 x 等于 8。

7.5 本章总结

通过本章的学习，可以使大家理解 JavaScript 的基本概念，掌握 JavaScript 的简单用法。

7.6 小结

- ✓ JavaScript 和 Java、JSP 是有区别的。
- ✓ JavaScript 可直接写到 HTML 中，也可写到独立的“.js”文件中由 HTML 文件引用。

✓ JavaScript 写在“<script>”标记中，而“<script>”标记可以在“<head>”标记中，也可以在“<body>”标记中。

7.7　英语角

debug：除错，调试工具
script：剧本，手稿
variable：变量，可变物

7.8　作业

1．JavaScript 的基本数据类型有_____种，它们是______________________。
2．什么是常量，什么是变量？
3．三目运算符“?:”的含义？

7.9　思考题

“<!-- -->”能否也在 JavaScript 上，该怎样使用？

7.10　学员回顾内容

1．JavaScript 的数据类型；
2．变量的声明和作用域；
3．JavaScript 的操作符；
4．表达式。

第 8 章　JavaScript 的句型

学习目标

✧ 理解 JavaScript 的句型种类。
✧ 掌握 JavaScript 的句型用法。

课前准备

一台安装了 Windows 操作系统和 Dreamweaver 的计算机。

复习上一章的内容。

8.1 本章简介

这一章我们介绍 JavaScript 的语句。JavaScript 的语句和其他语言差不多，所以学好 JavaScript 有利于将来举一反三，提高对其他语言的学习效率。

像很多其他编程语言一样，JavaScript 也是用文本格式编写的，由语句（statements），块（blocks）和注释（comments）构成。块（blocks）是由一些相互有关联的语句构成的语句集合。在一条语句（statement）里，你可以使用变量，字符串和数字（literals），以及表达式（expressions）。

1. 语句（Statements）

一个 JavaScript 程序就是一个语句的集合。一条 JavaScript 语句相当于一个完整的句子。JavaScript 语句将表达式用某种方式组合起来，得以完成某种任务。

一条语句包含一个或多个表达式，关键词（keywords）和运算符（operators）。一般来说，一条语句的所有内容写在同一行内。不过，一条语句也可以写成多行。此外，多条语句也可以通过用分号“;”分隔，写在同一行内。

建议将每条语句以显示的方式结束，即在每条语句最后加分号“;”来表示该条语句的结束。

以下是几个语句的示例：

```
var aBird="Robin";
```

上面这个语句表示将"Robin"这个字符串赋值给变量 aBird。

```
var today=new Date();
```

上面这个语句表示将今天的日期值赋值给变量 today。

2. 块（Blocks）

通常来说，用{}括起来的一组 JavaScript 语句称为块。块通常可以看作是一条单独的语句。也就是说，在很多地方，块可以作为一条单个的语句被其他 JavaScript 代码调用。但是以 for 和 while 开头的循环语句例外。另外要注意的是，块里面的每条语句以分号“;”表示结束，但是块本身不能用分号。

块通常用于函数和条件语句中。下面的例子中，{}中间的 5 个语句构成一个块，而最后三行语句，不在块内。

```
function convert(inches){
    feet=inches/12;
    miles=feet/5280;
    nauticalMiles=feet/6080;
    cm=inches*2.54;
    meters=inches/39.37;
}
km=meters/1000;
kradius=km;
mradius=miles;
```

3. 注释（Comments）

为了增强程序的可读性，以及在日后代码修改和维护时，更快理解代码，你可以在 JavaScript 程序里为代码写上注释。

在 JavaScript 语言里，用两个斜杠//来表示单行注释。

例句：

```
aGoodIdea="Comment your code thoroughly . ";   //这是单行注释
```

多行注释则用/*表示开始，*/表示结束。

例句：

```
/*
    这是多行注释行 1
    这是多行注释行 2
*/
```

推荐使用多行的单行注释来代替多行注释，这样有助于将代码和注释区分开来。

国外教材将程序语句按逻辑分为判断和循环两种，而国内传统教材则按结构将其分为顺序，选择，循环三种。国内外教材的这两种说法都没错，因为除了那两种特殊情况之外，程序语句都是顺序执行的。

8.2 判断语句

判断是用来解决程序走到叉道时的问题。程序只能走一条路，可许多情况，我们都需要做出选择。这时候就要使用判断语句。判断语句分为单条件、双条件、多条件三种。

8.2.1 if 语句

if 语句就是用来解决单、双条件判断问题的。if 语句可以嵌套使用。

1. 普通 if 语句

单条件 if 语句的语法如下：

```
if(expression){
  statement1
}
```

这句语法的含义是，如果符合 expression 条件，就执行 statement1 代码，反之，则不执行 statement1 代码。

多条件 if 语句的语法如下：

```
if(expression){
  statement1
}
else
{
statement2
}
```

这句语法的含义是，如果符合 expression 条件，就执行代码 statement1，反之则执行代码 statement2。

下面的 JavaScript 示例就用到了 JavaScript 的 if 条件语句。首先用.length 计算出字符串“what’s up?”的长度，然后使用 if 语句进行判断，如果该字符串长度小于 100，就显示“该字符串长度小于 100。”

示例代码 8-1：一个使用 if 条件语句的 JavaScript 示例

```
<html>
    <head>
        <title>一个使用 if 条件语句的 JavaScript 示例</title>
    </head>
    <body>
        <script language= "Javascript">
        var vText = "what's up?";
        var vLen = vText.length;
        if(vLen<100)
        {
        document.write("<p>该字符串长度小于 100。</p>");
        }
        </script>
    </body>
</html>
```

在浏览器中打开这个网页，其效果如图 8-1 所示。

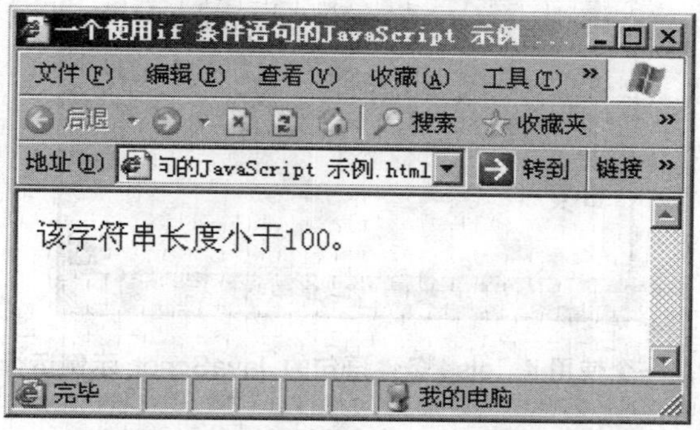

图 8-1　一个使用 if 条件语句的 JavaScript 示例运行结果图

下面的 JavaScript 示例使用了 if ...else 条件语句判断，如果 vHour 小于 17 ，显示“日安”，反之则显示“晚安”。

示例代码 8-2：一个使用 if...else 条件语句的 JavaScript 示例

```
<html>
    <head>
        <title>一个使用 if...else 条件语句的 JavaScript 示例</title>
    </head>
<body>
<script language="javascript">
        var vDay = new Date();
        var vHour = vDay.getHours();
        <!--实例化一个 Date 变量 vDay，然后调用它的 getHours()方法来获取当前时间-->
        if(vHour<17)
        {
        document.write("<b>日安</b>");
        }
        else
        {
        document.write("<b>晚安</b>");
        }
        </script>
    </body>
</html>
```

在浏览器中打开这个网页，其效果如图 8-2 所示（具体显示内容与当前的系统时间有关）。

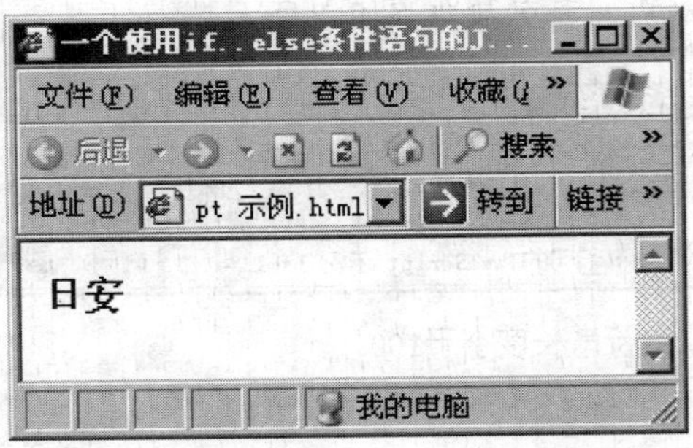

图 8-2 一个使用 if...else 条件语句的 JavaScript 示例运行结果图

2. if 语句的嵌套

if 语句也可以嵌套，以实现一定的多条件判断功能。

下面的 JavaScript 伪代码使用了 if...else 语句嵌套。如果“性别”（sex）是“女”，且“年龄”（age）在 18 至 24 岁之间，就“可以做我女朋友”，否则（“年龄”不符合）就“可以做我好朋友”，再否则（“性别”不为“女”）就“可以做我的朋友”。

```
var sex,age;
if(sex == "女")
{
    if(age >= 18 && age <= 24)
        alert("可以做我女朋友");
    else
        alert("可以做我好朋友");
}
else
    alert("可以做我的朋友");
```

下面的 JavaScript 伪代码将 if...else 语句连用。如果“成绩”（score）在 100(含）到 85（不含）之间，则提示“优秀”；如果成绩在 85（含）到 70（不含）之间，则提示“良好”；如果“成绩”在 70（含）到 60（含）之间，则提示“凑合”；如果“成绩”在 60（不含）到 0（含）之间，则提示“糟糕”；否则“成绩”大于 100 或小于 0，提示“电脑出问题了”。

```
var score;
    if(score <= 100 && score > 85)
        alert("您的成绩优秀");
else if(score <= 85 && score > 70)
        alert("您的成绩良好");
else if(score <= 70 && score >= 60)
        alert("您的成绩凑合");
else if(score < 60 && score >= 0)
        alert("您的成绩糟糕");
    else
```

```
        alert("电脑出问题了");
```

8.2.2　switch 语句

switch 条件语句的语法如下：

```
switch(expression)
{
    case label1:
statement1;
        break;
    case label2:
        statement2;
        break;
    …
    default:
        statementdefault;
}
```

这句语法的含义是，如果 expression 等于 lable1，则执行 statement1 代码；如果 expression 等于 label2，则执行 statement2 代码；依次类推。如果 expression 不符合任何一个 label，则执行 default 内的 statementdefault 代码。switch 条件语句中的 break，表示 switch 语句结束。如果没有使用一个 break 语句，则多个 label 块被执行。

下面的 JavaScript 示例使用了 switch 条件语句，根据星期天数的不同，显示不同的话。

示例代码 8-3：switch 示例

```
<html>
    <head>
        <title> switch 示例</title>
    </head>
    <body>
<script language="javascript">
        var d = new Date();
        theDay = d.getDay();
        <!--实例化一个 Date 变量 d，然后调用它的 getDay()方法来获取当前是
周几-->
        switch(theDay)
        {
        case 5:document.write("<b>总算熬到星期五了。</b>");break;
        case 6:document.write("<b>哈哈，周末啦！</b>");break;
        case 0:document.write("<b>明天又要上班，想想就烦。</b>");break;
        default:document.write("<b>每个工作日慢得都像蜗牛爬啊！</b>");
```

```
            }
        </script>
    </body>
</html>
```

在浏览器中打开这个网页，其效果如图 8-3 所示。

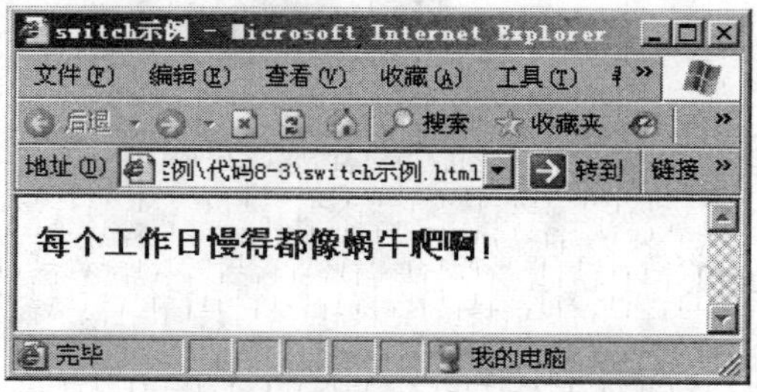

图 8–3 switch 示例运行结果图

该 JavaScript 示例首先将今天的日期值赋值给变量 d，然后用“getDay()”得出天数，赋值给变量 theDay，然后使用 switch 条件语句。如果 theDay 等于 5，表示是星期五；如果是 6，表示是星期六；如果是 0，表示是星期天；如果是其他数，表示是星期一到星期四的某一天。然后根据值的不同，显示不同的内容。

8.3 循环语句

循环用来解决程序需要重复执行时的问题。程序一般只做一遍步骤，可许多情况下，我们都需要进行重复操作。这时候就要用到循环。循环语句分为 for（由计数器控制）、for…in（对集合的每个元素都进行操作）、while（在循环的开头测试表达式）、do…while（在循环的末尾测试表达式）四种。

8.3.1 for 语句

for 语句用于有计数器控制的简单循环场合，for…in 语句是对集合中的每个元素进行操作。

1. 普通的 for 语句

for 循环语句制定了一个计数器变量，一个测试条件和更新计数器的行为。每次循环之前，都要测试条件。如果测试成功，则执行循环内的代码；如果测试不成功，则不执行循环内的代码，而是执行紧跟在循环后的第一行代码。当执行该循环时，计数器变量在下次循环前被更新。

如果循环条件一直不满足，则永不执行该循环。如果条件一直满足，则会导致无限循环。前一种，在某种情况下是需要的，但是后一种，基本不应发生，所以写循环条件时一定要注意。

for 循环语句示例如下：

示例代码 8-4：for 循环示例

```
<html>
    <head>
        <title>for 循环示例</title>
    </head>
    <body>
<script language="javascript">
        for(i = 0;i <= 5;i++)
        {
        document.write(i)
        document.write("<br>")
        }
        </script>
    </body>
</html>
```

在浏览器中打开这个网页，其效果如图 8-4 所示。

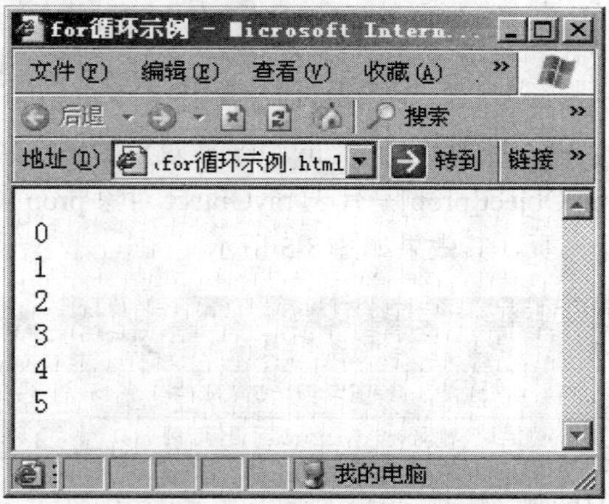

图 8–4　for 循环示例运行结果图

2. for…in 语句

for…in 循环中的循环计数器是一个字符串，而不是数字。它包含了当前属性的名称或者表示当前数组元素的下标。

并非只有 JavaScript 提供了这种特别的循环方式来遍历一个对象的所有用户定义的属性或者一个数组的所有元素，许多高级语言如 VB.NET、C#、Delphi 都提供了一个关键字 foreach，它也是用来遍历集合中的所有元素的。

for…in 循环语句示例如下：

示例代码 8-5：for…in 循环语句示例

```
<html>
```

```
    <head>
        <title>for…in 循环语句示例</title>
    </head>
    <body>
  <script language="javascript">
        //创建一个对象 myObject 以及三个属性 sitename,siteurl,sitecontent
        var myObject = new Object();
        myObject.sitename="迅腾科技";
        myObject.siteurl="http://news.xt-kj.com";
        myObject.sitecontent="天津迅腾滨海科技有限公司新闻站点";
        //遍历对象的所有属性
        for(prop in myObject)
        {
        document.write("属性 '"+prop+"'为 "+myObject[prop]);
        document.write("<br>");
        }
        </script>
    </body>
  </html>
```

for(prop in myObject) 中 prop 可以代表 myObject 对象的属性名，也可以代表它的下标。例如：myObject[prop]，myObject[prop]是代表 myObject 对象 prop 属性的值。

在浏览器中打开这个网页，其效果如图 8-5 所示。

图 8–5 for…in 循环语句示例运行结果图

8.3.2 while 语句

while 语句和 do…while 语句的区别是在循环的开头还是结尾测试表达式。

1. 普通的 while 语句

while 循环和 for 循环类似。其不同之处在于，while 循环没有内置的计数器或更新表达式。如果你希望控制语句或语句块的循环执行，不只是通过“运行该代码 n 次”这样简单的规则，而是需要更复杂的规则，则应该用 while 循环。

由于 while 循环没有显式的内置计数器变量，因此比其他类型的循环更容易产生无限循环。此外，由于不易发现循环条件是在何时何地被更新的，很容易编写一个实际上从不更新条件的 while 循环。因此在编写 while 循环时应该特别小心。

while 循环语句示例如下：

示例代码 8-6：while 循环示例

```
<html>
    <head>
        <title> while 循环示例</title>
    </head>
    <body>
        <p><script language="javascript">
        i=0;
        while(i <=5)
        {document.write(i + "<br>");i++; }
        </script></p>
    </body>
</html>
```

在浏览器中打开这个网页，其效果如图 8-6 所示。

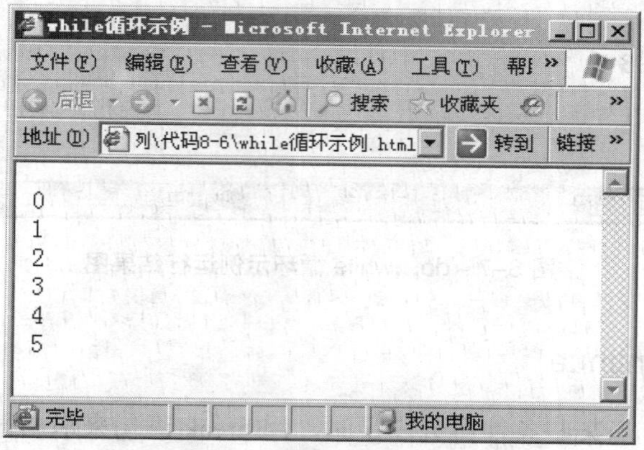

图 8–6 while 循环示例运行结果图

2. do…while

在 JavaScript 中还有 do…while 循环与 while 循环相似，不同之处在于它总是至少运行一次，因为它是在循环的末尾检查条件，而不是在开头。

do…while 循环语句的示例如下：

示例代码 8-7：do…while 循环示例

```
<html>
    <head>
        <title>do…while 循环示例</title>
```

```
    </head>
    <body>
<script language="javascript">
        i=0;
        do
        {
        document.write(i+"<br>");
        i++;
        }while(i<=5);
        </script>
    </body>
</html>
```

在浏览器中打开这个网页，其效果如图 8-7 所示。

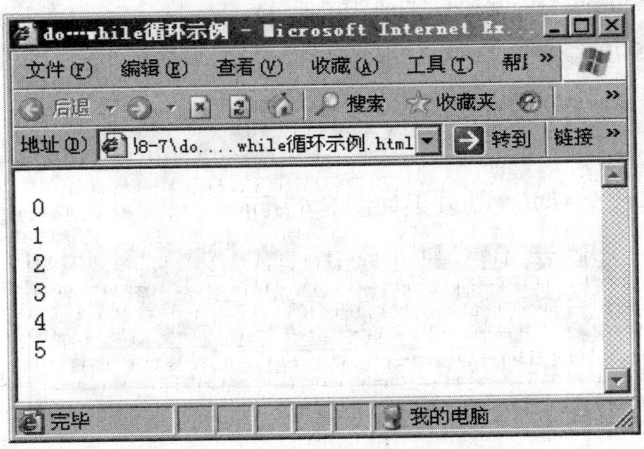

图 8–7　do…while 循环示例运行结果图

8.3.3　break 和 continue

在 JavaScript 中，当某些条件得到满足时，用 break 语句来退出循环的运行。（请注意，也用 break 语句退出一个 switch 块。参见 JavaScript 条件语句）。如果是一个 for 或者 for…in 循环，在更新计数器变量时如果使用 continue 语句，则跳过余下的代码块而直接跳到下一次循环中。

（1）break 示例

示例代码 8-8：break 示例

```
<html>
    <head>
        <title>break 示例</title>
        <script language="javascript">
```

```
            function BreakTest(breakpoint)
            {
            var i=0;
            var m=0;
            while(i<100)
            {  //当 i 等于 breakpoint 时，中断循环
            if(i==breakpoint)
            {
            break;
            }
            m=m+i;
            i++;
            }
            return (m);
            }
            </script>
        </head>
        <body>
    <script language="javascript">
            //设函数 BreakTest 参数 breakpoint 值为 23，得到从 1 加到 22 的合计
            document.write(BreakTest(23));
            </script>
        </body>
    </html>
```

在浏览器中打开这个网页，其效果如图 8-8 所示。

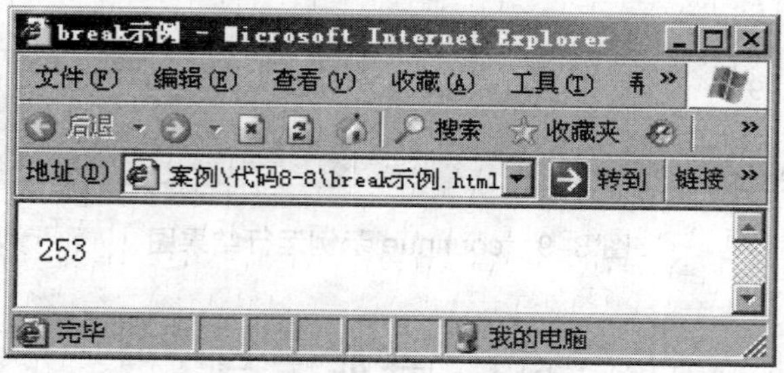

图 8–8　break 示例运行结果图

（2）continue 示例

示例代码 8-9：coutinue 示例

```
<html>
    <head>
```

```
        <title>coutinue 示例</title>
    </head>
    <body>
        <script language="javascript">
        var x;
        for(x=1;x<10;x++)
        {
        //如果 x 被 2 整除，则跳过后面代码，开始下一次重复
        //如果 x 不被 2 整除，则执行后面代码，输出 x
        if(x%2==0)
        {
        continue;
        }
        document.write(x+"<br>");
        }
        </script>
    </body>
</html>
```

在浏览器中打开这个网页，其效果如图 8-9 所示。

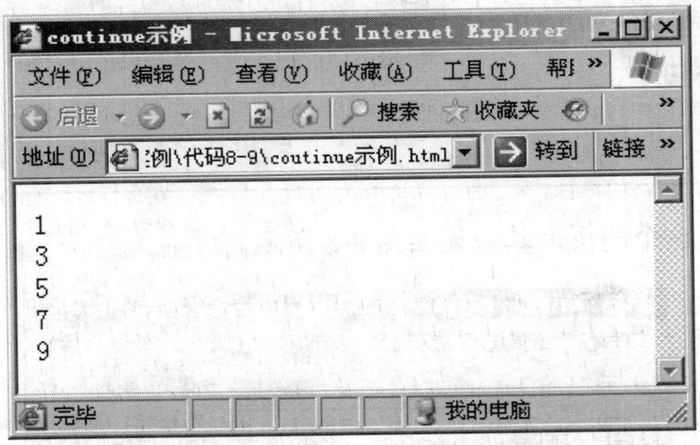

图 8-9　coutinue 示例运行结果图

8.4　其他语句

8.4.1　with 语句

经常会遇到这种情况，比如网页（文档）上有一个表单 form_dev，表单上有一个文本框 text_num，这个文本框有 3 个属性比如“value”“id”“name”我们要这样访问这 3 个属性：

document.form_dev.text_num..vlaue，document.form_dev.text_num..id，如果我们需要频繁访问这 3 个属性，那么这样长的 3 大串会让人很烦，且容易出错。此时就应该简化代码，具体方法是把经常要用的这个对象——表单 form_dev 上的文本框 text_num 设为默认值对象，用 with 语句代替它。

with 语句的格式如下：

```
with(object)
statements;
```

它的参数是 object（代表新的默认对象）和 statements（代表一个或多个语句，object 是该语句的默认对象）。

以上的问题我们可以用 with 来解决：

```
with(document. form_dev.text_num)
{
    //在这里可以直接访问 id、name、value 属性
    strid=id;        //此处 id 相当于 document. form_dev.text_num.id
    strname=name;
    strvalue=value;
}
```

在下面的例子中，请注意 Math 的重复使用：

```
x=Math.cos(3*Math.PI)+Math.sin(Math.LN10);
    y=Math.tan(14*Math.E);
```

当使用 with 语句时，代码变得更短且更易读：

```
with(Math)
{
x=cos(3*PI)+sin(LN10);
y=tan(14*E);
}
```

并非只有 JavaScript 提供了这种设置默认对象的语句，许多高级语言如 VB.NET、C#、Java、Delphi 都提供了 with 关键字。

8.4.2　try…catch…finally 语句

try…catch…finally 语句在 JavaScript 中的作用是实现错误处理。

在实际编写代码过程中，很长的一段代码，没人能保证它能够从头运行到尾，许多情况下，调试成功只是说明程序在语法上通过检查，并不意味着代码运行时系统不会出错。比如程序要访问的文件不存在，程序并没错，但运行时系统会提示找不到文件。再比如除 0、越界等等。各种运行时错误还有许多。

这时候就需要我们把怀疑会出错的代码包含在一个 try 块中，用 catch 指定可能是哪种异常，实在不知道会出什么错，就直接笼统的给出“exception（异常）”，然后在 catch 块中编写错误处理代码。如果不论是否出现异常都执行某一动作，还可以把动作放在 finally 块中。

try…catch…finally 的语法如下：

```
try
{
  tryStatements
}
catch(exception)
{
catchStatements
}
Finally
{
finallyStatements
}
```

它的参数是 tryStatements（必选项，可能发生错误的语句）、exception（可选项，任何变量名。exception 的初始化值是扔出的错误值）、catchStatements（可选项，处理在相关联的 tryStatements 中发生的错误的语句）、finallyStatements（可选项，在所有其他过程发生之后无条件执行的语句）。

try…catch…finally 语句提供了一种方法来处理可能发生在给定代码中的某些或全部错误，同时仍保持代码的运行。如果发生了程序员没有处理的错误，JavaScript 只给用户提供它的普通错误信息，就好像没有错误处理一样。

tryStatements 参数包含可能发生错误的代码，而 catchStatements 则包含任何发生了的错误的处理代码，如果在 tryStatements 中发生了一个错误，则该错误被传给 catchStatements 来处理。exception 的初始化值是发生在 tryStatements 中的错误值。如果错误不发生，则不执行 catchStatements。

如果在与发生错误的 tryStatements 相关的 catchStatements 中不能处理该错误，则使用 throw 语句来传播或重新扔出这个错误给更高级的错误处理程序来处理。

在执行完 tryStatements 中的语句，并在 catchStatements 的所有错误处理发生之后，可无条件执行 finallyStatements 中的语句。

请注意，即使在 try 或 catch 块中返回一个语句，或在 catch 块重新扔出一个错误，仍然会执行 finallyStatements 编码。一般情况下将确保 finallyStatements 的运行，除非存在未处理的错误（例如，在 catch 块中发生运行时错误）。

下面的例子阐明了 JavaScript 的错误处理是如何进行的。

示例代码 8-10：JavaScript 的错误处理

```
<html>
    <head>
        <title>JavaScript 的错误处理</title>
    </head>
    <body>
      <script language="javascript">
```

```
        try{
        print("Outer try running..");

        try{
        print("Nested try running…");
        throw "an error";
        }catch(e){
        print("Nested catch caught"+e);
        throw e+"re-thrown";
        }finally{
        print("Nested finally is running…");
        }
        }catch(e){
        print("Outer catch caught"+e);
        }finally{
        print("Outer finally running");
        }
        //Windows Script Host 做出该修改从而得出 WScript.Echo(s)
        function print(s)
        {
            document.write(s);
            document.write("<br>");
        }
        </script>
    </body>
</html>
```

运行将得出如图 8-10 所示结果。

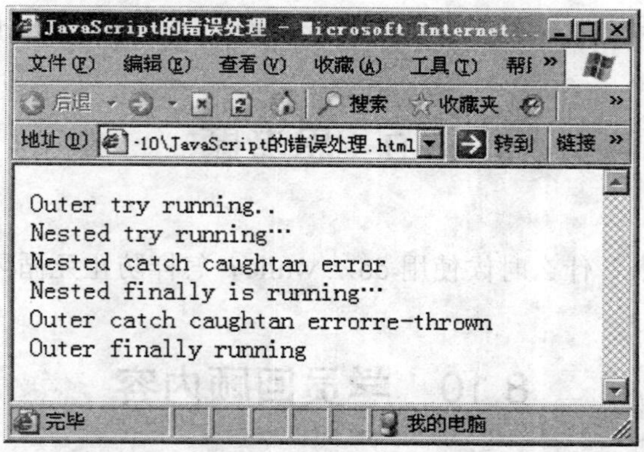

图 8-10 JavaScript 的错误处理

8.5 本章总结

本章介绍了 JavaScript 中判断、循环和其他语句的用法。在任何一种程序设计语言中，判断语句和循环语句都是最常用、最基本的流程控制语句。而其他语句中的设置默认对象和异常捕获，也都在几乎所有现在流行的计算机高级语言中出现。

8.6 小结

✓ 和判断相关的语句有 3 种：if、if…else 和 switch。
✓ 和循环相关的语句有 4 种：for、for…in、while 和 do…while。
✓ 其他语句主要有 with 和 try….catch…finally。

8.7 英语角

switch：切换、开关
exception：例外、异议
finally：最终、决定性的

8.8 作业

1．注释的作用是什么？JavaScript 有哪几种注释？分别怎么写？
2．JavaScript 以及通常的程序语句有哪几种结构？
3．with 语句的作用是什么？
4．为什么要捕捉异常？捕捉的语句是什么？各个部分的意思是什么?

8.9 思考题

什么时候使用 while？什么时候使用 do… while？怎样防止死循环？

8.10 学员回顾内容

1．循环语句；2．判断语句；3．其他语句。

第 9 章 JavaScript 的函数

学习目标

✧ 理解函数的概念。
✧ 掌握自定义函数的写法和系统函数的应用。

课前准备

一台安装了 Windows 操作系统和 Dreamweaver 的计算机。复习上一章的内容。

9.1 本章介绍

这一章我们介绍 JavaScript 中函数的概念、写法和内置函数的应用。先讲函数的概念，使大家了解程序中为什么要有函数。再讲定义函数的方式，即怎么自己写函数。最后讲了 JavaScript 常用的几个内置函数和对它们的应用，使大家对函数的认识提高到一个新的高度，达到学以致用之目的。

9.2 函数的概念

在结构化程序设计中，并不是把所有语句堆叠起来就能完成某一功能。因为这样的话一来在遇到相类似的情况时，各语句的利用率不高，重复工作量大；二来在程序编写过程中，不利于规划、组织和调试。所以一般总是把一个程序划分为若干个模块来执行，这些程序模块就是一个个函数。简而言之，函数就是为了完成一定功能而专门定义的一段程序。

9.2.1 函数概念的引入

在数学中就有函数的概念，表达式为 y=f(x)，其中 f 代表 x 和 y 之间的一种关系。这种关系是一对一的映射，即对于每一个 x 经过如此这般的 f 之后都有唯一的 y 与之相对应。什么意思呢？假如 y=x+3，那么这个 f 就是加 3，不论 x 取几，经过加 3 这个关系之后，都有一个 y 与 x 相对应（比 x 大 3）。

计算机中的函数概念和数学上一样。比如我们到欧洲去买酒，欧美对液体度量一般采用英制而我国是采用公制。当我们想了解一加仑折合多少公升时，就牵扯到一个单位转换的问题。我们是否可以通过编写一个小程序来计算英制转公制呢？这个程序有普遍性，因为它套用的是一个不变的（映射）关系，即不论实际中英制为多少，根据转换系数就可以知道它用公制表示是多少了。这个例子就适合用函数来做。

从上可知，函数的形态既然是 y=f(x)，那么显而易见它由 3 部分组成：参数(变量 x)、函数体（关系 f)、返回值（结果 y)。那么上面例子加仑转公升，可以写做 y=4x，这其中 4 与 x 之间按数学约定其实是乘法关系，计算机写作 4*x，因为一加仑对应 4 公升。

9.2.2 函数的分类

从上面的定义可以知道，函数不一定有返回值的，也不一定有参数。没有返回值或参数说明函数只是进行了一些动作。

一些定义非常规范的计算机语言（如 Delphi）把有返回值的进行了一番运算后并返回结果的叫函数；而把没有返回值，即只是执行了一系列动作的叫过程（procedure)。但一般情况下 JavaScript 并不按照有无返回值给函数分类，而是按照有无参数把函数分为有参数函数和无参数函数。

其实还有一种被广泛认可的分类方式（本书的章节编写也是采用此方式），把函数分为内置函数和自定义函数。所谓内置函数，就是任何一门计算机语言的创始人（或小组）把最经常用的函数事先编写出来放在一起，它也被形象地叫做“库”，故“内置函数”在其他语言或场合中也被称为“库”，目的是方便我们调用，节省时间，提高效率。而自定义函数就是我们自己严格按照函数定义方式编写的函数。

由此，我们得出了 JavaScript（也是其他任何计算机程序设计语言）中使用函数的普遍规则：一般情况下尽量直接使用内置函数。一来最常用功能它都有相应的函数，为我们节约了时间、提高了效率；二来编写这些内置函数的都是 JavaScript（或其他语言）的创立者（或组织)，换言之都是 IT 业界几十年的高手大腕，且这些程序经过无数人无数次的使用和检验，其运行效率和强壮性（程序中人为错误、意外崩溃次数越少，则越“强壮”）不言而喻，可以放心大胆地使用。如果我们在库函数中找不到需要的特定功能，不得已那只有自己动手编写（之后还要反复测试）了。

9.3 自定义函数

并非我们所需要的一切函数，程序语言的创立者（们）都已经帮我们完成好了，否则也不需要我们编程。事实上绝大多数情况下，因为需求的复杂多变，还是要我们自己动手，才能丰衣足食。正因为如此，学会编写自定义函数对计算机软件从业人员来说是非常重要的，也是编程的基本功。

9.3.1 函数的声明

JavaScript 中用关键字 function 来声明一个函数。具体格式是：

```
function  函数名(变量或参数列)
{
```

```
    函数体;  //一些语句、运算过程
    返回值;  //可选，一个值或表达式
}
```

9.3.2　函数的示例

（1）不带参数的 JavaScript 函数及其调用

示例代码 9-1：不带参数的 JavaScript 函数及其调用

```
<html>
    <head>
        <title>不带参数的 JavaScript 函数及其调用</title>
        <style type="text/css">
        div{border:1px solid blue;cursor:hand;width:100px;text-align:center;}
        </style>
        <script language="javascript">
        function clickme()
        {
        alert("哈哈！ 谢谢你刚才点了我啊！ ");
        }
        </script>
    </head>
    <body>
        <div onClick="clickme()">点击我吧</div>
    </body>
</html>
```

在浏览器中打开这个网页，其效果如图 9-1 所示。

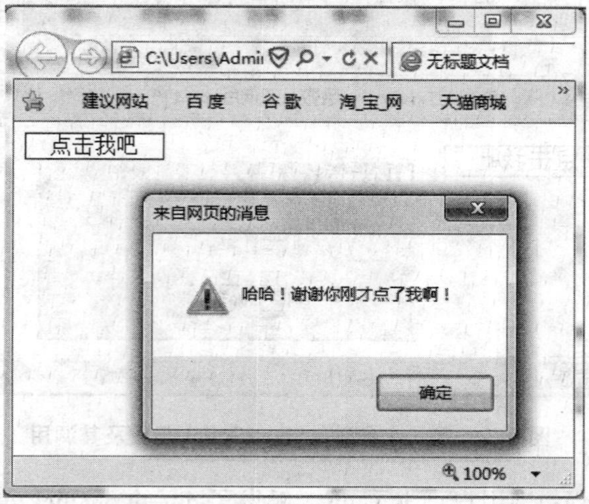

图 9–1　不带参数的 JavaScript 函数及其调用

JavaScript 代码解释：当用户点击了 div，触发了 div 的 onClick 事件，在 onClick 事件中又调用了 clickme 这个函数。函数 clickme 只有一句代码，就是用 alert 弹出一个写有内容的对话框。

（2）带一个参数的 JavaScript 函数及其调用

示例代码 9-2：带一个参数的 JavaScript 函数及其调用

```
<html>
    <head>
        <title>带一个参数的 JavaScript 函数及其调用</title>
        <style type="text/css">
        div{border:1px solid blue;cursor:hand;width:100px;text-align:center}
        </style>
        <script language="javascript">
        function clickme(txt)
        {
            alert(txt);
        }
        </script>
    </head>
    <body>
        <div onClick="clickme('Thank you for clicking me.')">点击我吧</div>
    </body>
</html>
```

在浏览器中打开这个网页，其效果如图 9-2 所示。

图 9-2 带一个参数的 JavaScript 函数及其调用

JavaScript 代码解释：当用户点击了 div，触发了 div 的 onClick 事件，在 onClick 事件中又调用了 clickme（txt）这个函数。这个函数带有一个参数 txt，当使用这个函数时，要写参数的内容，这个示例中，"Thank you for clicking me. "就是参数内容。如果改变参数内容，比如变成“谢谢你点击我呀”，当点击 div 时，就会弹出对话框，显示“谢谢你点击我呀”。

（3）有返回值的 JavaScript 函数及其调用

示例代码 9-3：有返回值的 JavaScript 函数及其调用

```
<html>
    <head>
        <title>有返回值的 JavaScript 函数及其调用</title>
            <script language="javascript">
        function mySite()
        {
        return("http://news.xt-kj.com");
        }
        </script>
    </head>
    <body>
            <script language="javascript">
        document.write(mySite());
        </script>
    </body>
</html>
```

在浏览器中打开这个网页，其效果如图 9-3 所示。

图 9–3　有返回值的 JavaScript 函数及其调用

JavaScript 代码解释：在网页 head 部分写了一个函数 mySite，返回值是“http://news.xt-kj.com”，然后在 body 里调用这个函数，显示这个函数的返回值。

（4）既有参数又有返回值的 JavaScript 函数及其调用

示例代码 9-4：既有参数又有返回值的 JavaScript 函数及其调用

```
<html>
    <head>
        <title>既有参数又有返回值的 JavaScript 函数及其调用</title>
```

```
        <script language="javascript">
        function getSum(a,b)
        {
        return(a+b);
        }
        </script>
    </head>
    <body>
        <script language="javascript">
        document.write(getSum(6,1));
        </script>
    </body>
</html>
```

在浏览器中打开这个网页，其效果如图 9-4 所示

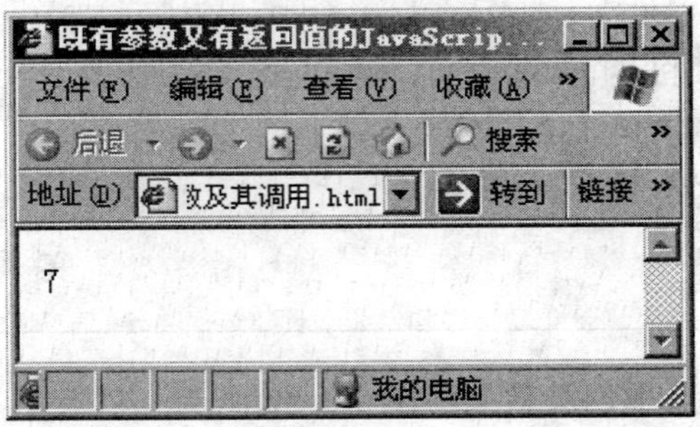

图 9-4 既有参数又有返回值的 JavaScript 函数及其调用

JavaScript 代码解释：在网页 body 里调用函数 getSum(a,b)，并显示这个函数的返回值。函数 getSum(a,b)写在网页的 head 里，作用是得出两个参数相加的和，这个示例中，两个参数分别是 6 和 1，相加得到返回值 7。

9.4 JavaScript 的内置函数

和其他程序设计语言一样，在 JavaScript 设计的时候，预先内置了许多常用的函数。利用这些函数，我们可以大大节省自己编写代码的时间，从而提高程序设计的效率。最重要的，这些函数是设计者（或群体）心血的结晶，经过了严格的测试，无数人的使用和时间的考验。

9.4.1 alert、confirm、prompt

alert、confirm、prompt 是 JavaScript 中最常用的内置函数。

（1）alert 函数

alert 的格式为：alert ("警告文字");

alert 在前面的例子中已经多次出现，是弹出一个只有“确定”按钮的警告框。它经常用来调试程序。尽管现在有许多 JavaScript 开发工具除了编辑器之外也集成了 JavaScript 即时出错提示和调试工具，但通常情况下作为弱类型脚本语言的 JavaScript 调试仍然很困难。这时 alert 函数就显得非常简单实用，指引当前 JavaScript 运行到哪里了。参见图 9-5。

图 9–5　alert 对话框

（2）confirm 函数

confirm 的格式为：confirm("确认提示");

confirm 在第 7 章的第一个例子中就出现过（图 7-2），是弹出一个有“是”“否”按钮的确认框。点“取消”什么也不做，点“确定”就继续运行程序。不言而喻，它用于作“非是即否”的判断。参见图 9-6。

图 9–6　confirm 对话框

（3）prompt 函数

prompt 的格式为：prompt ("提示文字");

prompt 在第七章的第一个例子中也出现过（图 7-1），是弹出一个有“确定”“取消”按钮和一个文本框的提示框。点“取消”什么也不做，点“确定”就将文本框中的内容呈现在程序指定的位置。参见图 9-7。

图 9–7　prompt 对话框

“Explorer 用户提示”和“脚本提示”是系统自动显示的内容，文本框中系统默认内容是“undefined”。

9.4.2　isNaN

根据编程命名的惯例，如果大家看到一个函数[或称“方法”（method）]用“is”开头，那么它往往是用来判断一种状态，返回值一般是布尔型（bool 或 boolean）。

当我们初次见到这个函数，就猜测得出它多半是用来判断状态的，返回真（ture）或假（false）。那么它用来判断的这个“NaN”究竟是什么呢？做个实验吧，我们很快能知道。

（1）不是一个数字

示例代码 9-5：不是一个数字

```
<html>
    <head>
        <title>不是一个数字</title>
        <script type="text/javascript">
        function getDiv(a,b)
        {
            return a/b;
        }
        </script>
    </head>
    <body>
        <script language="javascript">
        document.write("c/3=",getDiv('c',3),"<br/><br/>");
        document.write("a/b=",getDiv('a','b'),"<br/><br/>");
        document.write("NaN means 'Not a Number!'");
        </script>
    </body>
</html>
```

在浏览器中打开这个网页，其效果如图 9-8 所示。

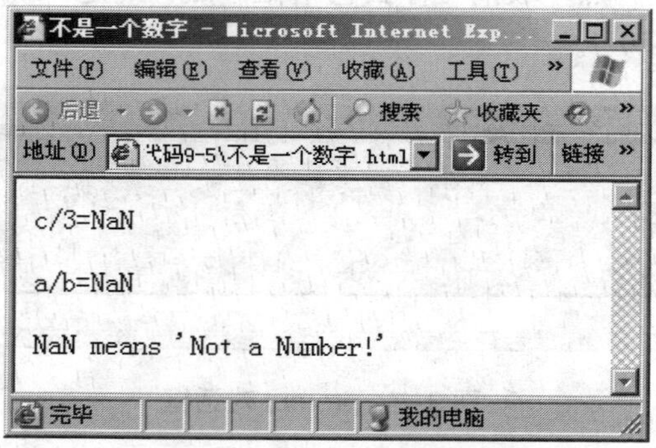

图 9–8 不是一个数字

这个例子充分说明，NaN 就是“Not a Number”（不是一个数字）的缩写。那 isNaN 该怎么用呢？我们再看下面的例子。

（2）是否不是一个数字

示例代码 9-6：是否不是一个数字

```
<html>
    <head>
        <title>是否不是一个数字</title>
        <script language="javascript">
        function evalDvd(a,b)
        {
        document.write("Is"+" "+a+ "/" +b+ " "+"Not a Number?");
        if(isNaN(a/b))
        document.write(" "+"Yes<br><br>");
        else
        document.write(" "+"No<br><br>");
        }
        </script>
    </head>
    <body>
<script language="javascript">
        evalDvd('c',3);
        evalDvd('a','b');
        evalDvd(2,1);
        document.write("isNaN told whether it is NOT a Number.");
        </script>
    </body>
</html>
```

在浏览器中打开这个网页，其效果如图 9-9 所示。

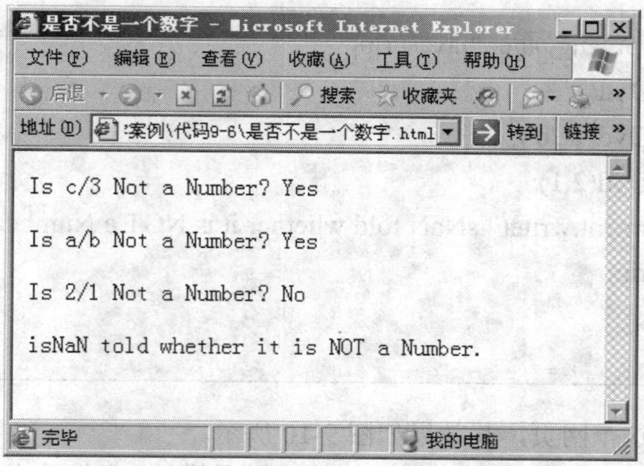

图 9-9　是否不是一个数字

上面代码中的“<head>”标记里面我们定义了一个函数 evalDvd(a,b)，并在里面直接调用了 isNaN 函数，当参数是数字时 isNaN 返回值为 false，不是数字时返回 true。

9.4.3 eval

eval 函数是用来运行一串 JavaScript 代码的，这串代码以字符串类型作为它的参数。

它的格式是：eval("代码串");

例如：document.write("3+2=",eval("3+2"));会有什么结果呢？对了！是“3+2=5”。在实际工作中，eval 的用处非常大，经常能很巧妙地解决一些看似冷僻的问题。

下面我们就来改写上面例子的程序，看看 eval 函数如何运作。

运行一个字符串：

示例代码 9-7：运行一个字符串

```
<html>
    <head>
        <title>运行一个字符串</title>
        <script language="javascript">
        function evalDvd(a,b)
        {
        document.write("Is"+" "+a+ "/" +b+ " "+"Not a Number?");
        if(isNaN(a/b))
        eval("document.write(' '+'Yes<br><br>')");
        else
        eval("document.write(' '+'No<br><br>')");
        }
        </script>
    </head>
    <body>
        <script language="javascript">
        evalDvd('c',3);
        evalDvd('a','b');
        evalDvd(2,1);
        document.write("isNaN told whether it is NOT a Number.");
        </script>
    </body>
</html>
```

在浏览器中打开这个网页，其效果如图 9-10 所示。

为了使上面的例子代码更简洁，显得更智能、更易懂，我们把输出工作交由函数来执行，省得下面“<body>”标记中写许多重复语句了，而且函数判断完结果后一并输出。

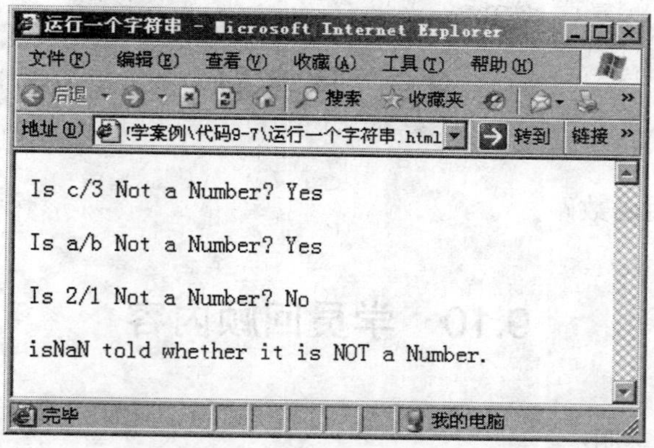

图 9-10　运行一个字符串

9.5　本章总结

本章介绍了函数的概念、写法，以及 JavaScript 内置函数的使用。通过这些向大家讲解了 JavaScript 的基本编程技术—函数。通过本章的学习，可以使大家掌握如何自行编写函数，从而使程序更灵活和适应需要，以及如何使用 JavaScript 内置的函数提高编程效率。

9.6　小结

✓ 函数可根据有无返回值分类，但一般按照有无参数分类。
✓ 函数由关键字 function 声明。
✓ 内置函数最常用的是 isNaN 和 eval。

9.7　英语角

function：函数、功能
procedure：过程、步骤
method：方法、周期

9.8　作业

1．JavaScript 函数的写法是怎样的？
2．什么是内置函数？
3．isNaN、eval 各自有何作用？

9.9 思考题

网页元素如何调用函数？

9.10 学员回顾内容

1．函数的分类、声明；
2．isNaN、eval。

第 10 章　对象化编程

学习目标

✧ 理解对象的概念。
✧ 对时间，文字，图像属性的应用。
✧ 掌握基本对象的应用和自定义对象。
✧ 掌握 Document 对象和 window 对象的属性、方法。

课前准备

一台安装了 Windows 操作系统和 Dreamweaver 的计算机。
复习上一章的内容。

10.1　本章简介

这一章我们介绍 JavaScript 中的对象，先讲对象的概念，使大家了解复杂的现实用计算机怎样模拟，再讲如何自定义对象，对象的引用，对象的属性和方法的引用，及其他对象的常用操作。并通过详细讲解 DOM 对象来帮助大家理解对象的创建和使用。最后介绍了 JavaScript 中最常用的内置对象。学习了本章，你将能够更灵活地运用 JavaScript 进行网页设计。

10.2　JavaScript 对象的生成

JavaScript 是基于对象的编程语言，它的所有特性几乎都是按照对象的处理方法进行的。JavaScript 支持的对象主要包括：

（1）JavaScript 的核心对象

包括同基本数据类型相关的对象，例如：String、Number 等，以及其他能简化 JavaScript 操作的对象，例如 Math、Date 对象。在下面的内容中，我们将详细讲解 Date 对象的操作方法。

主要核心对象见表 10-1。

表 10-1 JavaScript 核心对象

核心对象	说明
Array	提供一个数组模型，用来储存大量有序的类型相同或相似的数据，将同类的数据组织在一起进行相关操作
Boolean	对应于原始逻辑数据类型，其所有的属性和方法继承自 Object 对象。当值为真表示 true，值为假表示 false
Date	提供了操作日期和时间的方法，可以表示从微秒到年的所有时间和日期。使用 Date 读取日期和时间时，其结果依赖于客户端的时钟
Function	提供构造新函数的模板，JavaScript 中构造的函数是 Function 对象的一个实例，通过函数名实现对该对象的引用
Math	内置的 Math 对象可以用来处理各种数学运算，且定义的一些常用的常数。如：PI 表示圆周率的值。各种运算被定义为 Math 对象的内置方法，可直接调用
Number	对应于原始数据类型的内置对象，对象的实例返回某数值类型
Object	包含有所有 JavaScript 对象所共享的基本功能，并提供生成其他对象如 Boolean 等对象的模板和基本的操作方法
String	和原始的字符串类型相对应，包含多种方法实现字符串操作如字符串检查、抽取字符串、连接字符串等

（2）浏览器对象

它覆盖的范围非常广泛，包括了被绝大多数浏览器所支持的对象，如用于控制浏览器窗口和用户交互界面的 window 对象。下面的学习中，我们将重点讲解 window 对象的相关应用。

（3）自定义对象

是用户为实现个性化的需要，自己定义的对象。和其他对象一样，我们可以自己定义对象的属性、方法和事件。自定义对象极大的提高了 JavaScript 的应用的灵活性，从而使 JavaScript 更具实用性。这是我们要学习的重点。

（4）文本对象

顾名思义就是文本域构成的对象。在 DOM 中定义，同时赋予了它很多特殊的方法，如：InsertData()、AppendData()等。

10.3 对象的基本知识

JavaScript 语言是基于对象的（Object-Based），而不是面向对象的（Object-Oriented）。之所以说它是一门基于对象的语言，主要是因为它没有提供如抽象、继承、重载等有关面向对象语言的许多功能，而是把其他语言所创建的复杂对象统一起来，从而形成一个非常强大的对象系统。

虽然 JavaScript 语言是一门基于对象的语言，但它还是具有一些面向对象的基本特征。它可以根据需要创建自己的对象，从而进一步扩大 JavaScript 的应用范围，增强编写功能强大的 Web 文档。

10.3.1　对象的定义

JavaScript 中的对象是由属性（properties）和方法（methods）两个基本的元素构成的。

前者是对象在实施其所需要行为的过程中，实现信息的装载单位，从而与变量相关联；后者是指对象能够按照设计者的意图而被执行，从而与特定的函数相联。

10.3.2　对象的使用和创建

JavaScript 设计者之所以把它称“基于对象”而不是面向对象的语言，是因为 JavaScript 不是纯面向对象的语言，它没有提供面向对象语言的许多功能。虽然如此，但是 JavaScript 还是提供了几个用于操作对象的语句、关键字及运算符。

（1）for…in 语句

格式如下：

for（对象属性名 in 已知对象名）

说明：

✓　该语句的功能是用于对已知对象的所有属性进行操作的控制循环。它是将一个已知对象的所有属性反赋值给一个变量；而不是使用计数器来实现的。

✓　该语句的优点就是无需知道对象中属性的个数即可进行操作。

例：下列函数是显示数组中的内容：

```
function showData(object){
for(var i=0;i<30;i++){
document.write(object[i]);
}
}
```

该函数是通过数组下标顺序值来访问每个对象的属性，使用这种方式首先必须知道数组的下标值，否则若超出范围，则就会发生错误。而使用 for…in 语句，则根本不需要知道对象属性的个数，见下：

```
function showData(object){
for(var prop in object){
document.write(object[prop]);
}
}
```

使用该函数时，在循环体中，for 自动将对象的属性取出来，直到最后一个为止。

（2）with 语句

使用该语句的意思是：在该语句体内，任何对变量的引用被认为是这个对象的属性，以节省一些代码。

```
with (object){…}
```

所有在 with 语句后的花括号中的语句，都是在后面 object 对象的作用域内。

（3）this 关键字

this 是对当前对象的引用，在 JavaScript 中由于对象的引用是多层次、多方面的，往往一个对象需要引用另外一个对象，而另一个对象有可能又要引用另一个对象，这样有可能造成混乱，最后自己也不知道现在引用的哪一个对象，因此 JavaScript 提供了一个用于指定当前对象的语句 this。

（4）new 运算符

虽然在 JavaScript 中对象的功能已经是非常强大的了。但更强大的是设计人员可以按照需求来创建自己的对象，以满足某一特定的要求。使用 new 运算符可以创建一个新的对象。其创建对象使用如下格式：

newObject=new Object(parameters table);

其中 newObject 是创建的新对象；Object 是已经存在的对象：parameters tables 是参数表；new 是 JavaScript 中的命令语句。

如创建一个日期新对象

newDate=new Date();

birthday=new Date(December 12.1998);

之后就可使用 newDate、birthday 作为一个新的日期了。

1. 对象属性的引用

对象属性的引用可由下列三种方式之一实现；

（1）使用点（.）运算符

university.Name="云南省";

university.City="昆明市";

其中 university 是一个已经存在的对象，Name、City 是它的两个属性，并通过操作对其赋值。

（2）通过对象的下标实现引用

university[0]= "云南省";

university[1]= "昆明市";

通过数组形式访问属性，可以使用循环操作获取其值。

```
function showuniversity (object)
for(var j=0;j<2;j++)
document.write(object[j]);
```

若采用 for…in 则可以不知其属性的个数后就可以实现：

```
function showmy(object)
for(var prop in this)
document.write(this[prop]);
```

（3）通过字符串的形式实现

university["Name"]="云南省";

university["City"]="昆明市";

2. 对象方法的引用

在 JavaScript 中对象方法的引用是非常简单的。

格式如下：

objectName.methods()

methods()方法实质上是一个函数。如引用 university 对象中的 showmy()方法，则可使用：

```
document.write(university.showmy());
```

如引用 Math 内部对象中 cos()的方法则可以使用如下语句：

```
with(Math){
document.write(cos(35));
document.write(cos(80));
}
```

若不使用 with 关键词，则 cos 和 sin 前要加 Math。如:document.write(Math.cos(35));

10.3.3　JavaScript 中的数组

JavaScript 中没有提供像其他语言具有明显的数组类型，但可以通过 function 定义一个数组，并使用 new 对象操作符创建一个具有下标的数组，从而可以实现任何数据类型的存储。

1. 数组（Array）对象

在 JavaScript 中，数组是一种特殊的变量，它可以一次保存多个值。

在我们定义同一性质的属性时，如果这种属性的值太多，为了使我们的程序更加简洁，更利于我们对其中的某个值进行操作，我们最好使用 JavaScript 提供的数组对象，定义相关数组，这样将极大方便我们的操作。

例如我们要记录一个班中的所有学生的姓名，按照常规定义变量的方法，我们定义的格式如下：

```
Student1="张三";
Student2="李四";
Student3="王五";
……
```

如果这个班有 60 名同学，那我们的工作量将是巨大的，而如果我们采用数组的形式，就会变得相对简单，我们只需定义一个数组，然后将学生的姓名一一插入到数组中即可，当我们需要对其中的某个同学姓名进行修改，只需根据数组的下标，找到该同学，修改即可。那么我么如何定义和操作数组呢？下面我们将详细的介绍。

2. 创建数组实例

数组对象用来在单个变量中存储一系列复杂的值。对数组的定义有 3 中常用的方式。第一种方式是我们的常规定义方式，例如，我们定义一个名为 myStudent 的数组对象，并对其中的三个元素赋值，具体操作如下：

```
var myStudent=new Array();
myStudent[0]="张三";
myStudent[1]="李四";
myStudent[2]="王五";
```

第二种方式是我们最常用的精简模式，它定义方式简单，赋值方便，同样是上面的例子，我们用精简模式来实现，代码如下：

```
var myStudent=new Array("张三","李四","王五");
```

是不是比我们上面的定义方式更加简单？精简模式是我们在编程时大力提倡的模式，而我们下面所讲的第三种方式，由于它的有一定的局限性，为了避免出现不必要的麻烦，一般我们不会使用，我们称它为字符数组模式，同样是上面的例子，可以这样定义：

```
var myStudent={"张三","李四","王五"};
```

需要注意的是，如果你在数组中指定了数值型或 true/false 值，则变量类型将是数值型或布尔型，而不是字符型。

在数组定义完成后，我们就可以访问数组了。如果我们需要访问特定的数组元素，就可以输入此元素所在的下标，直接输出该元素，需要明确的是数组的下标是从 0 开始的。

例如要输出某一同学的名字，我们可以这样编写：

```
document.write(myStudent[2]);
```

执行的结果是输出第三个学生的名字：王五。

如果你要修改此值，方式很简单，只要将一个新值插入到该元素所在的位置即可。

例如我们要修改第三个学生的名字，可以这样编写：

```
myStudent[2]= "赵六";
document.write(myStudent[2]);
```

输出结果为：赵六。

在实际运用中，我们常常需要遍历整个数组，在 JavaScript 中遍历数组我们一样可以使用常用的 for 循环，通过循环变量的增减，来遍历整个数组。另外我们也可以是用我们学过的 for…in 语句循环遍历数组元素。要遍历我们上面定义的数组，用 for…in 遍历，程序如下：

```
for(x in myStudent)
{
    document.write(myStudent[x]+ "<br>");
}
```

输出结果如下：

张三

李四

王五

另外 JavaScript 中还提供了几个操作数组的函数，我们常用的函数如下：

join()——将数组中的所有元素合并到一个字符串中；

pop()——移除数组的最后一个元素；

push()——在数组的最后插入一个新元素；

reverse()——颠倒数组元素的排列顺序；

shift()——移除数组的第一个元素；

slice()——从一个数组中选择元素；

sort()——对数组进行排序。

如果你行了解跟多的相关操作方法，可以去参考完整的 JavaScript array 对象参考手册，它将提供给你更多实用的函数，方便你对数组的操作。

10.4　对象元素的访问

在较为复杂的网页中，网页中使用的元素特别的多，我们怎样才能准确的访问到他们呢？其实 JavaScript 为我们提供了众多的方法，下面介绍了其中最为常用的三种方法，包括了位置访问法、id 访问法和 name 访问法。通过下面的学习，我们将能方便的访问网页中的各个对象，制作出更加具有特色的网页。

10.4.1　通过对象位置访问对象元素

在浏览器载入文档后，将根据文档对象的结构和 DOM 规范生成对象数组，对象数组元素的位置，是根据它在页面中的相对位置确定的，这样我们就可以通过元素的相对位置来访问任意的对象了。请看下面的实例：

示例代码 10-1：通过元素所在位置访问

```
<html>
    <head>
        <title>通过元素所在位置访问</title>
        <script language="javascript">
        function showValueA()
        {
        var msg="";
        msg+="文本框 1 的内容："+document.forms[0].elements[0].value+"\n";
        msg+="文本框 2 的内容："+document.forms[0].elements[1].value+"\n";
        window.alert(msg);
        }
        function showValueB()
        {
        var msg="";
        msg+="文本框 3 的内容："+document.forms[1].elements[0].value+"\n";
        msg+="文本框 4 的内容："+document.forms[1].elements[1].value+"\n";
        window.alert(msg);
        }
        </script>
    </head>
    <body>
        <form name="myform1">
        <center>
        <input type="text" name="text1" value="迅腾国际天津分区"><br>
```

```
            <input type="text" name="text2" value="迅腾国际天津东丽校区"><br>
            <input type="button" value="显示文本内容" onClick="showValueA()">
            </center>
            </form>
            <form name="myform2">
            <center>
            <input type="text" name="text3" value="迅腾国际天津东丽校区"><br>
            <input type="text" name="text4" value="迅腾国际天津分区"><br>
            <input type="button" value="显示文本内容" onClick="showValueB()">
            </center>
            </form>
        </body>
    </html>
```

在浏览器中打开该网页，效果如图 10-1 所示。

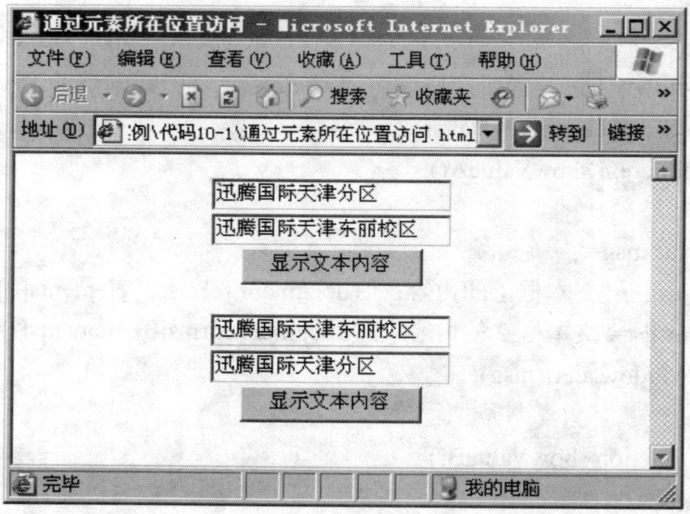

图 10-1　通过元素所在位置访问

点击第一个按钮，出现如图 10-2 所示的对话框。

图 10-2　点击第一个按钮出现的对话框

然后关闭此对话框，点击第二个按钮，出现如图 10-3 所示的对话框。

图 10-3　点击第二个按钮出现的对话框

从代码中我们可以看到分别创建了 forms[]数组和 elements[]数组，forms[]数组按照出现表单的个数和位置给 forms[]数组确定了数组长度和每个表单的数组下标。elements[]数组同样实现了此功能。我们可以看到通过 document.forms[x].elements[y]格式就能成功访问到页面中的任意元素。但这种方式因为对文档结构依赖性太大，给脚本代码的维护带来了诸多的不便，一旦文档结构改变，就必须改变访问对象的语句，加大了我们修改网页时的难度，在网页未定型前，不提倡使用这种方法。

10.4.2　通过 name 属性访问对象元素

通过对象名访问对象元素是我们最易理解的方式，它比较形象和直观，通过下面的实例，我们将很快的掌握它访问元素的基本格式和用法。

示例代码 10-2：通过 name 属性访问元素

```
<html>
    <head>
        <title>通过 name 属性访问元素</title>
        <script language="javascript">
        function showValue()
        {
        var msg="";
        msg+="文本框 1 的内容："+document.myform.text1.value+"\n";
        msg+="文本框 2 的内容："+document.myform.text2.value+"\n";
        msg+="文本框 3 的内容："+document.myform.text3.value+"\n";
        window.alert(msg);
        }
        </script>
    </head>
    <body>
        <form name="myform">
        <center>
        <input type="text" name="text1" value="迅腾国际"><br>
        <input type="text" name="text2" value="迅腾国际天津分区"><br>
        <input type="text" name="text3" value="迅腾国际天津东丽校区"><br>
```

```
            <input type="button" value="显示文本内容" onclick="showValue()">
            </center>
            </form>
        </body>
</html>
```

在浏览器中打开该网页，单击按钮显示的效果如图 10-4 所示。

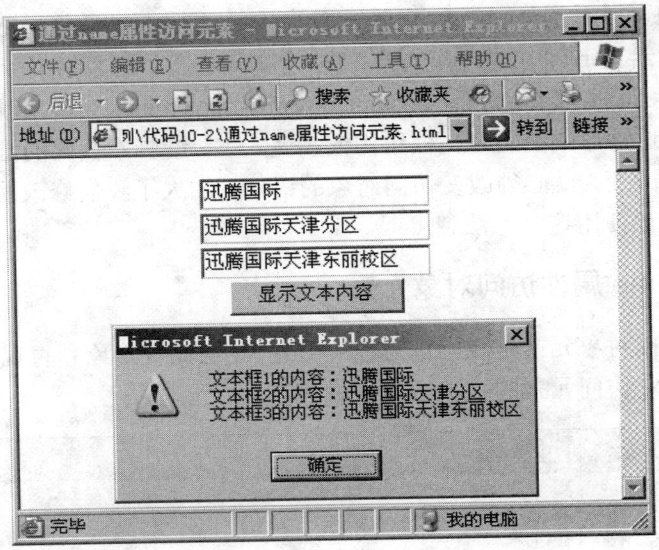

图 10-4　通过 name 属性访问元素

我们通过给表单以及表单中的元素添加“name”属性，使他们在众多的元素中，有了自己唯一的标志，这样在获取我们想要的元素就非常容易了，只需把它们的 name 属性值逐级用“.”连接起来就可以了，在网页制作中这种方式比较方便实用。

10.4.3　通过 id 属性访问对象元素

在元素的属性中除了 name 属性能够作为一个元素的唯一标志，id 属性也同样能实现这种功能，所以通过 id 我们一样可以访问各个元素。不过使用这种方法需要用到 document 对象的相关方法，这对我们来说比较陌生，不过不要担心，在“document 对象”章节我们将详细讲解。请看下面的实例：

示例代码 10-3：通过 id 属性访问对象元素

```
<html>
    <head>
        <title>通过 id 属性访问对象元素</title>
        <script language="javascript">
        function showValue()
        {
```

```
            var msg="";
            msg+="文本框 1 的内容："+document.getElementById("tA").value+"\n";
            msg+="文本框 2 的内容："+document.getElementById("tB").value+"\n";
            msg+="文本框 3 的内容："+document.getElementById("tC").value+"\n";
            window.alert(msg);
            }
            </script>
        </head>
        <body>
            <form name="myform">
            <center>
            <input type="text" name="text1" id="tA" value="迅腾国际"><br>
            <input type="text" name="text2" id="tB" value="迅腾国际天津分区"><br>
            <input type="text" name="text3" id="tC" value="迅腾国际天津东丽校区"><br>
            <input type="button" value="显示文本内容" onclick="showValue()">
            </center>
            </form>
        </body>
    </html>
```

在浏览器中打开该网页，单击按钮，显示如图 10-5 所示的效果。

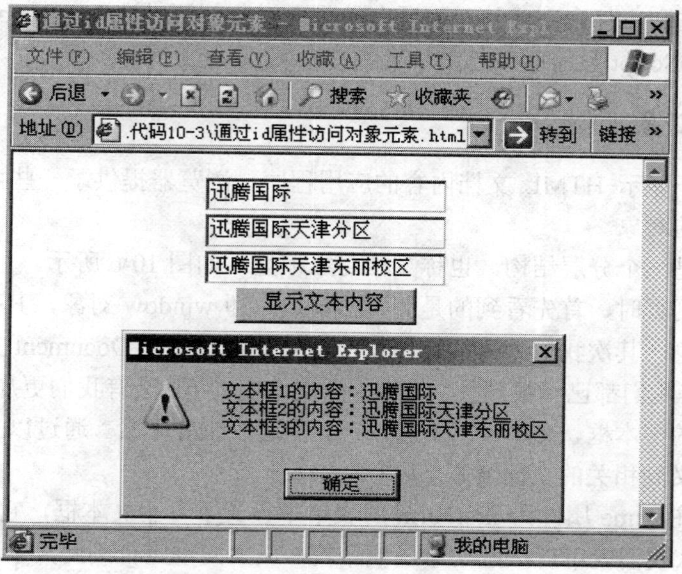

图 10-5　通过 id 属性访问对象元素

我们可以看到通过 id 我们也可以访问表单中的各个元素。在上面的代码中我们用到了 document 对象的一个重要方法：getElementById()方法。通过它我们可以直接定位到要查找的元素，比其他的方法更加方便，在以后的网页特效制作中它的作用则显得更加突出，它的具体使用方法，我们将会在下面的章节中逐步了解。

10.5 DOM 模型介绍

HTML 文档对象模型定义了一整套完整的标准方法来访问和操纵 HTML 文档。DOM 是 Document Object Model 的缩写，是由万维网联盟定义的，现在各种流行的浏览器都支持 DOM 标准，这样使得 JavaScript 能够更好的控制整个网页，实现各种网页功能以及制作各种特效。

10.5.1 什么是 DOM

DOM 是由万维网联盟制定的一套 Web 标准。它制定了访问 HTML 文档对象的一整套属性、方法和事件。在下面的学习中我们将逐一学习。

DOM 是以层次结构组织的节点或信息片段的集合。在我们要对其中的特定信息进行操作时，通常需要加载结构的相关文档和构造层次结构，之后才能进行相关的操作。因为它是基于信息层次的，因而 DOM 的又一大特点是：基于树或对象。同时，它还是给 HTML 或 XML 文件使用的一组 API，提供了文件结构的描述。使用 JavaScript 可以重构一个完整的 HTML 文档，能对页面中的所有元素进行增加、修改、删除和重新安排的操作，它的本质是建立网页与脚本语言沟通的桥梁。

制作网页时，免不了对网页中的元素进行相关操作，这些操作的实现都是通过已经建立的文档属性、方法和事件来完成的，而所有的页面对象都可以被 JavaScript 来访问和控制，使得 DOM 与 JavaScript 紧密联系起来。

10.5.2 DOM 对象模型

浏览器是用于显示 HTML 文档内容的应用程序。浏览器提供了一些可以通过脚本语言进行访问和使用的对象。

浏览器对象是一个分层结构，也称文档对象模型，如图 10-6 所示。

我们在打开网页时，首先看到的是浏览器窗口，即 window 对象，其实 window 对象指的就是浏览器本身。其次我们看到的是网页文档内容，也就是 Document 文档，它包括了一些表单、超链接等我们都已经很熟悉的对象，而在他们之下，又有我们更加熟知的相关元素，例如与表单相关的文本框、文本域、单选按钮、复选按钮等元素。通过以上的层次介绍我们可以很容易的定义到相关的页面元素。

例如：我们在 name 属性为 firstForm 的表单中设置了一个文本框，它的 name 属性设置为 fiirstText，那么我们就可以按照文本层次结构，从上向下定位到此文本框。所以定位此文本框的结果应为：window.Document.firstForm.firstText.。

另外，在实际开发中，因为 window 是所有页面内容的根对象，所以常常省略，所以上面的定位结果可以改为：Document.firstForm.firstText。

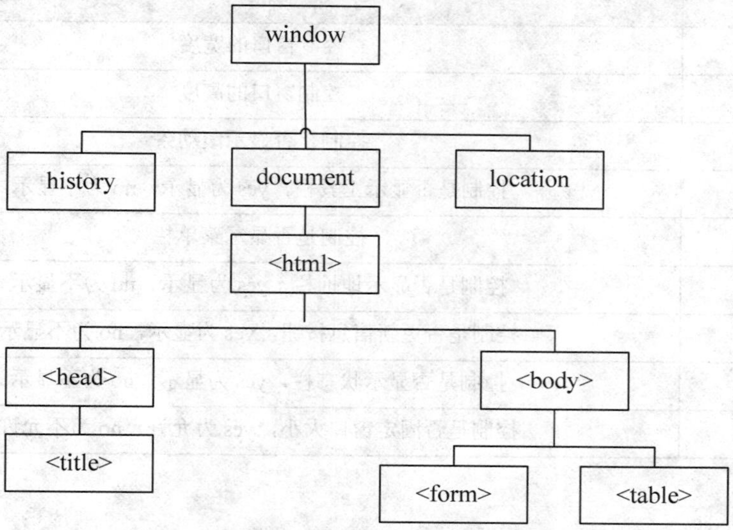

图 10-6　浏览器对象的分层结构

在浏览器对象结构中，除了我们熟悉的 window 对象和 Document 对象外，还有两个被我们所不熟知的常用对象：地址对象（Location）和历史对象（History）。他们分别对应着 IE 浏览器中的地址栏和前进/后退按钮，通过对这两个对象的设置，我们可以实现对浏览器地址栏和页面的相关切换。

10.6　window 对象

10.6.1　window 对象的方法

JavaScript 还提供了窗口对象的方法和属性，通过这些方法和属性可以制作出各式各样的窗口样式，以满足不同情况下的需要。

在 HTML 中，可以通过“<a>”标记中的“href”属性以及“target”属性打开一个新窗口，但使用这种方法打开一个新窗口存在着一些缺陷，即浏览器决定着窗口的样式，设计者不能设置新窗口的大小及样式。而在 JavaScript 中就可以弥补这一缺陷，这是由窗口对象所提供的方法来完成。

窗口（window）对象所提供的方法主要有以下 2 个。

1. open

该方法用于打开一个新窗口，其中有 3 个参数。

URL：其作用是设置打开的新窗口所显示的网页，可以是 URL 地址，也可以是本机中的 HTML 文件所在路径及文件名，甚至可以直接是图片名。

窗口名称：设置窗口名称，可以忽略。

窗口特征：窗口的特征参数，即控制窗口的显示样式，详见表 10-2。

表 10-2　窗口的特征参数

参 数 名	说明
width	控制窗口的宽度
height	控制窗口的高度
scrollbars	控制是否显示滚动条
toolbar	控制是否显示工具栏，yes 为显示，no 为不显示
menubar	控制是否显示菜单栏
location	控制是否显示地址栏，yes 为显示，no 为不显示
directories	控制是否更新信息按钮，yes 为显示，no 为不显示
status	控制是否显示状态栏，yes 为显示，no 为不显示
resizable	控制是否固定窗口大小，yes 为允许，no 为不允许

2. close()

该方法用于关闭一个窗口，没有参数设置。

10.6.2　window 对象的应用

下面就以实例来看看窗口对象的具体使用方法。

1. 打开新窗口

在下面的例子中我们用“window.open()”方法来打开一个新的页面。

示例代码 10-4：打开新窗口

```
<html>
	<head>
		<title>打开新窗口</title>
		<script language="javascript">
		function openwindow()
		{
		window.open("xt.html","","width=330,height=220")
		}
		</script>
	</head>
	<body>
		<input type="button" value="打开新窗口" onClick="openwindow()">
	</body>
</html>
```

在浏览器中打开这个网页，其效果如图 10-7 所示。

图 10–7　打开新窗口

这只是一个普通窗口的打开方法，利用 HTML 一样可以实现。实例所调用的 “xt.html” 文件内容如下：

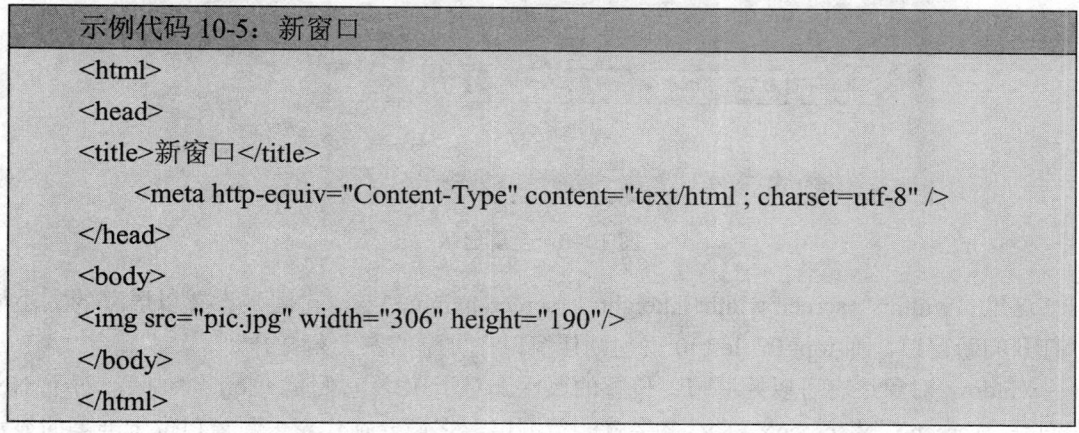

示例代码 10-5：新窗口

```
<html>
<head>
<title>新窗口</title>
    <meta http-equiv="Content-Type" content="text/html ; charset=utf-8" />
</head>
<body>
<img src="pic.jpg" width="306" height="190"/>
</body>
</html>
```

2. 全屏显示

下面介绍一个和 window 对象相关的对象，即 screen 对象，通过 screen 对象可以获得显示器的特性，利用这些特性可以对打开的新窗口进行设置，如网页的全屏显示。该对象提供了两个主要属性，分别是获得显示器宽度的 width 属性和用于获得显示器高度的 height 属性。下面就利用这 2 个属性来制作网页的全屏显示。

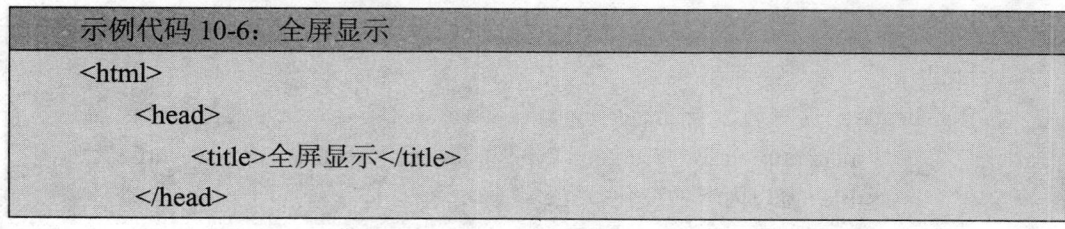

示例代码 10-6：全屏显示

```
<html>
    <head>
        <title>全屏显示</title>
    </head>
```

```
        <body>
    <script language="javascript">
            window.open("http://news.xt-kj.com","","
width="+screen.width+",height="+screen.height+",top=0,left=0,scrollbars");
            </script>
        </body>
    </html>
```

在浏览器中打开这个网页，其效果如图 10-8 所示。

这里由于篇幅所限，仅截部分屏幕作为示意。为了使大家看清原始窗体，特别地让程序窗口获得焦点，实际情况是全屏打开的网站窗口会得到焦点并覆盖整个屏幕，程序窗口失去焦点并隐藏在后面。网站分辨率和当前计算机屏幕未必相符，这时网页会居中显示，多余处是空白。

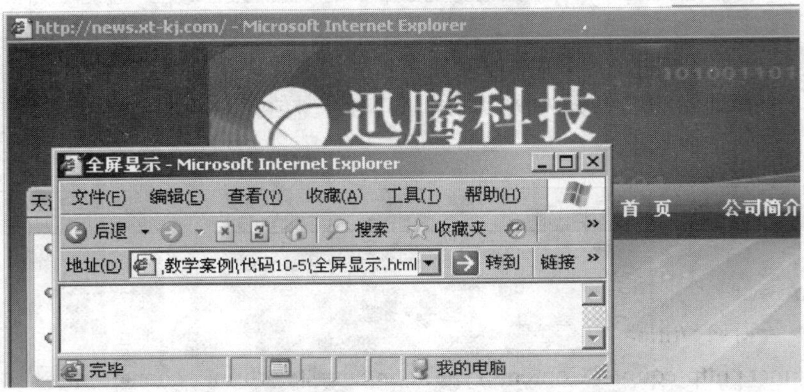

图 10-8 全屏显示

这里“width="+screen.width+",height="+screen.height+"”语句即是设置以屏幕的大小显示打开的新窗口，而 top=0，left=0 语句则让窗口在屏幕的左上角打开。

window 对象还有可以控制窗口位置的属性。对于 IE，它们是“left”“top”；对于 NN，它们是“screenX”“screenY”。看名字就能猜测出，它们分别代表了新窗口位于屏幕的显示位置。为了让各种浏览器都能正常显示新窗口的位置，一般这两类属性都会进行设置。关于窗口的定位非常简单，这里不再赘述，我们会专门练习。

3. 打开窗口的动态变化

在网页中打开一个新的窗口，可以利用变量来引用该窗口，这样就可以对该窗口进行一定的操作。

示例代码 10-7：窗口内容的变化

```
<html>
    <head>
        <meta http-equiv="Content-Type" content="text/html; charset=utf-8" />
        <title>窗口内容的变化</title>
```

```
</head>
<body>
    <script language="javascript">
    window.open("xt.html","","width=350,height=250,scrollbars");
    setTimeout("alert('3 seconds!')",3000);
    </script>
</body>
</html>
```

在浏览器中打开这个网页，其效果如图 10-9 所示（动态变化是 3 秒后显示另一幅图像）。

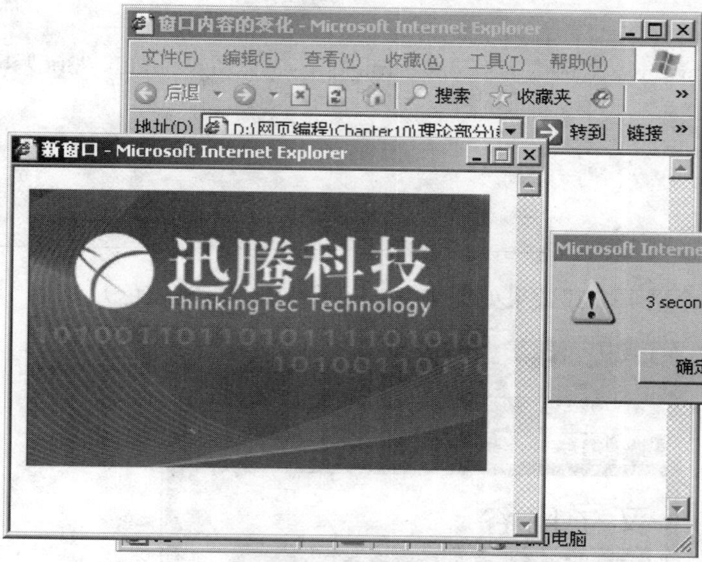

图 10-9　窗口内容的变化

该实例中首先打开了一个新的窗口 xt.html，接着由“setTimeout()”函数设置 3 秒钟之后自动弹出一个对话框提示“3 seconds!”。

4. 窗口内边框的设置

在 JavaScript 中，还提供了组件的主题样式属性，可以用来设置一些组件的样式。

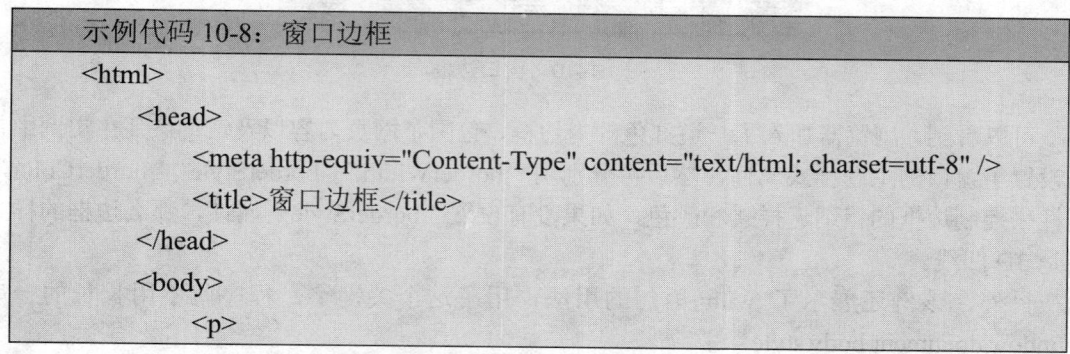

设置窗口内边框为红色：

示例代码 10-8：窗口边框

```
<html>
    <head>
        <meta http-equiv="Content-Type" content="text/html; charset=utf-8" />
        <title>窗口边框</title>
    </head>
    <body>
        <p>
```

```
            <script language="javascript">
            if(document.all)
            {
            with(window.document.body.style)
            {
            borderWidth="10";
            borderStyle="solid";
            borderColor="red";
            }
            }
            </script>
            <font  size=6>文字内容</font><img  src="pic.jpg"  width="306"  height="
190"  />
            </p>
        </body>
    </html>
```

在浏览器中打开这个网页，其效果如图 10-10 所示（内边框为红色）。

图 10-10　窗口边框

可以看到，浏览器加入了一道红色的内边框，包围了网页内容以及滚动条。在实例中首先设置了窗口的主题样式属性，然后再分别由“borderWidth”“borderStyle”“borderColor”属性来控制边框的粗细、样式和颜色，如果没有设置“borderStyle”属性，那么边框的样式将是 3D 凹线。

另外，该例还展示了 with 语句的用法，用了这个关键字，程序就不用长长的一串“window.document.body.style”了。

5. 关闭窗口

现在来看看关闭窗口的方法：

示例代码 10-9：关闭窗口

```
<html>
    <head>
        <title>关闭窗口</title>
    </head>
    <body>
        <table>
        <tr>
        <td><img src="pic.jpg"><br>
        <td valign="top">
        <form>
        <input type="button" value="关闭" onclick="window.close()">
        </form></td>
        </tr>
        </table>
    </body>
</html>
```

在浏览器中打开这个网页，其效果如图 10-11 所示。

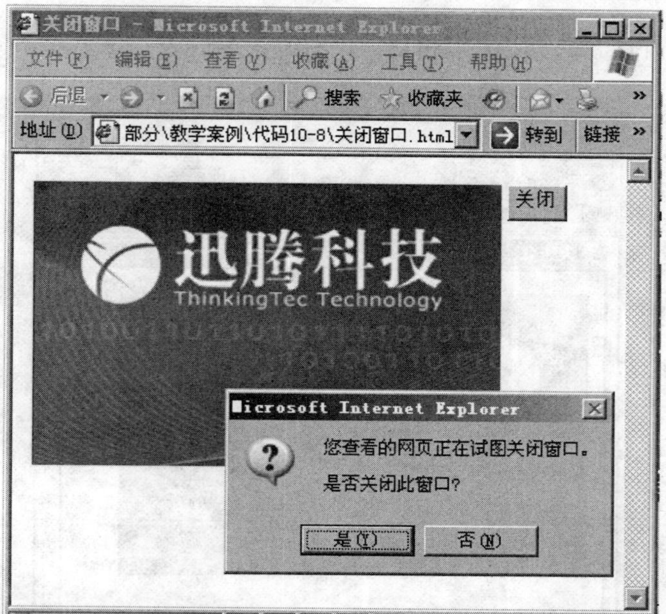

图 10-11　关闭窗口

close()方法可以直接进行引用，并且没有参数的设置。当执行该方法时，会弹出一个对话框询问是否确定要关闭当前窗口。单击“确定”按钮以后才会关闭该窗口，否则将继续显示。但对于所创建的新窗口，在关闭时是不会出现该询问对话框的。

6. 窗口焦点的控制

弹出的窗口是非常容易失去其焦点的，只要用鼠标单击窗口以外的任意位置就会使该窗口失去焦点，但可以使用下面的方法让其始终拥有焦点。

示例代码 10-10：窗口焦点

```
<html>
    <head>
        <meta http-equiv="Content-Type" content="text/html; charset=utf-8" />
        <title>窗口焦点</title>
        <script language="javascript">
        function wopen()
        {
         window.open("xt.html","","width=350,height=250,scrollbars");
        }
        </script>
    </head>
        <body vonblur="setTimeout('window.focus()',10000)" onload=wopen()>
    </body>
</html>
```

在浏览器中打开这个网页，其效果如图 10-12 所示。

图 10-12 窗口焦点

该网页调用的 xt.htm 文件内容如下。

示例代码 10-11：xt.html

```
<html>
    <head>
        <title>失去焦点时自动关闭</title>
    </head>
    <body onBlur="window.close()">
        <img src="pic.jpg" width="306" height="190" />
    </body>
</html>
```

在该例中，只要单击弹出窗口以外的任何位置让其失去焦点即可自动关闭该窗口，即使没有失去其焦点，10 秒钟以后该窗口也会自动失去焦点并自动关闭。这在实际应用中非常有用，比如当用户不想浏览其弹出窗口中的广告时，只要单击主页面即可关闭广告窗口，为浏览者带来了方便；如果用户想看看广告内容，就可设置好相应的时间参数，让用户有足够的时间去浏览其内容，然后自动关闭该窗口。

10.7　History 和 Location 对象

History 对象是在 JavaScript 运行时自动生成创建的，由用户在一个浏览器中已浏览过的 URLs 组成，能够方便的完成 IE 浏览器的“前进”和“后退”功能，分别有 forward()方法和 back()方法完成。

History 对象的 go(x)方法也能实现浏览器的前进和后退功能，x 说明前进或者后退的页数。当 x 为正时表示前进，等价于 forward()方法，x 为负时表示后退，等价于 back()方法。

forward()、back()方法和 go()方法是 History 对象的常用方法。

上面介绍了 History 的常用方法，下面通过实例详细了解其在代码中的使用方法。

示例代码 10-12：history 前进方法

```
<html>
    <head>
        <title>history 前进方法</title>
    </head>
    <body>
        <a href="history_goback.html">打开新网页</a><br><br>
        <a  href="javascript:history.forward()">前进</a>  采用 forwar
d()方法<br><br>
        <a href="javascript:history.go(1)">前进</a>  采用 go() 方法
<br><br>
```

```
    </body>
</html>
```

在浏览器中打开这个网页，其效果如图 10-13 所示。

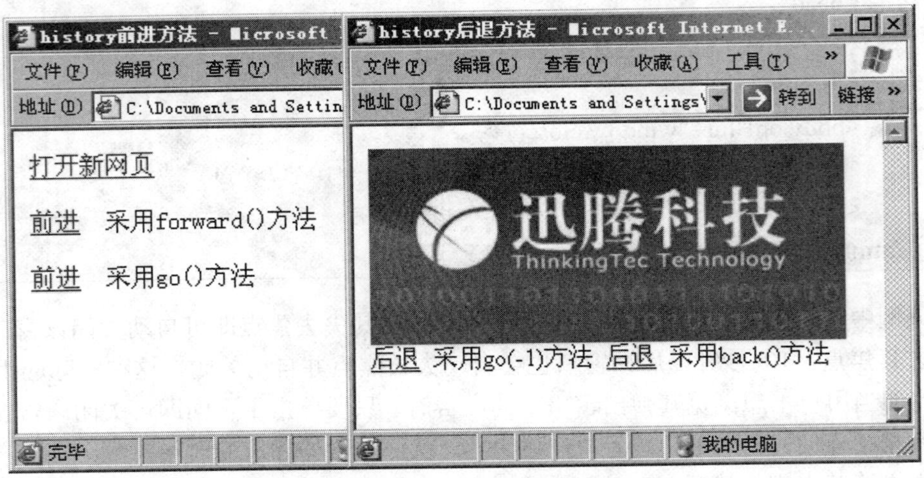

图 10-13　history 前进后退方法

该网页调用的 history_goback.html 文件内容如下：

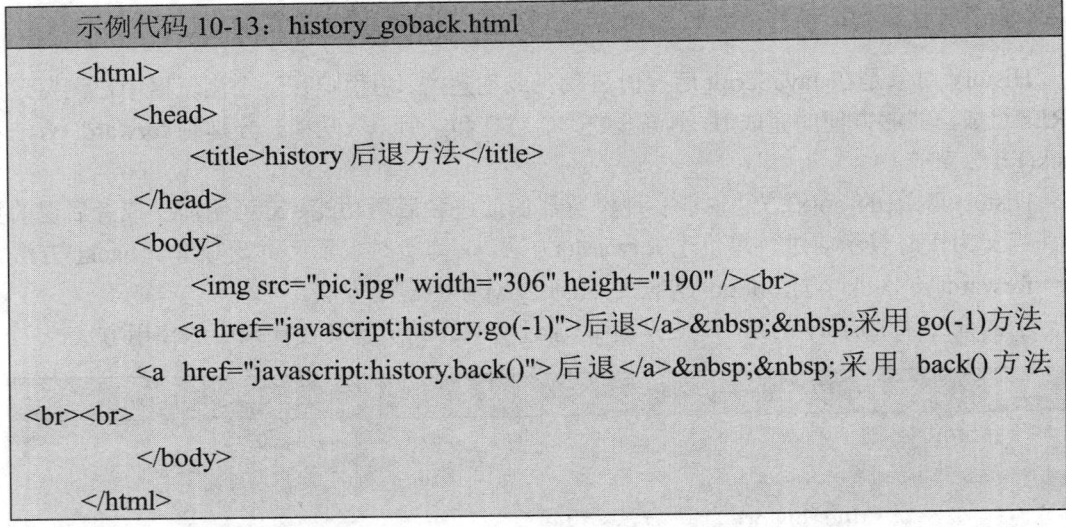

示例代码 10-13：history_goback.html

```
<html>
    <head>
        <title>history 后退方法</title>
    </head>
    <body>
        <img src="pic.jpg" width="306" height="190" /><br>
       <a href="javascript:history.go(-1)">后退</a>  采用 go(-1)方法
    <a  href="javascript:history.back()"> 后 退 </a>   采 用  back() 方 法
<br><br>
    </body>
</html>
```

我们可以发现，通过使用“前进”按钮和 History 的 forward 方法和 go 方法，都可以实现网页前进功能。History 方法的调用格式是：javascript:history.*。在 JavaScript 中，若调用的方法短小，则普遍采用这种调用方法，使用时一定要加上关键字“javascript”，否则调用方法将无法实现。

Location 对象也是在 JavaScript 运行时自动生成创建的，相当于浏览器中的地址栏，它包含关于当前 URL 地址的信息，提供了一种重新加载当前 URL 的方法，此外，它还可以解析 URL。Location 对象的属性参见表 10-3。

表 10–3　Location 对象的属性

属性名	说明
host	服务器名
hostname	通常等于 host，有时会省略 www
href	返回完整的 URL 信息
reload	重新加载当前页面
replace	替换当前文档

href 是 Location 对象的常用的属性，通过设置不同的网址，从而达到跳转的功能。

10.8　Document 对象

10.8.1　Document 对象的常用属性和方法介绍

Document 是浏览器的 HTML 文档，通过 Document 对象可以访问 HTML 文档中的所有元素和处理事件，在浏览器对象模型中起着及其重要的作用。那它有那些相关属性和方法来实现控制自身的功能呢？下面我们将详细学习它的有关属性和方法。

Document 对象的常用属性是 bgColor，用它来设置网页的背景颜色可以摆脱 HTML 和 CSS 的死板样式，可以通过调用相关方法，来随意改变网页的背景颜色，更加的实用和方便，如下面的实例。

示例代码 10-14：改变背景颜色

```
<html>
    <head>
        <title>改变背景颜色</title>
        <script language="javascript">
        function changecolor(color)
        {
        document.bgColor=color;
        }
        </script>
    </head>
    <body>
        <span onMouseMove="changecolor('red')">|红色</span>|
        <span onMouseMove="changecolor('yellow')">黄色</span>|
        <span onMouseMove="changecolor('blue')">蓝色</span>|
    </body>
</html>
```

在浏览器中打开这个网页，其效果如图 10-14 所示。

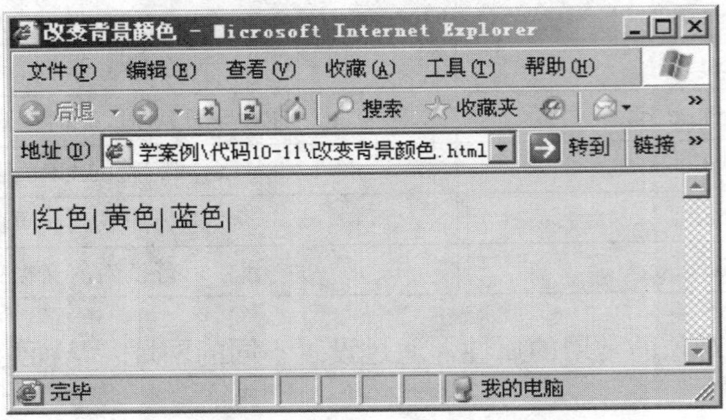

图 10-14　改变背景颜色

使用 bgColor 属性可以方便的改变页面的背景颜色，当我们把鼠标移动到颜色上方式，背景颜色随着鼠标的移动而改变，这是使用了 onmousemove()事件。源码中“<span></span>”标记，是不换行的标记。

Document 对象的常用方法有两个：

getElementById()，可以根据 HTML 元素指定的 ID，获得唯一的 HTML 的元素；而 getElementByName 则可根据 HTML 元素指定的 name 来获得一组元素，在制作页面全选效果时，发挥着至关重要的作用。

10.8.2　制作浮动的广告图片

在打开许多网站时，经常会看到很多的浮动广告图片，它们不仅能使网页更加美观，而且可以增强广告效应方便客户交流，进而提高网站效益。我们能轻易的插入一张宣传画，但是如何实现广告图片与滚动条的同步滚动呢？通过下面的一个例子来实现。

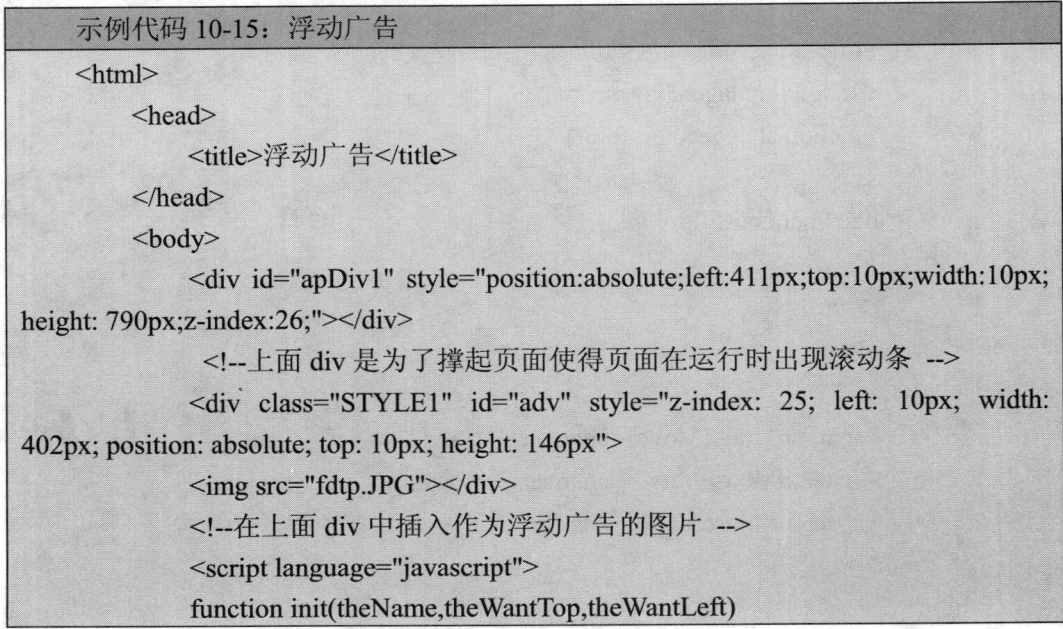

示例代码 10-15：浮动广告

```
<html>
    <head>
        <title>浮动广告</title>
    </head>
    <body>
        <div id="apDiv1" style="position:absolute;left:411px;top:10px;width:10px;
height: 790px;z-index:26;"></div>
         <!--上面 div 是为了撑起页面使得页面在运行时出现滚动条 -->
        <div class="STYLE1" id="adv" style="z-index: 25; left: 10px; width:
402px; position: absolute; top: 10px; height: 146px">
        <img src="fdtp.JPG"></div>
        <!--在上面 div 中插入作为浮动广告的图片 -->
        <script language="javascript">
        function init(theName,theWantTop,theWantLeft)
```

```
{
theRealTop=parseInt(document.body.scrollTop);
//scrollTop 设置或获取位于对象最顶端和窗口中可见内容的最顶端之
间的距离
theTrueTop=theWantTop+theRealTop;
document.all[theName].style.top=theTrueTop;
theRealLeft=parseInt(document.body.scrollLeft);
//scrollLeft 设置或获取位于对象左边界和窗口中目前可见内容的最左
端之间的距离
theTrueLeft=theWantLeft+theRealLeft;
document.all[theName].style.left=theTrueLeft;
}
function keepinit(theName,theWantX,theWantY)
{
theRealLay=document.layers[theName];
theBadX=self.pageYOffset;
//pageYOffset 设置或返回当前页面相对于窗口显示区左上角的 Y 位置
theBadY=self.pageXOffset;
//pageXOffset 设置或返回当前页面相对于窗口显示区左上角的 X 位置
theRealX=theBadX+theWantX;
theRealY=theBadY+theWantY;
theRealLay.moveTo(theRealY,theRealX);
//将 theRealLay 所指定的窗口移动到 theRealY 和 theRealX 所指定的坐标位置
}
var IE4=(document.all)?1:0;
/*当用户使用 Internet Explorer 4（IE4）及以下版本的 IE 浏览器时，定
义变量 IE4 并当页面加载完毕时给它赋值为 1 否则赋值为 0*/
var NN4=(document.layers)?1:0;
/*当用户使用 Netscape Navigator 4（NN4）及以下版本的 NN 浏览器时，定
义变量 NN4 并当页面加载完毕时给它赋值为 1 否则赋值为 0*/
if (IE4)
setInterval('init("adv",0,0)',1);
//每隔 1 毫秒调用一次 init("adv",0,0)函数
if (NN4)
setInterval('keepinit("adv",0,0)',1);
</script>
</body>
</html>
```

在浏览器中打开这个网页，其效果如图 10-15 所示。

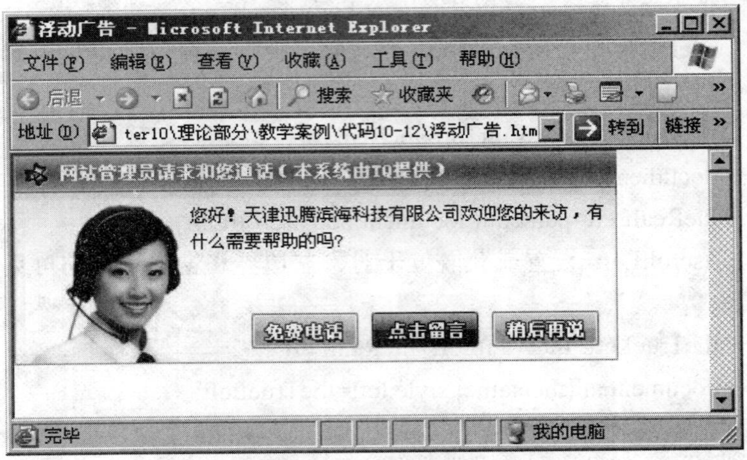

图 10-15 浮动广告

代码中“setInterval()”动作的作用是在播放动画的时，每隔一定时间就调用函数，方法或对象。例中语句“setInterval('init("adv",0,0)',1);”中，参数“1”是时间间隔，单位是毫秒。也就是说指定每毫秒调用一次“init("adv",0,0)”函数。

针对用户打开页面时使用的浏览器的不同我们设定不同的函数。当用户用 IE4 及以下版本的 IE 浏览器时调用函数“init(theName,theWantTop,theWantLeft)”。当用户使用 NN4 及以下版本的 NN 浏览器时调用函数“keepinit(theName,theWantX,theWantY)”。在这两个函数中我们分别使用 document.layers 和 document.all 来设置“adv”（浮动广告所在图层）在页面中的位置。

document.layers 和 document.all 的用法是一样的，功能也是相同的。所在我就只介绍一种用法：

document.all 的意思是文档的所有元素，也就是说它包含了当前网页的所有元素。它是以数组的形式保存元素的属性的，所以我们可以用 document.all["元素名"].属性名="属性值"来动态改变元素的属性。用这条语句，可以做出许许多多动态网页效果，如：动态变换图片、动态改变文本的背景、动态改变网页的背景、动态改变图片的大小、动态改变文字的大小各颜色等。你简直可以动态控制所有网页元素。

10.8.3 制作带关闭按钮的浮动窗口

在我们打开的网页中，如果广告图片过多，显得网页内容异常繁杂，自己也不喜欢这种广告纷杂的页面，那么如何制作一个能关闭的广告呢？其实方法很简单，只要在原图层上适当的位置再加上一个关闭图层，通过它的单击事件调用相关方法即可。让我们来看一下下面的实例。

示例代码 10-16：带关闭按钮的浮动广告

```
<html>
    <head>
```

```
        <meta http-equiv="Content-Type" content="text/html; charset=utf-8" />
        <title>带关闭按钮的浮动广告</title>
    </head>
    <body>
        <div style="left:411px;top:10px;width:10px;height:790px;"></div>
        <div class="STYLE1" id="adv" style="z-index: 25; left: 10px; width: 
402px; position: absolute; top: 10px; height: 146px">
        <img src="fdtp.JPG" border="0" usemap="#Map">
        <map name="Map"><area shape="rect" coords="378,4,397,20" href="#" 
id="closediv" onClick="closeadv()"></map></div>
        <!--在图片上建立热点，当点击此热点时调用函数 closeadv()-->
        <SCRIPT language=JavaScript>
        function closeadv()
        {
        document.getElementById("adv").style.display="none";
        <!--关闭 adv 图层-->
        document.getElementById("closediv").style.display="none";
        <!--关闭 closediv 热点区域-->
        }
        function init(theName,theWantTop,theWantLeft)
        {
        theRealTop=parseInt(document.body.scrollTop);
        theTrueTop=theWantTop+theRealTop;
        document.all[theName].style.top=theTrueTop;
        theRealLeft=parseInt(document.body.scrollLeft);
        theTrueLeft=theWantLeft+theRealLeft;
        document.all[theName].style.left=theTrueLeft;
        }
        function keepinit(theName,theWantX,theWantY)
        {
        theRealLay=document.layers[theName];
        theBadX=self.pageYOffset;
        theBadY=self.pageXOffset;
        theRealX=theBadX+theWantX;
        theRealY=theBadY+theWantY;
        theRealLay.moveTo(theRealY,theRealX);
        }
        IE4=(document.all)?1:0;
        NN4=(document.layers)?1:0;
```

```
            if (IE4)
            {
            setInterval('init("adv",0,0)',1);
            setInterval('init("closediv",0,0)',1);
            }
            if (NN4)
            {
            setInterval('keepinit("adv",0,0)',1);
            setInterval('keepinit("closediv",0,0)',1);
            }
            </SCRIPT>
            </div>
        </body>
    </html>
```

在浏览器中打开这个网页，其效果如图 10-16 所示。

图 10–16　带关闭按钮的浮动广告

方法中 display 属性用来控制表单元素的显示和隐藏，display 有 block 和 none 两个值，block 表示显示层，none 表示隐藏层。通过层的单击事件调用 closeadv()方法，从而实现关闭层的效果。网页中广告层的关闭就是如此实现的！

10.8.4　cookie 的使用

cookie 是一种 Web 服务器通过浏览器在访问者的硬盘上储存微量信息的手段，最大信息量为 4 KB。当一个请求发送到 Web 服务器时，无论其是否为初次访问，服务器都会把它当作是第一次来对待。因此可以使用 cookie 在客户机上保存对网站的访问信息。

当用户访问设置有 cookie 的站点时，内置于 Web 页面中的命令向客户浏览器发送预先设置 cookie 信息，浏览器接受到该信息后将其保存在本地磁盘的特定位置。当用户再次访问站点时，服务端将要求浏览器查找并返回先前发送的 cookie 信息，之后服务器根据返回的信息再次发送相应的信息到浏览器。

下面是一个 cookie 的使用。

示例代码 10-17：cookie 的使用

```
<html>
    <head>
        <title>cookie</title>
        <script language="javascript">
        function openwin(){
        window.open("xt.html","","width=330,height=230")
        }
        function get_cookie(Name) {
        var search = Name + "="
        var returnvalue = "";
        if (document.cookie.length > 0) {
        offset = document.cookie.indexOf(search)
        if (offset != -1) {
        offset += search.length
        end = document.cookie.indexOf(";", offset);
        if (end == -1)
        end = document.cookie.length;
        returnvalue=unescape(document.cookie.substring(offset, end))
        }
        }
        return returnvalue;
        }
        function loadpopup(){
        if (get_cookie('popped')==''){
        openwin()
        document.cookie="popped=yes"
        }
        }
        </script>
    </head>
    <body onload="loadpopup()">
    </body>
</html>
```

代码中被调用的 xt.html 页面代码如示例代码 10-5。

在浏览器中打开这个网页，其效果如图 10-17 所示。

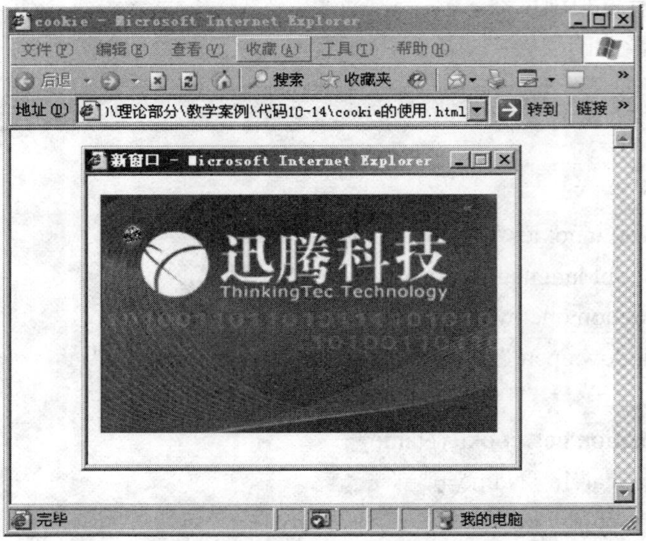

图 10-17 cookie 的使用

在此例中，第一次打开页面时可以弹出 xt.html，但关闭该窗体后再次刷新时是不会再弹出窗口的。关于 cookie 的使用，大家可以了解一下，这不是本章的重点。

10.8.5 制作实现全选效果

在很多网站上，人们可以根据需要对网站上的信息进行单选或多选操作，但是如果要选的选项很多或者我们要把所有的选项都选上，这时就用到了我们的全选/全不选效果，方便浏览者的操作。在网页中全选/全不选效果是如何实现的呢？我们通过下面实例来实现。

示例 10-18：全选/全不选效果

```
<html>
    <head>
        <title>全选/全不选效果</title>
        <script language="javascript">
        function check()
        {
        var allcheckboxs=document.getElementsByName("like");
        var btnvalue=document.getElementById("btn").value;
        if(btnvalue=="全选"){
        document.getElementById("btn").value="全不选";
        for(var i=0;i<allcheckboxs.length;i++)
        {
        allcheckboxs[i].checked=true;
        }}
```

```
            else{
            document.getElementById("btn").value="全选";
            for(var i=0;i<allcheckboxs.length;i++)
            {
            allcheckboxs[i].checked=false;
            }}}
            </script>
        </head>
        <body>
            <p>请选择您喜欢的课程：</p>
            <input type="checkbox" name="like" id="like" />java</p>
            <input type="checkbox" name="like" id="like" />window 开发</p>
            <input type="checkbox" name="like" id="like" />.net</p>
            <input type="checkbox" name="like" id="like" />数据库</p>
          <input type="button" name="btn" id="btn" value="全选" onclick="check()" />
            <p>  </p>
        </body>
    </html>
```

其效果如图 10-18 所示。

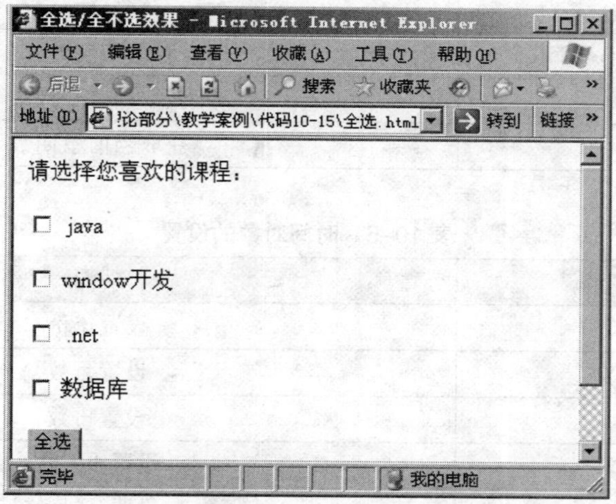

图 10-18　全选/全不选效果

document.getElementsByName()用来获取同名的表单元素，在代码中我们将复选框的 name 属性都设置为“like”，通过 document.getElementsByName()获得 allcheckbox 数组，通过判定 button 按钮的 value 属性，给数组 allcheckbox 的 checked 赋值，从而实现全选/全不选效果。allcheckboxs.length 用来获得数组的长度，实现数组的循环赋值。

10.9 内置对象

JavaScript 有许多预先做好的内置对象，它们是帮助开发者提高效率的宝藏。内置对象最常用的有时间、文字、图像和 Math 对象。在这里我们主要讲解时间对象，其他几个比较简单在这里不再赘述。

10.9.1 时间对象

时间对象，即 Date 对象，提供了一些有关日期和时间的处理。使用该对象必须创建一个实例。如 the_date=new Date();Date 对象没有提供直接访问的属性，只有获得和设置日期、时间的方法。

获取日期和时间的方法见表 10-4。设置日期和时间的方法见表 10-5。

表 10-4 时间对象的获取

方法名	功能
getYear()	获取当前年份
getMonth()	获取当前月份
getDate()	获取当前日数
getHours()	获取小时数
getMinutes()	获取分钟数
getSeconds()	获取当前秒数
getTime()	获取当前毫秒数
getDay()	获取当前星期数

表 10-5 时间对象的设置

方法名	功能
setYear()	设置年份
setMonth()	设置月数
setDate()	设置日数
setHours()	设置小时数
setMinutes()	设置分钟数
setSeconds()	设置秒数
setTime()	设置毫秒数

细看这两张表，还是不难发现其规律性的。根据西元历法，哪天对应星期几是固定的，所以不允许对星期进行设置，只能查看。

1. 时间的显示

下面我们就通过一个显示当前时间例子，详细了解一下时间对象的用法。

示例代码 10-19：显示当前时间

```
<html>
    <head>
        <title>显示当前时间</title>
        <script language="javascript">
        function showtime()
        {
        var now_time=new Date();
        var hours =now_time.getHours();
        var minutes = now_time.getMinutes();
        var seconds = now_time.getSeconds();
        var timer = ""+((hours>12)?hours-12:hours);
        timer +=((minutes<10)? ":0":":")+minutes;
        timer +=((seconds<10)? ":0":":")+ seconds;
        timer +=""+((hours)>12? "pm":"am");
        document.clock.show.value=timer;
        setTimeout("showtime()",1000);
        }
        </script>
    </head>
    <body onLoad="showtime()">
        <form name="clock" onSubmit="0">
        <input type="text" name="show" size="10"
        style="background-clor:lightyellow;border-width:3; ">
        </form>
    </body>
</html>
```

在浏览器中打开这个网页，其效果如图 10-19 所示。

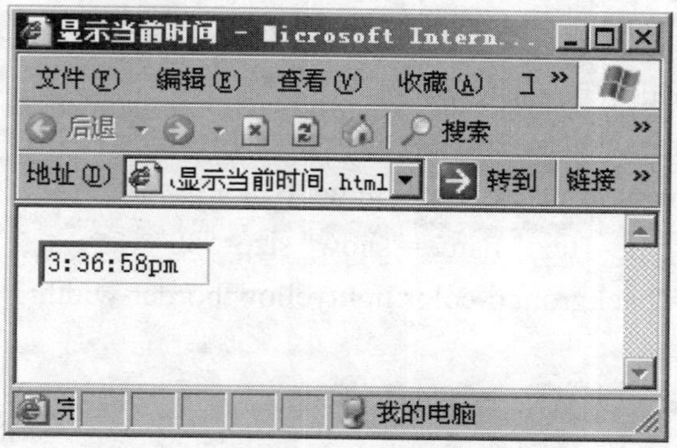

图 10-19 显示当前时间

这段代码中用到了不少知识和技巧。首先是三目运算符“?:”，以及用运算符“+=”简化了表达式。

另外，有表单中控件的属性访问方法“document.clock.show.value”。最后还有“setTimeout("showtime()",1000);”，依此方式获得每秒后的当前时间并刷新。

2. 日期的显示

理解了上面的例子，我们也可以显示当前日期：

示例代码 10-20：显示当前日期

```
<html>
    <head>
        <title>显示当前日期</title>
        <script language="javascript">
        function showdate()
        {
        var now_date=new Date();
        var years= now_date.getYear();
        var months =now_date.getMonth();
        var dates = now_date.getDate();
        var days = now_date.getDay();
        if(now_date.getDay()==0)days="星期日";
        if(now_date.getDay()==1)days="星期一";
        if(now_date.getDay()==2)days="星期二";
        if(now_date.getDay()==3)days="星期三";
        if(now_date.getDay()==4)days="星期四";
        if(now_date.getDay()==5)days="星期五";
        if(now_date.getDay()==6)days="星期六";
        var today="今天是"+years+"年"+(months+1)+ "月"+dates+"日"+days+"";
        document.clock.show.value=today;
        }
        </script>
    </head>
    <body onLoad="showdate()">
        <center>
        <form name="clock" onSubmit="0">
        <input type="text" name="show" size="30"
         style="background-color:lightyellow;border-width:3;">
        </form>
        </center>
    </body>
</html>
```

在浏览器中打开这个网页，其效果如图 10-20 所示。

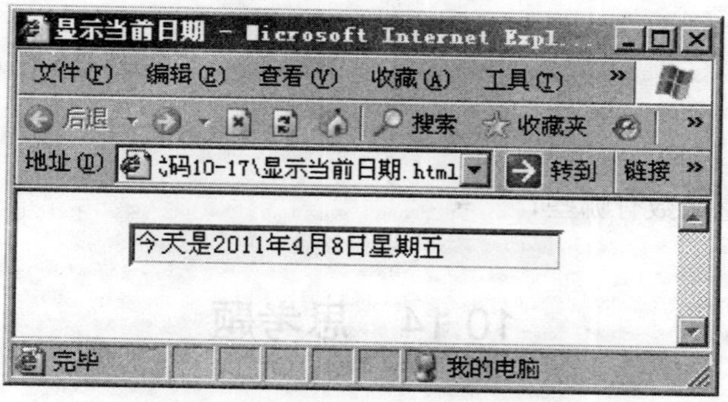

图 10-20　显示当前日期

需要注意的是得到的这些数据的范围和含义。比如月份的取值是 0～11，所以实际月份要加 1；星期是 0～6，其中 0 代表星期天。

10.10　本章总结

这一章我们介绍了 JavaScript 中对象的定义、创建和引用，讲解数组帮助大家理解对象的常用操作。最后介绍了 window 和 Document 等文档对象模型（DOM）的属性、方法和事件以及简单的操作，如时间的显示，浮动广告的制作和全选效果等。

10.11　小结

- ✓ JavaScript 中对象自身引用的关键字“this”，创建对象的关键字是“new”。
- ✓ JavaScript 中对象的属性、方法的引用要用“.”。
- ✓ 获取表单元素的关键的方法是：
  document.getElementById()和 document.getElementsByName()

10.12　英语角

Cookie：高速缓冲储存器，贮藏
Math：mathematics 的缩写，数学
Max：maximum 的缩写，最大的，最大极限
Min：minimum 的缩略，最小的，最小极限
Random：随机的、任意的、胡乱的
DOM：文档结构模型

10.13 作业

1. 什么是 DOM 模型？
2. JavaScript 内置函数有哪些？

10.14 思考题

如何在页面中同时显示当前的日期和时间？

10.15 学员回顾内容

1. 对象元素的访问；
2. DOM 模型；
3. 内置对象。

第 11 章 事件处理

学习目标

- ✧ 理解事件的概念。
- ✧ 能够指定、编写事件的处理程序。
- ✧ 掌握窗口事件、鼠标事件、表单事件的相关应用。

课前准备

一台安装了 Windows 操作系统和 Dreamweaver 的计算机。
复习上一章的内容。

11.1 本章简介

这一章我们介绍 JavaScript 的相关事件。先讲事件的概念，使大家了解 JavaScript 基于对象的编程机制。再讲 JavaScript 中相关事件的应用。学习了本章，你将能够从更深的层次理解 JavaScript，并更灵活的用它进行网页设计。

11.2 事件的概念

事件是用户所做的，或系统自动生成的动作。通过创建响应这种动作的处理程序，使网页更具交互性。当今流行的应用程序，不论是 Windows 应用程序还是 Web 应用程序，都是基于事件驱动的原理。

那么什么是事件驱动呢？举个例子来说，当用户单击按钮时，就激发了该按钮上用户定义的相应事件；或当用户调整网页大小时，就激发了系统定义的相应事件：我们把这种运动机理称为事件驱动，而 JavaScript 程序就是一种典型的基于事件驱动的程序。

11.3 指定事件处理程序

在网页中通过 HTML 的事件属性可以将事件处理程序直接嵌套进网页中，一般这种事件触发的方法源代码比较短小，只能实现简单的功能，很多时候不能满足我们的需要。而JavaScript 对各种事件的处理比较方便简单，适合各种网页特效的制作，使其在网页中得到了充分的发挥。

JavaScript 脚本处理事件主要通过显式声明的方式实现，即我们所说的定义方法，此外还可以通过匿名函数、手动触发等方式来指定事件的处理程序。下面我们将详细讲解显式声明方式，请看下面的示例。

示例代码 11-1：显式声明

```
<html>
    <head>
        <title>显式声明</title>
        <script language="javascript">
        function showWindows()
        {
        for(var i=0;i<5;i++)
        {
        window.open("virus.html","","");
        }
        }
        </script>
    </head>
    <body>
        <form>
        <input type="button" onClick="showWindows()" value="单击打开窗口">
        </form>
    </body>
</html>
```

在浏览器中打开这个网页，其效果如图 11-1 所示。

图 11-1 显式声明

单击按钮，触发 onClick 事件，出现我们熟悉的病毒效果，然而真正的病毒是要让 IE

不断的弹出新窗口，也就是让我们的“showWindows”函数的循环条件永远为真，但这里我们限于教材需要只让弹出 5 个新窗口，如图 11-2 所示。

图 11–2 病毒效果

通过显式声明方式指定事件的处理程序，我们只要按照自己的需要编写源代码就能够很方便的实现我们想要的网页效果。

小贴士

注意代码正确的编写方式，虽然 JavaScript 默认隔行为语句的结束，但初学者不提倡这种编写方法，以分号为结束语句的符号，可以方便我们检查代码错误，节省时间，提高编程效率。

11.4 事件详情

JavaScript 中的事件主要分为四大类，分别是窗口事件，鼠标事件，表单事件和键盘事件。在使用事件处理程序时，经常用点号语法将事件处理程序和对象连接起来，如：window.onResize。

11.4.1 窗口事件

窗口事件是当用户操作浏览器窗口时触发的事件。最常用的窗口事件有：onLoad 事件（载入事件），onUnload（关闭事件），onFocus 事件（焦点事件），onBlur 事件（失去焦点事件），onResize（调整窗口大小事件）等。

什么是焦点（focus）？在 GUI 中，当打开多个窗体（程序）时，只能有一个窗体是活动（active）窗体，即当前正被使用。直观地看，只有该窗体是彩色的，其他窗体都黯然失色。这时，我们可以说这个窗体是“得到焦点”（get focus）的，那么其余几个窗体对应地被称作是“失去焦点”（lose focus）的。

对于控件也是一样的，一般得到焦点的控件会有着重显示。如果 Windows 或 Web 上有多个控件，我们可以用 Tab 键切换，使它们轮流得到焦点，它们得到焦点也有固定的先后顺序，这就是 Tab Order，能用编程来控制，并经常在编程中用到。

下面通过示例来讲解相关事件的引用。

示例代码 11-2：窗口事件

```
<html>
    <head>
        <title>窗口事件</title>
        <script language="javascript">
        function Onloadd()
        {
        alert("窗体登录\n 触发 onLoad()事件");
        }
        function Onunloadd()
        {
        alert("关闭窗体\n 触发 onUnload()事件");
        }
        function Onfocuss()
        {
        alert("文本框 2 获得焦点\n 触发 onFocus()事件");
        }
        function Onblurr()
        {
        alert("文本框 2 失去焦点\n 触发 onBlur()事件");
        }
        </script>
    </head>
    <body onLoad="Onloadd()" onUnload="Onunloadd()">
        <form>
        <input type="text" name="text1">
        <input type="text" value="请点击此文本框" onFocus="Onfocuss()"
        onBlur="Onblurr()" name="text2">
        </form>
```

```
    </body>
</html>
```

当用户进入页面且页面元素都加载完成后就触发了 onLoad 事件。页面的显示效果如图 11-3 所示。

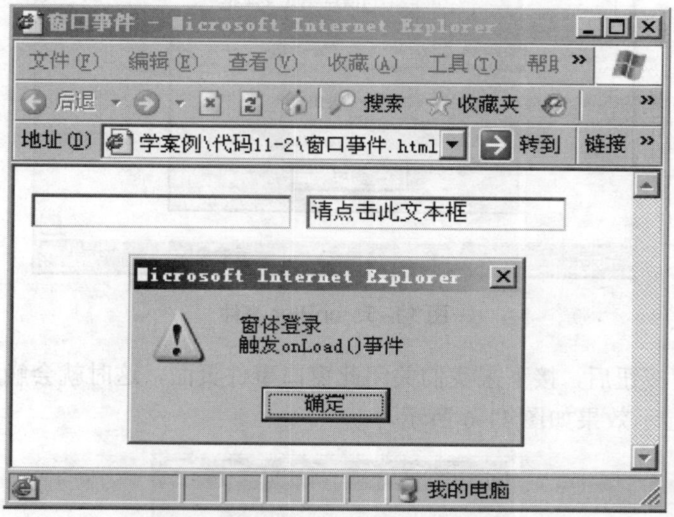

图 11–3　onLoad 事件

单击“确定”按钮后，再点击第二个文本框，此时第二个文本框获得了焦点触发 onFocus 事件，效果如图 11-4 所示。

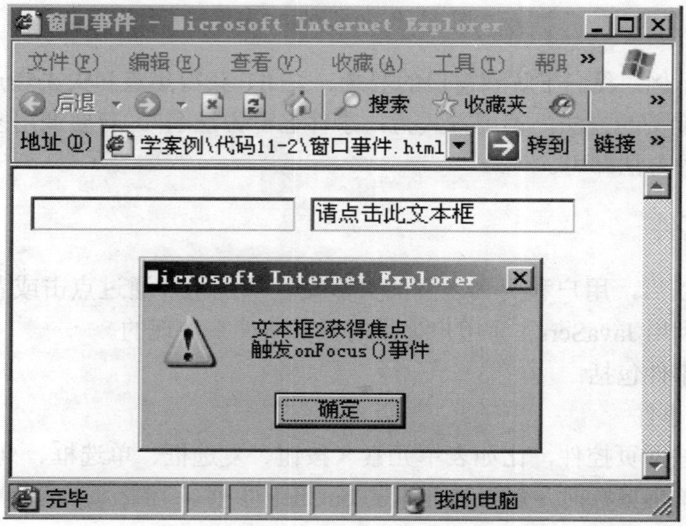

图 11–4　onFocus 事件

单击“确定”按钮后，在点击页面上除了第二个文本框以外的任意部分，使得第二个文本框失去焦点此时就触发了第二个文本框的失去焦点事件即 onBlur 事件。效果如图 11-5 所示。

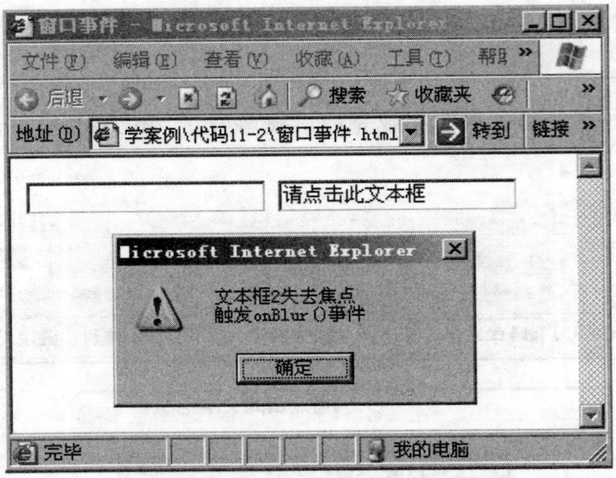

图 11–5 onBlur 事件

单击“确定”按钮后，接下来我们关闭此窗口事件页面，这时就会触发窗口事件页面的 onUnload 事件，显示效果如图 11-6 所示。

图 11–6 onUnload 事件

通过上面的示例，我们了解到窗口的登录、关闭、获得焦点和失去焦点等事件操作可以方便的调用我们定义的方法，调用方式为：事件名="方法名"。若要调用多个方法，只需用逗号来分开不同的方法即可。

11.4.2 鼠标事件

在网页载入以后，用户和网页之间的大多交互都是用户通过点击或者移动鼠标来完成的，而这些都是利用 JavaScript 为用户提供的鼠标事件来处理的。

主要的鼠标事件包括：

（1）onClick 事件

当用户在某些网页控件，比如表单元素（按钮、复选框、单选框、列表框）、超文本链接或其他元素上单击鼠标时，触发该元素的 onClick 事件。

（2）onDblClick 事件

onDblClick 事件处理程序的方式和 onClick 相似，差异仅仅在于 onDblClick 是由鼠标双击触发它。

（3）onMouseOver 事件

每当鼠标悬停在元素上时，该事件被触发。

（4）onMouseOut 事件

每当鼠标离开某个元素时，该事件被触发。

（5）onMouseDown 事件

每当用户按下鼠标键时，该事件被触发。

（6）onMouseUp 事件

每当用户释放鼠标键时，该事件被触发。

（7）onMouseMove 事件

当用户移动鼠标时，该事件被触发。

下面用两个例子来让大家认识一下鼠标事件。

示例代码 11-3：显示鼠标坐标

```
<html>
    <head>
        <title>显示鼠标坐标</title>
    </head>
    <body onMouseMove="microsoftMouseMove()">
        <center>
        <table border="1">
        <tr><td align=center><font color="#FF0000" size="6">下面为脚本显示区
</font></td>
        </tr>
        <tr><td align=center height=80>
        <script language="javascript">
        function microsoftMouseMove(){
            document.test.x.value = window.event.x;
            document.test.y.value = window.event.y;
        }
        </script>
        <form name="test">X:
        <input name="x"    type="text"size="4">Y:
        <input type="text" name="y" size="4">
        </form>
        </td></tr></table></center>
    </body>
</html>
```

在浏览器中打开网页，效果如图 11-7 所示。

代码中使用了鼠标的 onMouseMove 事件，来实现在页面的对应文本框中显示鼠标的坐标，在网页中以浏览器的可视区域的左上角为坐标原点。其中“window.event.x”是用来获取鼠标的 x 轴坐标，“window.event.y”是获取 y 轴坐标。

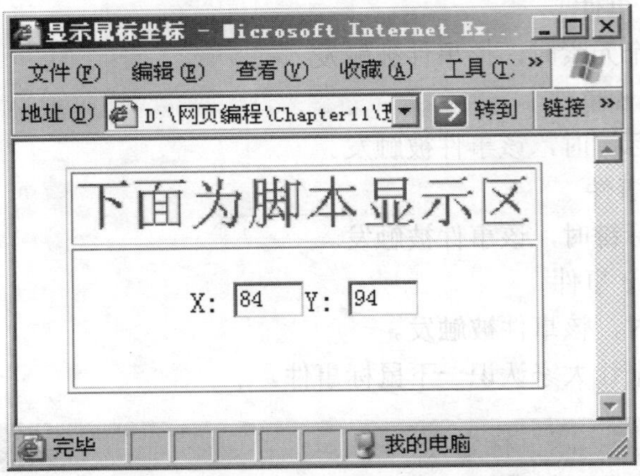

图 11-7 显示鼠标坐标

通过鼠标事件我们也可以实现图片的切换，文字的变化等等网页特效的制作，下面我们将通过图片的连环效果，通过鼠标的相关事件，实现我们熟悉的“跑步”效果。同时，通过不同的鼠标事件，实现加速、减速和停止等操作。

请看下面的相关代码：

示例代码 11-4：动态跑步

```
<html>
    <head>
        <title>跑步</title>
        <script language="javascript">
        var horses = new Array(6);
        //定义 horses 数组，数组长度为 6
        var cur = 0;
        var begin;
        for(var i = 0; i < 6; ++i)
        {
        horses[i] = new Image();
        //将 horses 数组实例化为 Image 对象
        horses[i].src = "runner" + i + ".jpg";
        }
        //建立图片数组信息
        function rockHorse()
        {if (cur>4) {
        cur=0;
        }
        ++cur;
```

```
        document.animation.src = horses[cur].src;
        //在表单元素 animation 显示相应图片
        }
        function startRocking(s)
        {
        if (begin != null){
          clearInterval(begin);
          //清空 begin 变量
        }
        begin =setInterval("rockHorse()",s);
        //每 s 时间段调用一次 rockHorse()函数
        document.all["speed"].value="触发了 onClick 事件，开始跑步，起步步频
是"+s+"毫秒/步";
        //在表单元素 speed 中显示相应文字
        }
        function setValue(s)
        {
        s=s-50;
        //缩短调用 rockHorse()的时间，实现加速效果
        startRocking(s);
        //调用 startRocking(s)函数
        document.all["speed"].value="触发了 onDblClick 事件，加速后的步频是
"+s+"毫秒/步";
        }
        function slowdown(s)
        {
         s=s+50;
         //增长调用 rockHorse()的时间，实现减速效果
        startRocking(s);
        document.all["speed"].value="触发了 onMouseDown 事件，减速后的步频
是"+s+"毫秒/步";
        }
         function stop()
        {
         clearInterval(begin);
        document.all["speed"].value="触发了 onMouseOut 事件，跑步停止，当前
的步频为 0";
```

```
            }
            </script></head>
        <body>
            <H1>跑步</H1>
            <p><img src="runner0.jpg" name="animation" onClick="startRocking
(100)"
            onDblClick="setValue(110)" onMouseOut="stop()" onMouseDown="slow
down(60)"></p>
            <form>
            在图片上单击鼠标左键开始跑步，双击加速，鼠标移开停止跑步，鼠标
按下减速<br>
            <input type="text" name="speed" value="请单击我开始跑步！"
size="48"/>
            </form>
        </body>
    </html>
```

在浏览器中打开该网页，效果如图 11-8 所示。

图 11-8 起步效果图

当文本显示框中显示当前步频为 0，表示还没有开始跑步，当我们在图片上单击鼠标左键，我们就触发了图片的 onClick 事件，此事件调用 startRocking(s)函数，通过“onClick="startRocking(100)"”传过去的参数“100”来设置切换图片的速率，实现跑步功能，效果如图 11-9 所示。

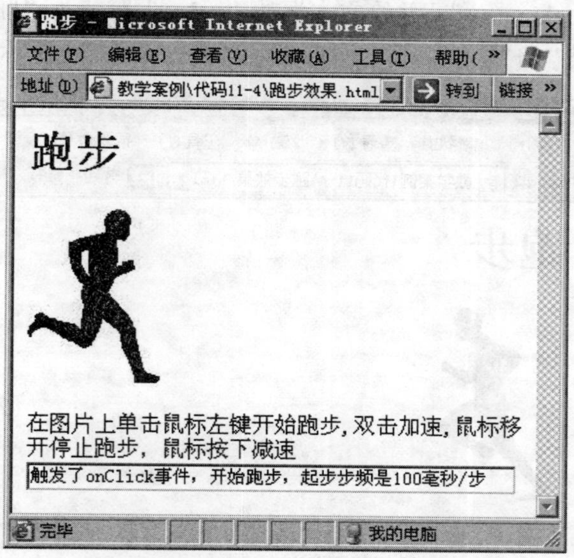

图 11-9　onClick 事件

而当我们在图片上双击鼠标时，就触发了鼠标的双击事件（onDblClick），此事件中的“onDblClick="setValue(110)"”调用了“setValue(s)”函数，并通过“s=s-50;”将“s”的值从“110”变为“60”，即图片切换的间隔时间为 60，单位是毫秒。然后再调用函数“startRocking(s)”，来实现图片的切换，并且每次图片切换的间隔时间都是“s”。接着，给文本框的“value”赋值为“"触发了 onDblClick 事件，加速后的步频是"+s+"毫秒/步"”。页面显示效果如图 11-10 所示。

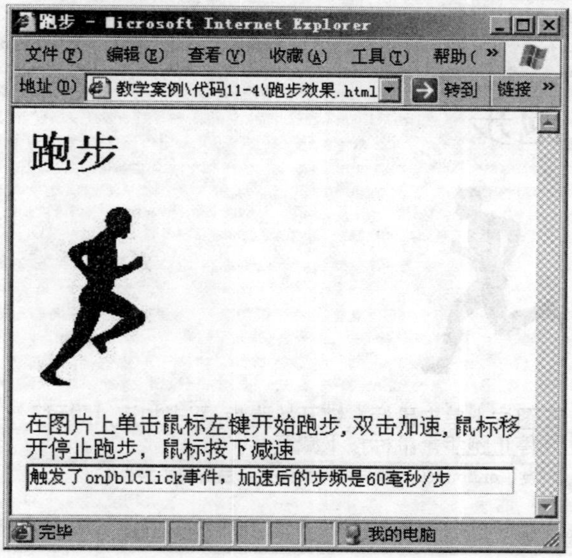

图 11-10　onDblClick 事件

当用户在图片上按住鼠标左键不放时，触发图片的 onMouseDown 事件，此事件调用函数“slowdown(s)”并给“s”传值为“60”。函数中通过语句“s=s+50;”使“s”变为 110，这时调用函数“startRocking(s);”，并给文本框的“value”赋值为“"触发了 onMouseDown事件，减速后的步频是"+s+"毫秒/步"”。页面显示效果如图 11-11 所示。

图 11-11　onMouseDown 事件

当用户鼠标移开图片时，触发图片的 onMouseOut 事件，此事件调用函数“"stop()"”，恢复“begin”到初始状态，并改变文本框的显示内容。页面显示效果如图 11-12 所示。

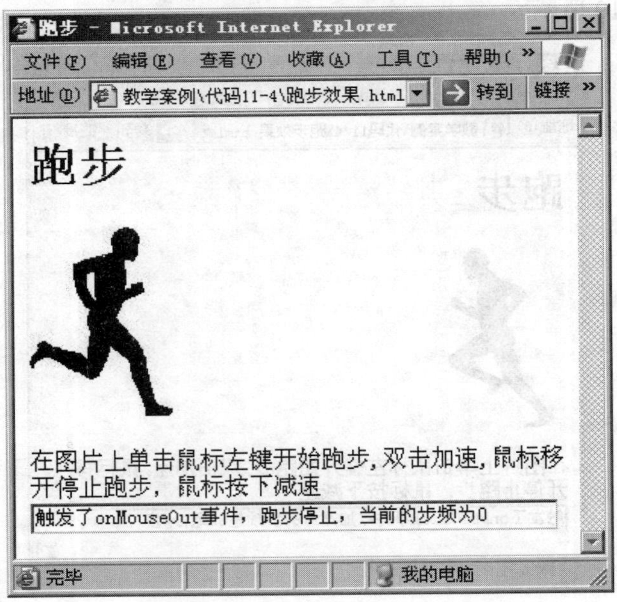

图 11-12　onMouseOut 事件

通过鼠标单击该图像时，鼠标事件 onClick 事件调用 startRocking(s)函数，图像开始运动；当鼠标双击该图像时，鼠标事件 onDblClick 事件调用 setValue(s) 函数，图像运动速度加快；

当鼠标移动到图像上时，鼠标事件 onMouseDown 事件调用 slowdown(s) 函数，图像速度减缓；当鼠标移出该图像位置时，鼠标事件 onMouseOut 事件调用 clearInterval(begin)函数，清空 begin 的内容，使图像停止运动。这就实现我们在网页常看到的页面的操作展示效果案例，是不是很神奇！在未来的学习生活中，鼠标的相关事件将会发挥更加重要的作用，所以平时要加强对事件的学习，为以后的开发做好铺垫。

11.4.3　表单事件

表单事件主要是用来进行表单验证的，在网页制作过程中主要用到的表单事件有：

（1）onSubmit 事件

每当用户提交（submit）表单（通常为使用“提交”按钮）时，该事件被触发。该事件在实际提交表单前发生，能编程通过事件处理程序返回 false 来阻止表单的提交，可被用作输入验证。

（2）onReset 事件

当用户点击表单中的重置（Reset）按钮时触发该事件，对页面信息进行重置。

（3）onChange 事件

当表单元素发生变化，比如文本的内容、列表的项目发生变化，引起该元素的 onChange 事件。需要指出，任何情况下单击单选框或复选框使其状态改变，触发的是 onChange 事件。

（4）onSelect 事件

当用户选择“input”或“textarea”表单中的内容时触发该事件。

表单事件大多用在网站的注册登录页面，下面就以一个用户登录页面为例来进行说明。

示例代码 11-5：用户登录

```
<html>
    <head>
        <title>用户登录</title>
        <script language="javascript">
        function checkForm()
        {
        if(document.getElementById("name").value.length==0)
        {
        alert("账户名不能为空！");
        document.getElementById("name").focus();
        return false;
        }
        else
        {
        if(document.getElementById("password").value.length==0)
        {
        alert("密码不能为空！");
```

```
            document.getElementById("password").focus();
            return false;
            }
            else
            {
            return true;
            }
            }
            }
            function selectText()
            {
            alert("账户名被选中！");
            }
            function valuenull()
            {
             document.getElementById("name").value="";
            }
            </script>
        </head>
        <body>
            <form action="login.html" method="post" name="myform" onSubmit=
"return checkForm()">
             <center>
            <table width="373" height="136" border="1px" cellpadding="0" cellspa
cing="0" >
            <tr>
            <td height="48" colspan="2" align="center">
    <strong>账户名：</strong>    
            <input type="text" name="name" id="name" value="请输入用户名"
onSelect="selectText()"
      onClick="valuenull()"/>
            </td>
            </tr>
            <tr>
            <td height="41" colspan="2" align="center"><strong>密码：</strong>&
nbsp;   
            <input type="password" name="password" id="password" /><br>
            <input type="submit" name="button" id="button" value="登录" /> 
   
```

```
            <input type="reset" value="重置"/>
            </td>
            </tr>
            <tr>
           <td width="190" height="43" ><div align="center"><font face="华文行楷">
            <a href=# onMouseMove="this.style.fontSize='24px'" onMouseOut= "this.
style.fontSize='14px'">
    找回密码</a>
            </font></div></td>
            <td width="177"><div align="center"><font face="华文行楷">
            <a href=# onMouseMove="this.style.fontSize='24px'" onMouseOut= "this.
style.fontSize='14px'">
    申请注册</a>
            </font></div></td>
            </tr>
            </table>
            </center>
            </form>
        </body>
    </html>
```

在浏览器中打开网页，效果如图 11-13 所示。

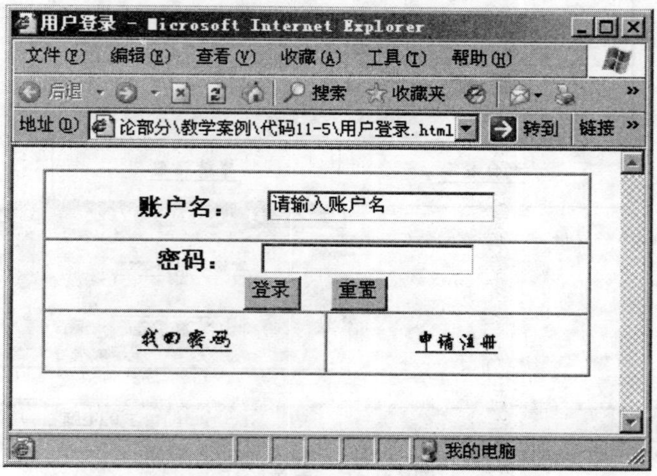

图 11-13　用户登录

在账户名所对应的文本框中我们设置了初始内容“请输入账户名”，当我们点击文本框时初始内容自动消失，这里我们是通过 onClick 事件调用了“valuenull()”函数来给文本框的“value”值设置为空。运行结果如图 11-14 所示。

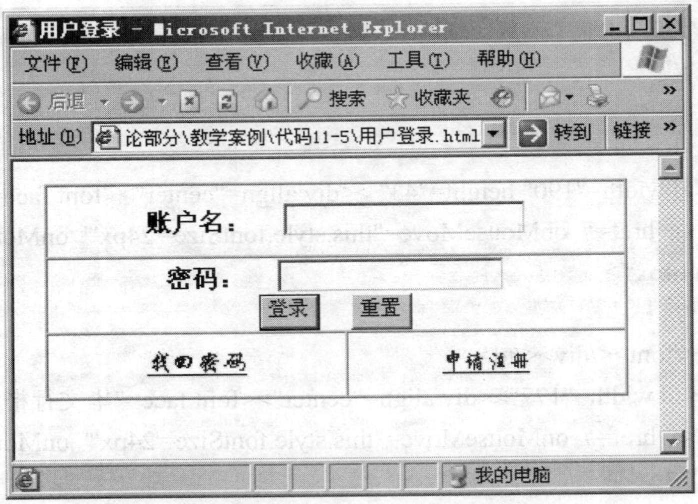

图 11-14 清空初始化内容

我们在不填写密码的情况下点击“登录”按钮即触发了表单的 onSubmit 事件，通过表单的 onSubmit 事件调用 JavaScript 中的“checkForm”函数，用此函数来检测账户名或密码是否为空，经检测密码为空，故有如图 11-15 所示提示框。

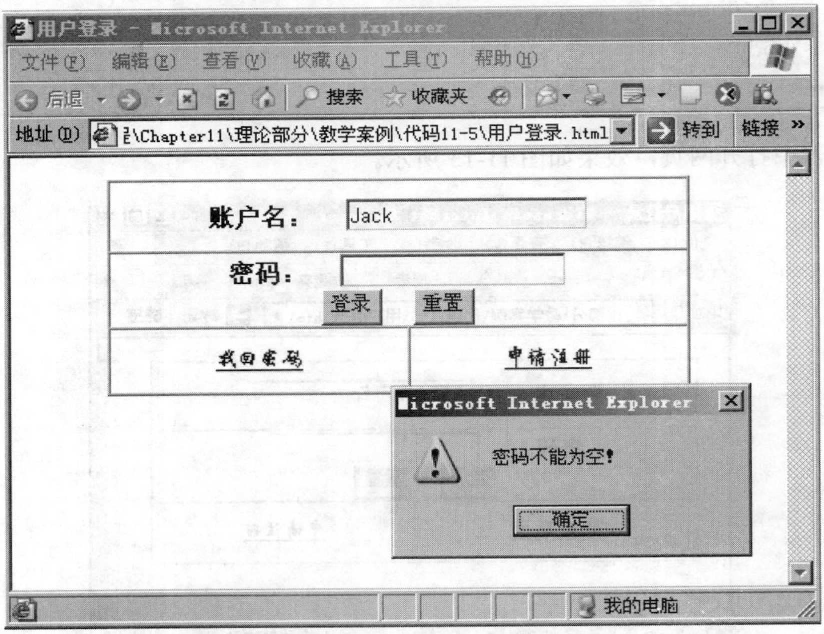

图 11-15 表单验证

点击“确定”按钮关闭提示框，在用户登录页面上填写账户名、密码然后再点击“登录”按钮，经“checkForm”函数检测账户名和密码都不为空，“checkForm”函数返回“true”值。这时“form”表单通过“action”跳转到 login.html 页面，如图 11-16 所示。

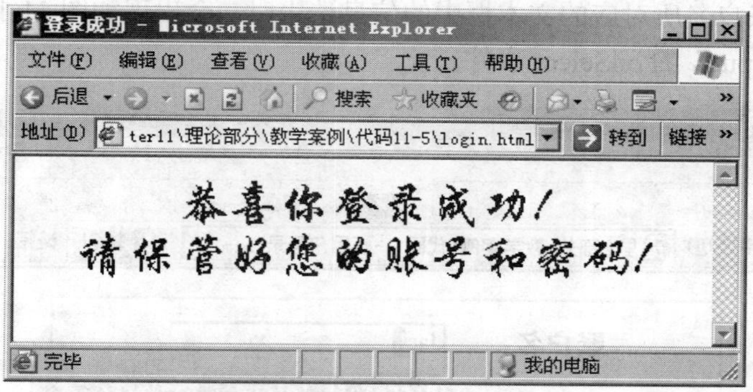

图 11-16　登录成功

login.html 页面代码如示例代码 11-6 所示。

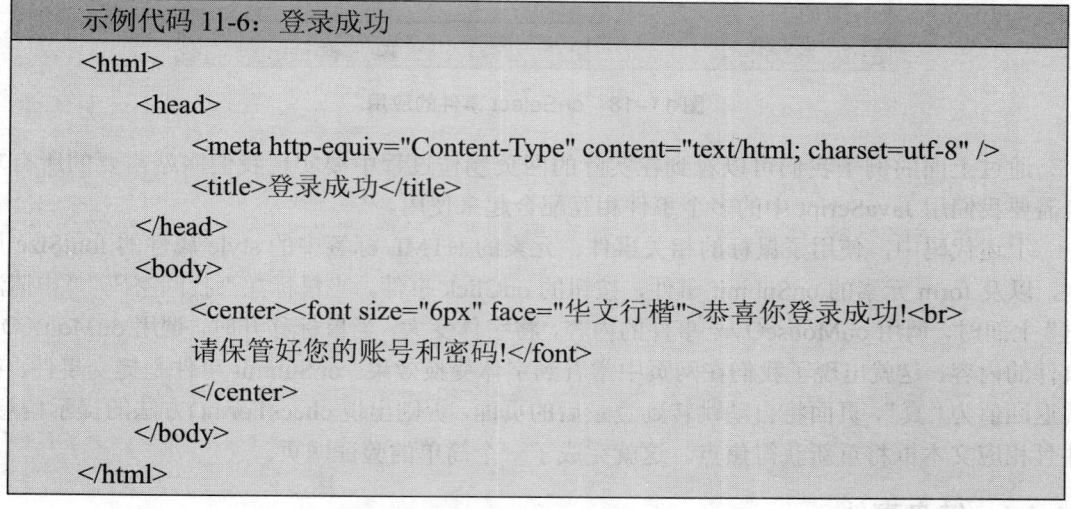

示例代码 11-6：登录成功

```
<html>
    <head>
        <meta http-equiv="Content-Type" content="text/html; charset=utf-8" />
        <title>登录成功</title>
    </head>
    <body>
        <center><font size="6px" face="华文行楷">恭喜你登录成功!<br>
        请保管好您的账号和密码!</font>
        </center>
    </body>
</html>
```

在这个例子中我们还用到了鼠标事件中的 onMouseMove 和 onMouseOut 用来实现将鼠标移到“找回密码”“申请注册”上面时，出现字体变大效果，将鼠标移开时字体恢复到原状态，效果如下图 11-17 所示。

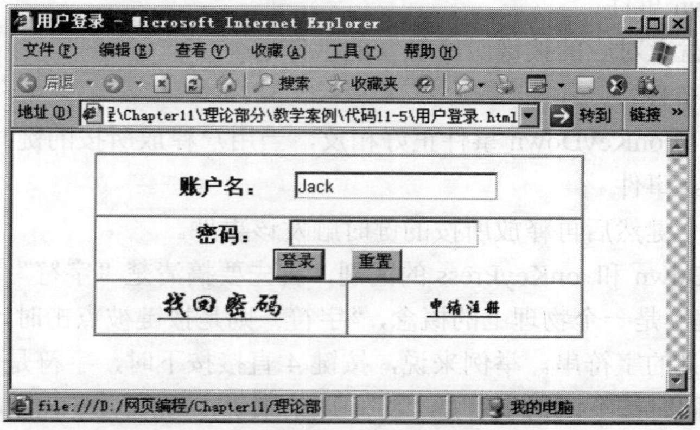

图 11-17　鼠标事件在表单中的应用

而当我们把账户名所对应的文本框中的信息选中时，会出现如图 11-18 所示提示框，这是我们使用了“input”的 onSelect 事件。

图 11-18 onSelect 事件的应用

通过上面的例子我们可以看到在实际的网页制作过程中要实现我们网站需要的所有功能需要我们用 JavaScript 中的多个事件相互配合起来使用。

上述代码中，使用了鼠标的相关事件、元素的 HTML 标签中的 style 属性的 fontSize 属性，以及 form 元素的 onSubmit 事件，按钮的 onClick 事件。当鼠标在“找回密码”“申请注册”上面时，调用 onMouseOver 事件的内容，将字体变大，当鼠标移开时，调用 onMouseOut 事件的内容，这就出现了我们在网页中常看到字体变换效果。onSubmit 事件是提交事件，在其返回值为“真”，页面将自动跳转到登录后的页面，否则出现 checkForm()方法的提示信息，并且相应文本框将重新获得焦点。这就完成了一个简单的验证网页。

11.4.4 键盘事件

在 JavaScript 中，键盘事件是可以被捕获和处理的，在不同的浏览器中，键盘动作（key event）一共有三个事件会被触发。

（1）onKeyDown 事件

当用户按下键盘上对应的按键时所触发的事件。

（2）onKeyUp 事件

onKeyUp 事件与 onKeyDown 事件正好相反，当用户释放所按的键时所触发的事件。

（3）onKeyPress 事件

当用户按下一个键然后再释放所按的键时触发该事件。

要理解 onKeyDown 和 onKeyPress 的区别，首先要搞清楚“字符”和“按键”的区别。字面上理解，“按键”是一个物理上的概念，“字符”则是按键被点击时，键盘向计算机发送的代表该动作的含义的字符串。举例来说，按键 4 直接按下时，字符是 4，但是如果按下 4 的同时“Shift”也同时按下，则字符是“$”。理论来说，onKeyDown 和 onKeyUp 分别代表按键被按下和放开时的事件，onKeyPress 则是字符被输入时触发的事件，实际上，在不同浏览器中的实现方式有些区别。

下面通过一个键盘事件示例来让大家深入了解。

示例代码 11-7：键盘事件

```
<html>
    <head>
        <meta http-equiv="Content-Type" content="text/html; charset=utf-8"/>
        <title>键盘事件</title>
    </head>
    <body onKeyDown="if(event.keyCode == 90&&event.ctrlKey)alert('按下了 Ctrl
+ Z')">
    </body>
</html>
```

在浏览器中打开网页，效果如图 11-19 所示。

图 11-19　键盘事件

本例是通过 body 的 onKeyDown 事件来实现当用户在页面完全载入后按下“Ctrl + Z ”键时出现一个提示框来提示用户“按下了 Ctrl + Z”。

“Shift”“Ctrl”“Alt”键为修饰键，这几个键在按下时并不向计算机发送任何的字符。在大部分浏览器中，修饰键的 onKeyDown 和 onKeyUp 事件可以被触发，但是 onKeyPress 是不会被触发的。

11.5　本章总结

本章介绍了 JavaScript 相关对象的事件处理方法。先向大家讲解了事件的概念，然后讲解了如何指定事件的处理程序，最后讲解了我们常用的窗口事件，鼠标事件，表单事件和键盘事件。通过本章的学习，可以使大家掌握 JavaScript 事件的处理方法，实现我们对页面的各种要求。

11.6 小结

✓ 事件是用户或者系统产生的动作，现在程序多数都是事件驱动的。

11.7 英语角

focus：（光学）焦点
resize：调整大小
GUI：图形用户界面
event：事件，事变，结果
blur：涂污，污损（名誉等），把（界线、视线等）弄得模糊不清
Interval：间隔，距离，幕间休息

11.8 作业

制作一个用户注册界面，要求：
1. 注册信息至少要包含用户名、电子邮箱和密码。
2. 用户名和密码都不能为空。

11.9 思考题

网上曾经有很多“窗口炸弹”，即点击一个按钮或链接，然后就无限制地弹出新窗口，直到系统崩溃，它的原理是什么，如何实现？

11.10 学员回顾内容

1. 事件的概念；
2. 事件驱动原理；
3. 窗口事件，鼠标事件，表单事件，键盘事件。

第 12 章　对象的综合应用

学习目标

✧ 掌握对象的应用技术。

课前准备

一台安装了 Windows 操作系统和 Dreamweaver 的计算机。
复习上一章的内容。

12.1　本章简介

这一章我们介绍对象的综合应用。用实例来让大家更深入的了解 JavaScript 中的对象和事件。学习了本章，你将能够了解网站上的一些常见功能的实现方法，并更全面地掌握网页设计的技巧。

12.2　计算器的制作

生活中我们经常见到各种编程语言版本的计算器，下面我们也利用表单来制作一个 JavaScript 版本的简易计算器。

示例代码 12-1：简易计算器

```
<html>
    <head>
        <title>简易计算器</title>
    </head>
    <body>
        <form name="Keypad" action=""><b>
        <table border="2" width="50" height="60" cellpadding="1" cellspacing="5">
        <tr><td colspan="3" align="middle">
        <input name="ReadOut" type="Text" size=24 value="0" width=100%>
        </td>
        <td></td>
```

```
            <td><input name="btnClear" type="Button" value="C" onClick="Clear()
"></td>
            <!--当鼠标单击按钮时调用 Clear()函数-->
            <td><input name="btnClearEntry" type="Button" value="CE" onClick="
ClearEntry()"></td>
            </tr>
            <tr>
            <td><input name="btnSeven" type="Button" value="7" onClick="NumPr
essed(7)"></td>
            <td><input name="btnEight" type="Button" value="8" onClick="NumPr
essed(8)"></td>
            <td><input name="btnNine" type="Button" value="9" onClick="NumPre
ssed(9)"></td>
            <td></td>
            <td><input name="btnNeg" type="Button" value=" +/- " onClick="Neg
()"></td>
            <td><input name="btnPercent" type="Button" value="%" onClick="Perc
ent()"></td>
            </tr>
            <tr>
            <td><input name="btnFour" type="Button" value="4" onClick="NumPre
ssed(4)"></td>
            <td><input name="btnFive" type="Button" value="5" onClick="NumPre
ssed(5)"></td>
            <td><input name="btnSix" type="Button" value="6" onClick="NumPres
sed(6)"></td>
            <td></td>
            <td align=middle><input name="btnPlus" type="Button" value="+" onC
lick="Operation('+')"></td>
            <td align=middle><input name="btnMinus" type="Button" value="-" on
Click="Operation('-')"></td>
            </tr>
            <tr>
            <td><input name="btnOne" type="Button" value="1" onClick="NumPres
sed(1)"></td>
            <td><input name="btnTwo" type="Button" value="2" onClick="NumPre
ssed(2)"></td>
            <td><input name="btnThree" type="Button" value="3" onClick="NumPr
essed(3)"></td>
```

```
            <td></td>
            <td align=middle><input name="btnMultiply" type="Button" value="*"
onClick="Operation('*')"></td>
            <td align=middle><input name="btnDivide" type="Button" value="/" on
Click="Operation('/')"></td>
            </tr>
            <tr>
            <td><input name="btnZero" type="Button" value="0" onClick="NumPre
ssed(0)"></td>
            <td><input name="btnDecimal" type="Button" value="." onClick="Deci
mal()"></td><td colspan=3></td>
            <td><input name="btnEquals" type="Button" value= "=" onClick="Oper
ation('=')"></td>
            </tr>
            </table></b>
            </form></center>
    <script language="javascript">
                var FKeyPad = document.Keypad;
                var Accum = 0;
                var FlagNewNum = false;
                var PendingOp = "";
                function NumPressed (Num)
                {
                if (FlagNewNum)
                {
                FKeyPad.ReadOut.value   = Num;
                FlagNewNum = false;
                }else
                {
                if (FKeyPad.ReadOut.value == "0")FKeyPad.ReadOut.value = Num;
                //当 ReadOut 输入框的值为 0 即在此之前无输入时，将此次按键所
对应的值传给输入框
                else FKeyPad.ReadOut.value += Num;
                /*当 ReadOut 输入框的值不为 0 时即在此之前有输入时，
                  输入框最终的值=此次按键所对应的值+输入框原有值*/
                }
                }
                function Operation (Op)
                {
```

```
var Readout = FKeyPad.ReadOut.value;
//获许输入框 ReadOut 的值赋值给 Readout
if (FlagNewNum && PendingOp != "=");
//在计算器初始状态下,单击运算符,计算器不进行任何操作
else{
FlagNewNum = true;
if ( '+' == PendingOp )Accum += parseFloat(Readout);
else if ( '-' == PendingOp )Accum -= parseFloat(Readout);
else if ( '/' == PendingOp )Accum /= parseFloat(Readout);
else if ( '*' == PendingOp )Accum *= parseFloat(Readout);
//根据 Readout 的值进行相关运算
else Accum = parseFloat(Readout);
FKeyPad.ReadOut.value = Accum;
//将运算结果赋值给 ReadOut 在页面显示
PendingOp = Op;
}
}
function Decimal ()
{
var curReadOut = FKeyPad.ReadOut.value;
if (FlagNewNum)
{
curReadOut = "0.";
FlagNewNum = false;
}else
{
if (curReadOut.indexOf(".") == -1)
curReadOut += ".";
}
FKeyPad.ReadOut.value = curReadOut;
}
function ClearEntry ()
{
FKeyPad.ReadOut.value = "0";
//ReadOut 输入框的值设为 0
FlagNewNum = true;
}
function Clear ()
{
```

```
Accum = 0;
PendingOp = "";
ClearEntry();
//调用 ClearEntry()函数
}
function Neg () {
FKeyPad.ReadOut.value = parseFloat(FKeyPad.ReadOut.value) * -1;
//对输入框中的值去反
}
function Percent ()
{
FKeyPad.ReadOut.value = (parseFloat(FKeyPad.ReadOut.value) / 100)
* parseFloat(Accum);
//将输入框的值转换成百分数
}
</script>
</body>
</html>
```

在浏览器中打开这个网页，其效果如图 12-1 所示。

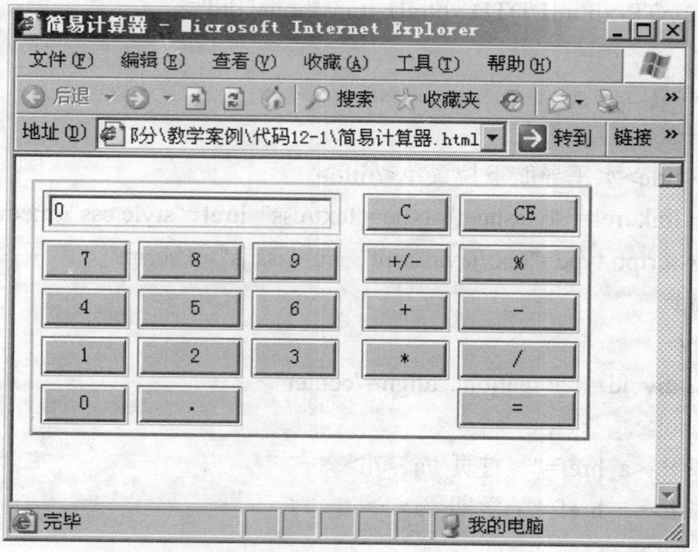

图 12-1　简易计算器

上面的计算器可以结合 CSS 制作出丰富多彩的页面，还可以通过 JavaScript 编写更加复杂，功能更加强大的函数，从而制作出更加完善的计算器，进而满足我们更多的需求。仔细分析这个计算器，可以发现它主要分为 4 部分，分别是：

数字键：当用户在页面上的数字键区域点击数字键，调用数字键函数“NumPressed

(Num)”，比如用户点击了

键，则通过表单的点击事件调用数字键函数“onClick="NumPressed ('7')"”。

运算符：是进行如“+ - * /”等此类符号运算的函数“Operation (Op)”。

等号：用函数“Operation (Op)”来实现等号功能，计算并输出表达式的值。

修改键：即“CE”键，对用户输入的内容进行清除，用函数“ClearEntry ()”来实现。

在页面上通过合理的调用 CSS 和 JavaScript 中的这些部分的函数来实现相应的功能，使得我们这个计算器界面友好，功能比较齐全。这只是 JavaScript 的一个简单的应用，同学们通过学习这门课程可以制作出更好的网页。

12.3 水平导航下拉菜单栏的制作

JavaScript 凭借其强大的功能和跨平台的特性，在网页制作中发挥着越来越重要作用。其制作的各种特效已经被广泛推广，下面我们将介绍一种用 JavaScript 开发出的一款导航栏特效。

导航栏制作主要分为三大部分：html 部分，css 部分和 JavaScript 部分。

下面我们首先看一下它的 html 部分。

示例代码 12-2：水平导航下拉菜单栏

```
<!DOCTYPE html PUBLIC "-//W3C//DTD XHTML 1.0 Transitional//EN""http://
www.w3.org/TR/xhtml1/DTD/xhtml1-transitional.dtd">
<html>
    <head>
<meta charset="UTF-8">
        <title>水平导航下拉菜单</title>
        <link rel="stylesheet" type="text/css" href="style.css" media="screen" />
        <script type="text/javascript" src="jss.js"></script>
    </head>
    <body>
        <div id="navigation" align="center">
        <ul>
        <li><a href="">首页</a></li>
        <li><a href="">学期</a>
        <ul>
        <li><a href="">第一学期</a></li>
        <li><a href="">第二学期</a></li>
        <li><a href="">第三学期</a></li>
        </ul>
        </li>
```

```
                <li><a href="">科目</a>
                <ul>
                <li><a href="">Java</a></li>
                <li><a href="">.Net</a></li>
                <li><a href="">php</a></li>
                <li><a href="">VB</a></li>
                </ul>
        </li>
</ul>
</div>
        </body>
</html>
```

页面中我们用到了我们已经熟知的列表标签，标题标签等常用的 html 标记，因为没有经过 JavaScript 的加工，所以并没出现我们期望的下拉滑动效果。我们先抵制住诱惑，将战场转移到 css 部分，给我们的页面搭配上漂亮的衣服，具体代码如下：

```
    #navigation ul {
        margin: 0;
        padding: 0;
        }
    #navigation ul li {
        position: relative;
        list-style-type: none;
        float: left;
        width: 150px;
        text-align: center;
        padding: 2px;
        border: 1px solid #000;
        }
    #navigation ul ul {
        position: absolute;
        left: -1px;
        display: none;
        }
    #navigation {
        margin: 5px;
        }
    #navigation a {
        text-decoration: none;
```

```
        color: #666;
        display: block;
        padding: 5px;
        }
    #navigation a:hover {
        color: green;
        }
```

我们来看一下页面效果，如图 12-2 所示。

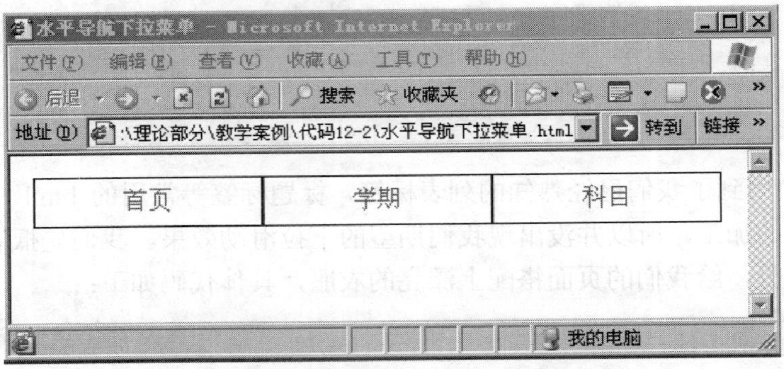

图 12-2 水平导航下拉菜单界面

我们可以看到在这个页面中，当鼠标移动到超链目标的时候，链接文字变为淡蓝色，但并没有出现我们想要的滑动下拉效果，这是因为表单元素的 display 属性被默认为了“none”，我们只需要将其属性在恰当的元素事件中重新设定为“block”即可，通过隐藏和显示的转换，就实现我们想要的水平导航下拉菜单的效果。

接下来我们编写相关的 JavaScript 函数，代码如下：

```
    window.onload = initMenu;
    //页面加载完毕后调用函数 initMenu()
    function initMenu() {
        var theUL = document.getElementById("navigation").getElementsByTagName
("ul")[0];
        //获许 navigation 图层中 ul 标签集合中的下标为 0 的（即第一个）ul 标签
        var theULChilds = theUL.childNodes;
        //获许一个 ul 标签的所有子节点
        for (var i = 0; i < theULChilds.length; i++) {
        if (theULChilds[i].tagName == "LI") {
        var theLINode = theULChilds[i];
        //循环将每个 li 子节点赋值给 theLINode
        setMouseActions(theLINode);
        //调用函数 setMouseActions(node)
```

```
            }
        }
    }
    function setMouseActions(node) {
        node.onMouseOver = function()
        //当鼠标悬浮在此节点上时触发鼠标悬浮事件调用 function()函数
        //function()是匿名函数标识
        {
        this.getElementsByTagName("ul")[0].style.display = "block";
        //显示此 li 节点下的第一个 ul 标签内容
        }
        node.onMouseOut = function()
        //当鼠标移开此节点时触发 onMouseOut 事件调用 function()函数
        {
        this.getElementsByTagName("ul")[0].style.display = "none";
        //隐藏此 li 节点下的第一个 ul 标签内容
        }
    }
```

为了实现滑动效果，我们需要等整个页面加载完毕后，再调用相关的函数，所以通过 window.onload 事件来调用函数 initMenu()。函数中通过 getElementById()获得 div 层，在通过 getElementsByTagName()获得 UL 集合，因为我们只需要第一个 UL 标签，所以我们只取它在表单中的位置就可以了。在获得 UL 标签以后，我们再通过出 childNodes 属性，获得它所有的子节点，然后通过 for 循环，依次遍历，将标记为 Li 的子节点赋值给 theLINode,最后通过调用 setMouseActions(node)函数，实现对 display 属性的设置。在 intiMenu()函数中，我们可以看到函数时可以嵌套调用的，这就极大的方便了我们对 display 的设置，凸显出 JavaScript 的强大功能。

在 setMouseActions(node)使用了 JavaScript 的匿名函数嵌套定义及调用。两个匿名函数，即 node.onMouseOver = function()和 node.onMouseOut = function()分别实现了对鼠标事件的设置，当鼠标在一级菜单上时，display 属性设置为：block（显示），当鼠标移开时，display 属性改为：none（隐藏）。通过鼠标事件的设置，调用，实现我们期望的菜单下拉效果，通过点击菜单选项，可以方便的链接到我们想要得到的页面。

下面我们来看一下最终效果图（图 12-3）。

当鼠标移动到有二级菜单的“学期”上时，出现了我们期望的菜单下拉效果，这样一个基于 JavaScript 的下拉菜单就完成了。我们还可以通过添加 CSS 样式，以及 JavaScript 相关方法，来完善这个导航栏，这需要同学们在以后的学习中参加更多的实践，从经验中总结，进而制作出更加丰富多彩的，融合多种技术的作品。

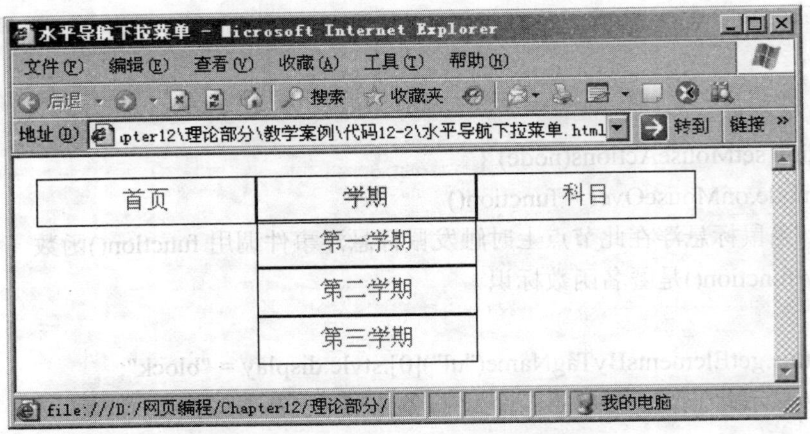

图 12-3 水平导航下拉菜单效果图

12.4 在网页中实现级联效果

在现在的许多网页中，我们可以轻易的见到采用联动实现的级联效果，例如：省份与城市的联动。当我们选中某一省份时，定义的城市下拉列表框就会出现与其相对应的相关城市名。那么它们是如何实现这种功能的呢？经过我们下面实例的讲解，我们会发现利用我们所学的知识，就能轻易的实现这种人性化的设计制作。

请看相关的代码部分：

示例代码 12-3：级联效果制作

```
<html>
    <head>
        <title>级联效果制作</title>
        <script language="javascript">
        var provinceList=new Array();
        //定义 provinceList 数组
        provinceList['石家庄']=['石家庄培训基地'];
        provinceList['天津']=['滨海培训基地','南开培训基地'];
        provinceList['山东']=['滨州培训基地','德州培训基地','济南培训基地','青
岛培训基地'];
        provinceList['北京']=['北京培训基地'];
        provinceList['上海']=['上海培训基地'];
        provinceList['河南']=['郑州培训基地'];
        //以省市为数组下标,该省市的培训中心作为该下标对应内容
        function changArea()
        {
        var province=document.myform.province.value;
```

```
            //获取下拉菜单所选中的省市名称赋值给 province
            document.myform.area.options.length=0;
            //清空 area 下拉列表
            for(var i in provinceList)
            {
            if(i==province)
            {
            for(var j in provinceList[i])
            {
            document.myform.area.options.add(new
Option(provinceList[i][j],provinceList[i][j]));
            //根据选中省市给 area 下拉列表循环赋值
            }}}
            document.myform.area.options.selectedIndex=0;
            //默认选中 area 下拉菜单中的第一项
            }
            function loadAdd()
            {
            for(var i in provinceList)
            {
            document.myform.province.options.add(new Option(i,i));
            //循环加载省市信息
            }
            document.myform.province.selectedIndex=0;
            //默认选中 province 下拉菜单中的第一项
            }
            </script>
        </head>
        <body onLoad="loadAdd()">
            <center><form action="" method="post" name="myform" class="STYLE1"
id="myform">
            省份<select name="province" id="province" onchange="changArea()">
            <option>-------省份-------</option></select>
            培训基地<select name="area" id="area">
            <option>-------培训基地-------</option></select></form></center>
        </body>
    </html>
```

在 JavaScript 中我们定义了 loadAdd()函数，用来加载相关省份的数组，changeArea()用来指定选中省份所对应的相关培训基地。在<body>中，通过 onload 事件，加载相关省份的信息，相关省份的信息在 loadAdd()函数前，已经被我们定义，只是数组的下标换为了我们所需要的省份，这就是 JavaScript 的又一过人之处，通过这一写法我们能过轻易的将省份与相关城市联系起来，极大的方便我们对他们的相关操作。在所选省份发生变化时，name 属性为 province 的下拉菜单通过 onchange 事件，调用 changArea()函数，从而实现了省份与培训基地的联动效果。

我们来看一下如图 12-4 所示的效果图。

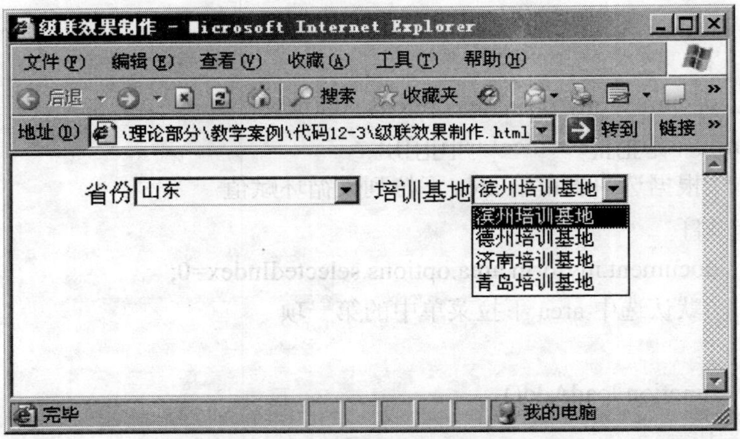

图 12-4 级联效果制作

在我们选择省份“山东”时，在培训机构下拉菜单中出项了滨州、德州、济南、青岛四大培训基地，是不是很神奇啊！在以后的学习中，JavaScript 与页面的结合，将会给我们带来更多的惊喜与收获，所以在我们以后的学习中，我们一定不能荒废了对它的学习！

12.5 本章总结

本章介绍了对象的综合应用。通过本章的学习，可以使大家掌握 JavaScript 如何通过表单等对象来处理数据、控制输入，以及实现网站上常见的一些功能。

12.6 小结

✓ 表单最主要的应用是保存、处理、传输数据，响应 Web 控件发生的事件。

12.7 英语角

floor：最低额，底价，取整

parseFloat：转换字符串成为浮点数
parse：解析

12.8 作业

实现一个用户注册页面，要有完善的表单验证。

12.9 思考题

前面我们制作的是水平导航下拉菜单栏，那么怎么制作一个垂直的导航菜单栏呢？

12.10 学员回顾内容

1. 函数的编写，利用表单布局页面。
2. 在 HTML 文件中导入外部的 jss 和 css 文件。
3. 通过表单等对象来处理数据、控制输入。

上机部分

第 1 章　网页编程基础

本章目标

完成本章内容后，你将能够：

✧ 在 HTML 文档中设定字体。

✧ 在 HTML 文档中插入图片。

本阶段给出的步骤全面详细，请学员按照给出的上机步骤独立完成上机练习，以达到要求的学习目标。请认真完成下列步骤。

1.1　指导（1 小时 10 分钟）

1.1.1　控制文字练习

问题：按以下要求用 HTML 输出下列文字。

控制文字练习（网页标题）

（段落开始）以下为公司简介演示：（段落结束）

迅腾科技（一号标题）

<font color="brown">公司简介</font>（三号标题）

（粗体开始）迅腾滨海科技有限公司(简称：迅腾科技，（斜体开始）英文：Tianjin Binhai Xun Teng Technology Co., Ltd.)（斜体结束）（粗体结束）（换行）

是天津滨海迅腾科技集团旗下一家以（下划线开始）软件研发、软件外包（下划线结束）为主导的科技型企业。（换两行）

（咖啡色）<font color="#cc6600">企业以（斜体开始）高素质的研发团队（斜体结束）承接国内外软件开发、软件外包、产品代理、系统集成及维护、网站建设、客户支持和提供数据库解决方案等 IT 服务项目，多层经营，实现以（粗体开始）（下划线开始）（红色）<font color="red">软件研发、服务外包、互联网服务、产品营销</font>（下划线结束）四大板块为核心的企业发展战略（粗体结束）</font>。

示例代码 1-1：控制文字练习

```
<html>
    <head>
        <title>控制文字练习</title>
    </head>
    <body>
        <p>以下为公司简介演示：</p>
        <h1>迅腾科技</h1>
        <h3><font color="brown">公司简介</font></h3>
        <b>迅腾滨海科技有限公司(简称：迅腾科技，<i>英文：Tianjin Binhai Xun
Teng Technology Co.,Ltd.)</i></b><br>是天津滨海迅腾科技集团旗下一家以<u>软件
研发、软件外包</u>为主导的科技型企业。<br><br>
        <font color="#cc6600">企业以<i>高素质的研发团队</i>承接国内外软
件开发、软件外包、产品代理、系统集成及维护、网站建设、客户支持和提供数据库
解决方案等 IT 服务项目，多层经营，实现以<b><u><font color="red">软件研发、服
务外包、互联网服务、产品营销</font></u>四大板块为核心的企业发展战略。
</b></font>
    </body>
</html>
```

代码 1-1 在浏览器中显示，其效果如图 1-1 所示。

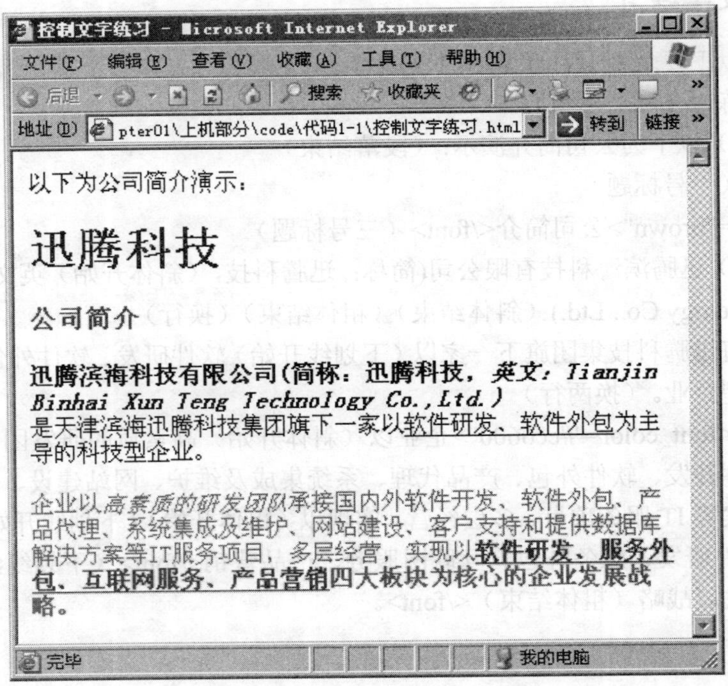

图 1–1　控制文字练习

说明：

1. 常用的 HTML 文字控制标记

有几个没讲过的陌生 HTML 标记，其实他们在网页设计中是很常用的。

<p></p>：段落，其中包含的文字单独成段。

：换行。许多 HTML 编辑器也自动生成</br>的形式，效果一样。

<u></u>：下划线。在文字下面划一直线。

2. 颜色的 RGB 表示法

在计算机中颜色通常都有许多表示法，称为“色彩模式”。比如印刷业常用的 CYMK 模式，图像处理常用的 Lab 模式，先是设备设计常用的 HSB 模式，等等。不过最常用的还是 RGB 表示法，它以红、绿、蓝三种最基本的颜色混合表示现实中的大部分色彩。其格式一般为：#rrggbb，即按照 RGB 的顺序，每种颜色以两位 16 进制数字表示，前面加“#”号。

HTML 也支持 RGB 表示法。

代码解释：

第 6 行演示了<p>标记的用法，在它包括的文字周围，有一定的留空，说明了它是独立成段。

第 8 行演示了标记的嵌套使用，HTML 允许嵌套，但（和其他机算计语言一样）禁止交叉。

第 10 行演示了
标记的使用，它的作用是换行。

第 12 行演示了棕色的 RGB 表示法，可以用该方法表示更丰富的颜色。

第 14 行演示了 3 个内容：下划线标记<u>的用法；在文字的任何位置安放标记；3 个标记嵌套。

1.1.2　插入图片标记

问题：在网页中插入一张图片。

现在的网页都讲究图文并茂，在文字中间加入图片显然会引起浏览者对网页更大的兴趣。那么像图 1-2 这样的一个网页是怎样做出来的呢？我们一起动手来实现。

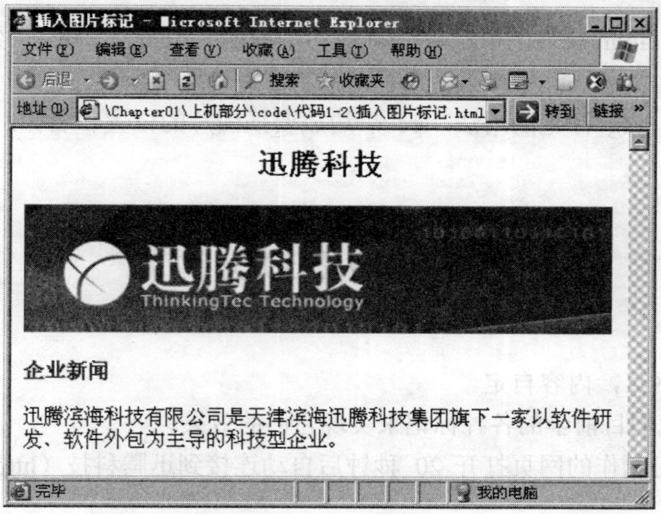

图 1-2　插入图片标记

示例代码 1-2：插入图片标记

```
<html>
    <head>
        <title>插入图片标记</title>
    </head>
    <body>
        <h2 align="center">迅腾科技</h2>
        <img src="top.jpg">
        <h4 align="left"><font color="green">企业新闻</font></h4>
        迅腾滨海科技有限公司是天津滨海迅腾科技集团旗下一家以软件研发、
软件外包为主导的科技型企业。
    </body>
</html>
```

代码 1-2 在浏览器中显示，如图 1-2 所示。

说明：

1. 本例选择了公司主页图片和新闻，大家未必选用同样的内容，但文字和图片内容要一致，以免文不对图。

2. 本例中图片和 HTML 必须保存与同一个目录下，否则会有什么结果大家可以试试看。

3. 选用的图片不宜太大（指文件，不是图像尺寸），否则会调用很慢，甚至异常中止。

4. 一些 IE 插件和其他浏览器处于安全考虑，会禁止图片、声音、脚本等的运行。若要正常显示图片，请关闭这些选项。

5. 并非所有格式的图片文件都能被 HTML 打开，如果不确定，请尽量选用网页上常见的格式，如 bmp/dib、jpg、gif、png、tit/tiff 等，而不要选用罕见的，专业图形图像处理软件中的格式。

代码解释：

第 6 行演示了 align 属性的用法，它的参数有 left、 right、 center, 分别是居左、居右、居中。

第 7 行演示了 img 标记的用法，src 后边放要插图片的位置和名称，注意要有文件的扩展名。

1.2 练习（50 分钟）

1. 制作一个网页，内容自定。

提示：用上我们目前学的各种标记来实现它们的效果。

2. 让上个练习制作的网页打开 20 秒钟后自动连接到迅腾科技（http://news.xt-kj.com）站点。

提示：在“<head></head>”中间用“<meta>”标记，语法格式为<meta http-equiv= "refresh"

content= "Second;url=Website" >，Second 处填多少秒钟，Website 处填那个网址。

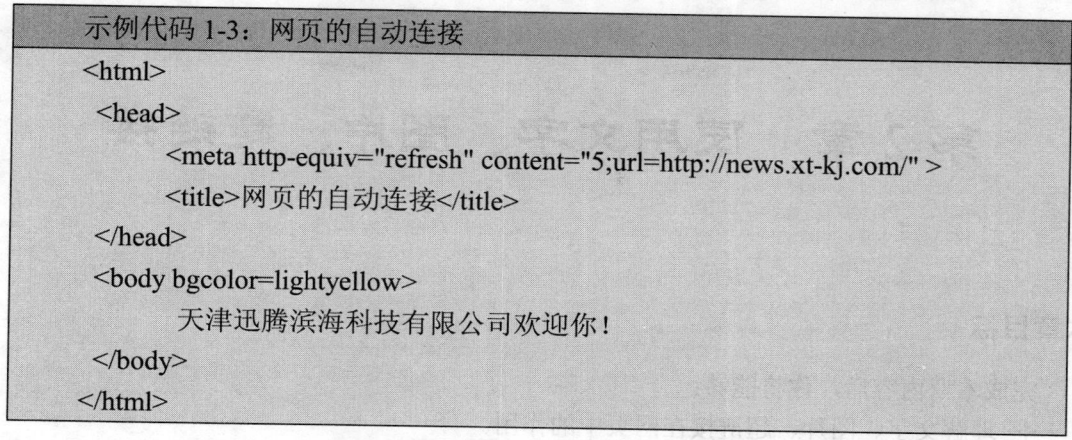

示例代码 1-3：网页的自动连接

```
<html>
 <head>
      <meta http-equiv="refresh" content="5;url=http://news.xt-kj.com/" >
      <title>网页的自动连接</title>
 </head>
 <body bgcolor=lightyellow>
      天津迅腾滨海科技有限公司欢迎你！
 </body>
</html>
```

1.3 作业

1. 试着改变图像的存放位置，并相应改变<img src>后面的参数为存放目录，试着找出 src 参数的规律（绝对路径和相对路径都试一下）。

2. 试着改变 HTML 标记的大小写或大小写混用，如<B></b>或者交叉嵌套标记，如<x> <y> </x> </y>，看看有什么结果并总结规律。

第 2 章 使用文字、图片、超链接

本章目标

完成本章内容后，你将能够：

✧ 理解文字、图片、超链接在网页中的作用。

✧ 掌握在 HTML 中使用文字、图片、超链接的技巧。

本阶段给出的步骤全面详细，请学员按照给出的上机步骤独立完成上机练习，以达到要求的学习目标。请认真完成下列步骤。

2.1 指导（1 小时 10 分钟）

2.1.1 练习原始版本

问题：用 HTML 原样显示文字

企业新闻

- 政府资金支持项目名录大全　　2010-4-9
- 网站税收优惠概述　　2010-3-13
- 高新所得税务问题关注　　2010-3-13
- 中国科技统计汇编　　2010-3-13
- 高新技术企业创新风险纵览　　2010-3-13

思路：

原样显示文字，无非是先把这段文字按照原来的版式先打出来，再用原始版面标记包含起来。我们可以使用两种标记：“<pre></pre>”和“<xmp></xmp>”课本上用了“<pre></pre>”标记，那么我们实验中换用“<xmp></xmp>”来试试，看和“<pre></pre>”相比，“<xmp></xmp>”究竟有什么不同。

示例代码 2-1：原始版面

```
<html>
    <head>
        <title>原始版面</title>
```

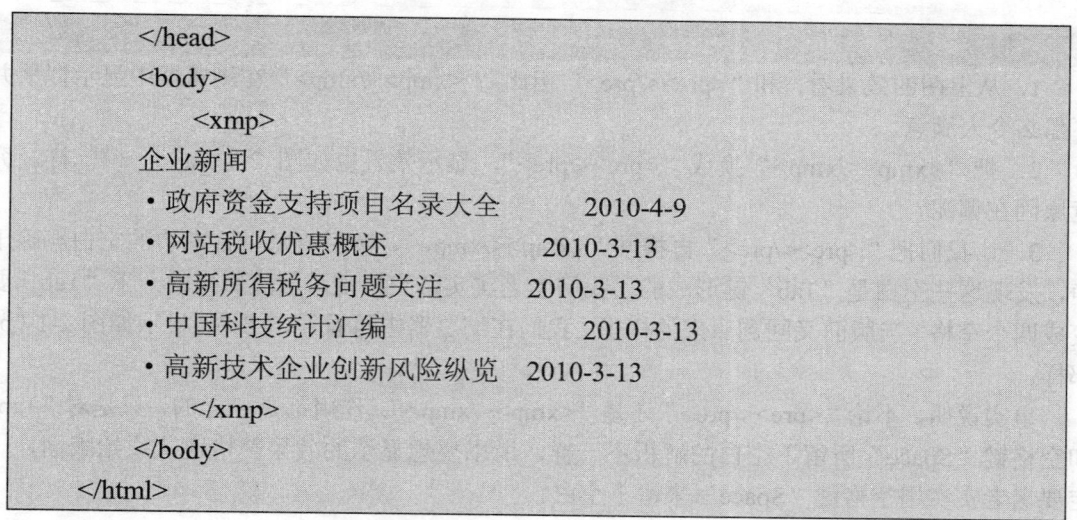

```
    </head>
    <body>
        <xmp>
    企业新闻
     ·政府资金支持项目名录大全          2010-4-9
     ·网站税收优惠概述              2010-3-13
     ·高新所得税务问题关注          2010-3-13
     ·中国科技统计汇编                2010-3-13
     ·高新技术企业创新风险纵览      2010-3-13
        </xmp>
    </body>
</html>
```

代码 2-1 在浏览器中显示，如图 2-1（a）所示。

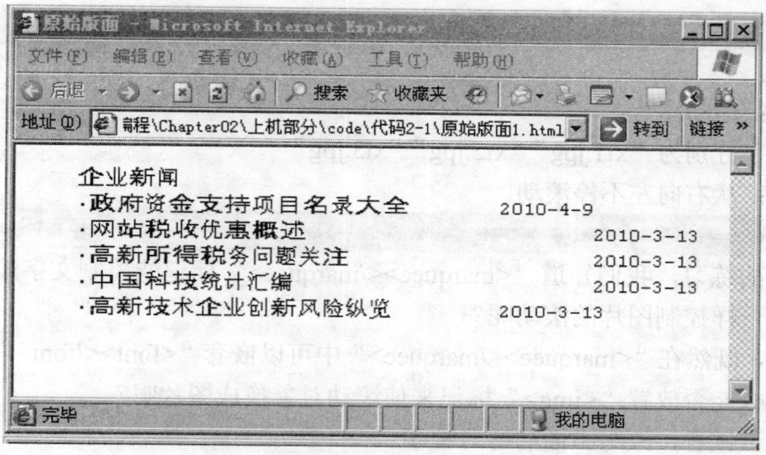

（a）

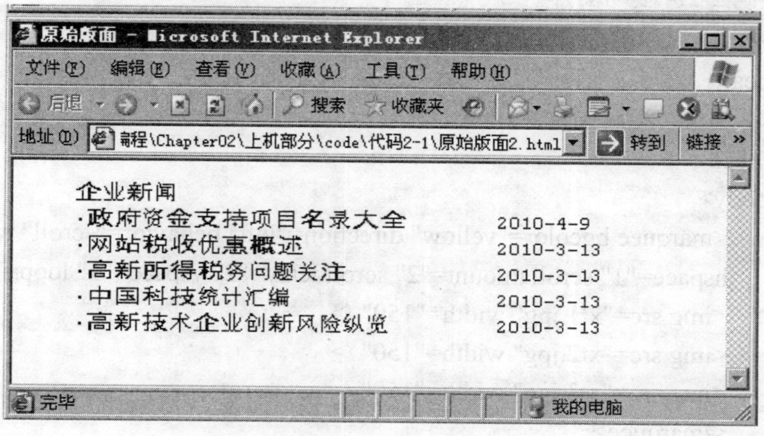

（b）

图 2–1　练习原始版面

说明：

1．从上图的效果看，和“<pre></pre>”相比，“<xmp></xmp>”在浏览器中显示似乎并不那么令人满意。

2．把“<xmp></xmp>”换成“<pre></pre>”，显示效果也如图 2-1（a）一模一样。究竟原因在哪呢？

3．让我们把“<pre></pre>”再换回“<xmp></xmp>”，然后将每一行左边的空白删除干净，发现这些空白是“Tab”键形成的，我们老老实实敲空格键，虽然原来的一下“Tab”要变成四个空格。当版面又回到原来的样子，我们在浏览器中再看看，结果，显示如图 2-1（b）那样。

事实说明，不论“<pre></pre>”还是“<xmp></xmp>”，作用都是一样的，只是对“Tab”和空格键“Space”所留下空白的解析不一样，所以要想显示的效果严格遵从原始版面，一定要老老实实用空格键“Space”来留下空白。

2.1.2 制作滚动图片

问题：用 HTML 制作滚动图片。

要求如下：

网页标题：滚动图片；

图片：名字分别为“xt1.jpg”“xt2.jpg”“xt3.jpg”

滚动要求：从右向左不停滚动。

思路：

通过上面的练习，我们知道“<marquee></marquee>”标记能控制文字滚动，那么它能否像控制文字一样控制图片的滚动呢？

我们想到，既然在“<marquee></marquee>”中可以嵌套“<font></font>”标记来控制文字的显示，那么能否放置“<img>”标记来使滚动对象换成图片呢？

我们动手试试看，改写上面的练习程序。

示例代码 2-2：滚动图片

```
<html>
    <head>
        <title>滚动图片</title>
    </head>
    <body>
        <marquee bgcolor="yellow" direction="left" behavior="scroll" width="530"
        hspace="1" scrollamount="2" scrolldelay="2" vspace="1" loop="-1">
        <img src="xt1.jpg" width="150" />
        <img src="xt2.jpg" width="150" />
        <img src="xt3.jpg" width="150" />
        </marquee>
    </body>
</html>
```

代码 2-2 在浏览器上显示，如图 2-2 所示。

图 2–2　滚动图片

说明：

1. 可以看到，只要明白“<marquee>”标记的意义，就能随心所欲的控制文字或图片的滚动了。只要把“<marquee>”标记之间的文字内容换成了图片内容即可。

2. “<marquee>”标记属性的含义和上面练习中完全一样,不信大家可以自己改动对应属性，让滚动加快，滚动指定次数，来回摆动等效果。

2.1.3　标题文字位置的控制

问题：制作居中，居左或者居右对齐的标题，如图 2-3 所示。

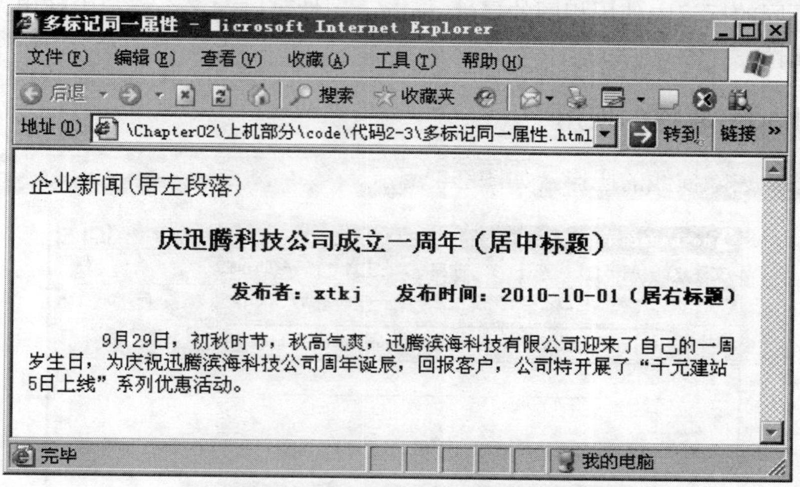

图 2–3　多标记同一属性

思路：

观察图 2-3，最上面的一行文字居左而且周围明显空白，可见是段落（p）。下面的两行文字显然是标题（hX），它们的字体大小不同，而且第二行居中，第三行居右。

由此可见，不论是段落还是标题，控制它位置对齐的属性都是“align”，有了这些分析，这个问题就非常简单了。

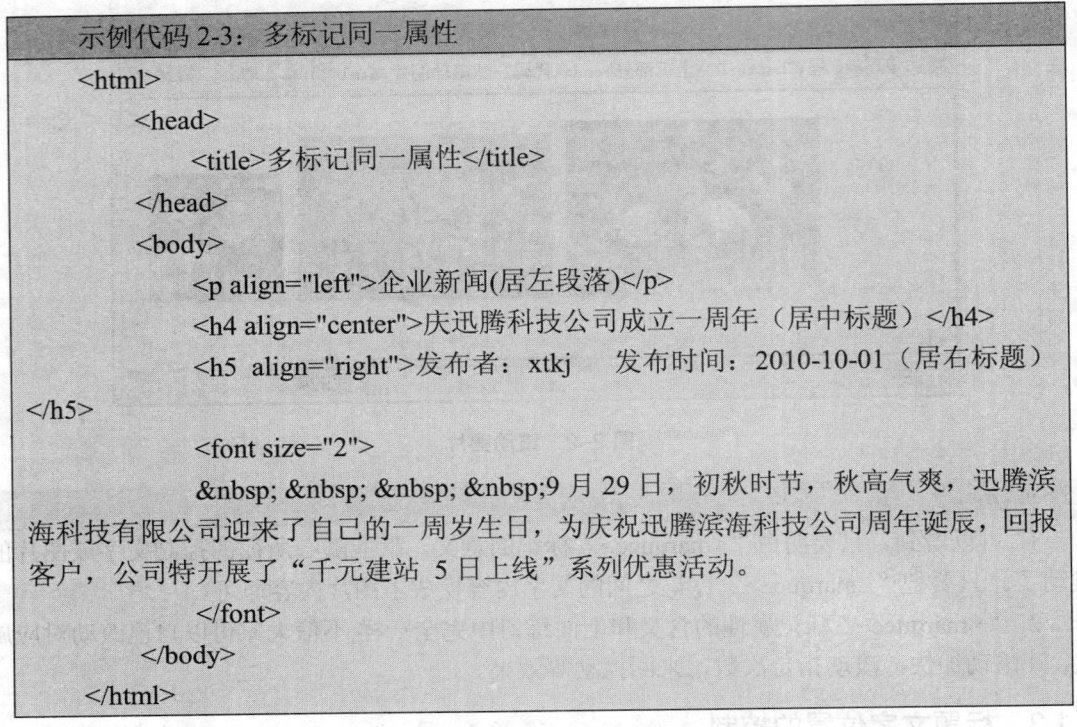

示例代码 2-3：多标记同一属性

```
<html>
    <head>
        <title>多标记同一属性</title>
    </head>
    <body>
        <p align="left">企业新闻(居左段落)</p>
        <h4 align="center">庆迅腾科技公司成立一周年（居中标题）</h4>
        <h5  align="right">发布者：xtkj    发布时间：2010-10-01（居右标题）
</h5>
        <font size="2">
               9 月 29 日，初秋时节，秋高气爽，迅腾滨
海科技有限公司迎来了自己的一周岁生日，为庆祝迅腾滨海科技公司周年诞辰，回报
客户，公司特开展了“千元建站 5 日上线”系列优惠活动。
        </font>
    </body>
</html>
```

在浏览器中打开这个网页，其效果如图 2-3 所示。

说明：

这是在不同的标记中使用相同的属性，align 属性可以在多个标记中使用，后面也将不断的使用该属性。

2.1.4 noshade 属性的使用

问题：怎样去除横线的阴影，如图 2-4 所示。

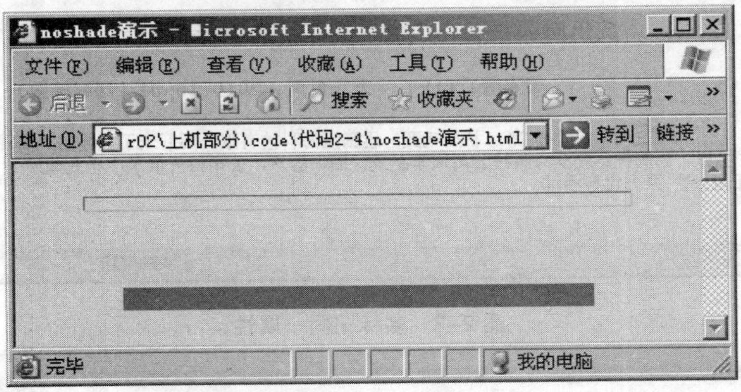

图 2-4 noshade 演示

思路：

细看图 2-4，其实它是演示。上面是有阴影的，而下面显然就没有立体效果了。横线我们学过了，是“<hr>”，它最常用的属性有控制粗细的“size”，控制宽度（也就是横线长度）的“width”和控制对齐的“align”。但是，真正决定有没阴影的还有一个“noshade”属性，它单独使用无需赋值。

示例代码 2-4：noshade 演示

```
<html>
    <head>
        <title>noshade 演示</title>
    </head>
    <body bgcolor="#FFFF00">
        <hr size="10" width="350" align="center"/><br/><br/>
        <hr size="15" width="300" align="center" noshade/>
    </body>
</html>
```

在浏览器中打开这个网页，其效果如图 2-4 所示。

说明：

这个横线标记“<hr>”比较特殊，除了是单独使用，没有结束标记之外，它属性的命名也与我们通常的经验不同，长度不是“length”而是“width”，宽度不是“width”而是“size”“noshade”是单独使用的。

2.1.5　图片居左(右)练习

问题：怎样使文字居于图片的右（左）边？

要求如下：

标题：图片居左（右）练习；

文字：文字居右（左）显示；

图片：“pic”目录下的“xtbj.jpg”文件。

思路：

我们学过的“<font></font>”标记中有一个属性叫“align”，是用来控制文字对齐方式的。我们还学过图片标记“<img>”，它是否也有一个类似“<font></font>”标记的“align”属性呢？大家可以试一下。

示例代码 2-5：图片居左

```
<html>
    <head>
        <title>图片居左</title>
    </head>
    <body>
```

```
        <img src="pic/xtbj.jpg" align="left">
        <font size="2">
        <b>软件开发</b><br>
        中小企业 CRM 软件..<br>一般情况下，CRM 的功能可归纳<br>
        为三个方面：对销售、营销和客<br>户服务三部分业务流程的信息化。
    </body>
</html>
```

代码 2-5 在浏览器中显示，如图 2-5 所示。

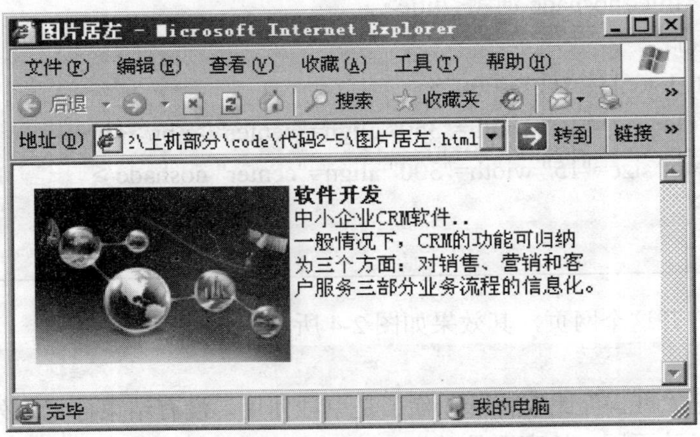

图 2-5　图片居左

说明：

1. 可以看到，只要明白了“<img>”标记的“align”属性，就能控制图片的对齐了。图片居右只是把“left”换成“right”而已。

2. 我们来动手试试看，改写上面的练习程序。把语句“<img src="pic/xtbj.jpg" align="left">”中“align”的取值改为“right”，这样图片和文字就调个儿啦。

2.1.6　练习超链接的其他作用

问题：网页怎样链接到指定的 HTTP 站点、FTP 站点、BBS 站点，并给指定邮件写信？

网址：

天津迅腾滨海科技有限公司新闻网	news.xt-kj.com
北大 FTP	pku.edu.cn
中科大 BBS	bbs.ustc.edu.cn
李老师的邮箱	libo.22@371.net

思路：

超链接不仅可以连接本地机器上的 HTML，还可以连接到网络中的其他网页上去。

HTTP 站点前面要加 http://；FTP 站点前面要加 ftp://；BBS 站点前面要加 telnet://；写邮件前面要加“mailto:”。

示例代码 2-6：超链接的其他应用

```
<html>
    <head>
        <title>超链接的其他应用</title>
    </head>
    <body>
        点击这里，将连接到<a href="http://news.xt-kj.com">天津迅腾滨海科技
有限公司新闻网</a>站点<br>
        点击这里，将连接到<a href="ftp://pku.edu.cn">北大 FTP</a>站点<br>
        点击这里，将连接到<a href="telnet://bbs.ustc.edu.cn">中科大 BBS</a>站
点<br>
        点击这里，将连接到<a href="mailto:libo.22@371.net">李老师</a>写信
<br>
    </body>
</html>
```

代码 2-6 在浏览器中显示，如图 2-6 所示。

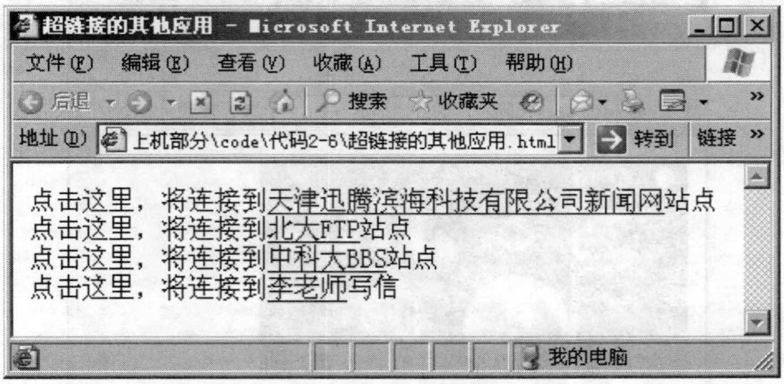

图 2-6　超链接的其他应用

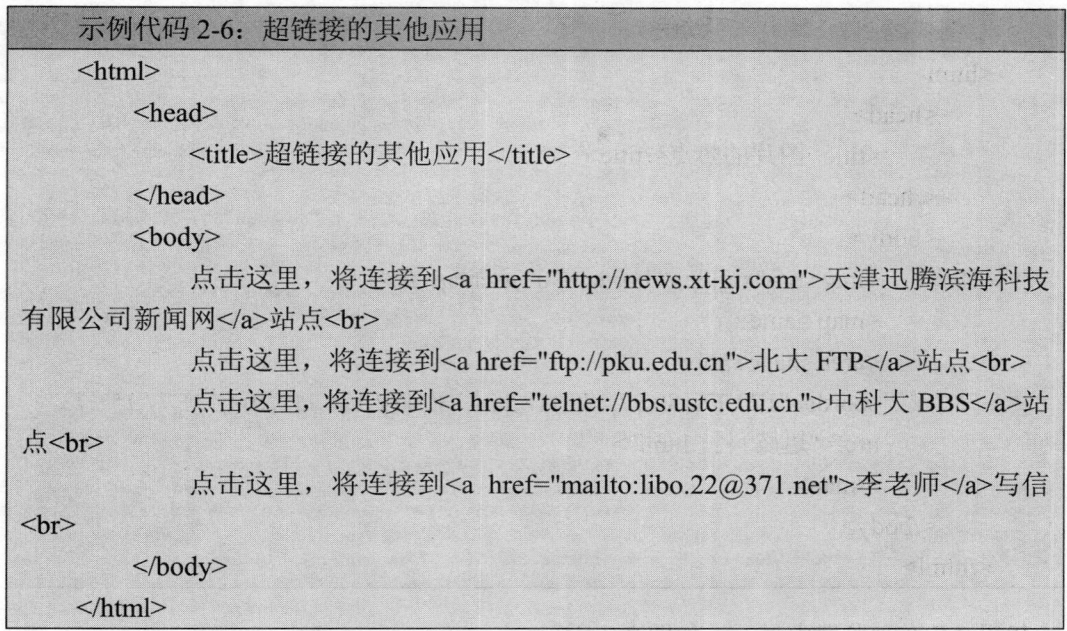

2.1.7　练习制作多边形热点区域

问题：如何在点击图片中的某一区域时，转到另一个网页？

标题：图片的热点

图片：名称为“xtgj.jpg”文件

思路：

看到这个需求，其实已经用隐含条件告诉了我们解决的办法，这两个条件是：点击图中的圈定区域才转到另一幅图，说明解决这类问题显然用热点区域。被圈定的部分是一个不规则形状，可以使用多边形热点。

使用多边形热点和使用其他热点一样轻松，只是换换“<area>”标记那几个属性的取值而已。

示例代码 2-7：图片的热点

```
<html>
    <head>
        <title>图片的热点</title>
    </head>
    <body>
        <img src="xtgj.jpg" border="0" usemap=#c>
        <map name="c">
        <area shape=poly
        coords="170,77,180,97,180,118,154,130,132,126,112,104,131,77,151,73"
        href="迅腾科技.html">
        </map>
    </body>
</html>
```

代码 2-7 在浏览器中显示，如图 2-7 所示。

图 2–7　图片的热点

说明：

本例中只是改变了“shape”属性的值为“poly”，并分别设置了每个热点的坐标值。大家可以试一下“rect”，矩形热点，并用“coords”将热点部分圈起来，注意这时坐标的含义。

2.2　练习（50 分钟）

1. 制作一个网页，显示如图 2-8 所示。

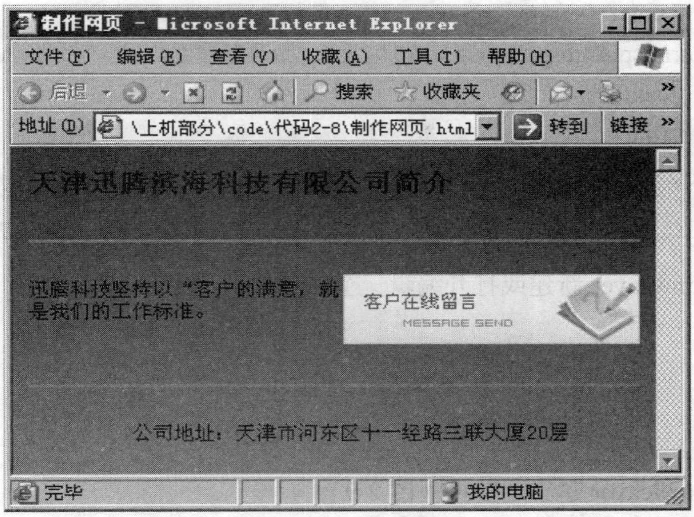

图 2–8　制作网页

参考步骤：

首先把一个图片设置为背景，该图片的大小尽量和浏览器最大化后的窗口大小一致，这样就可以防止背景图片出现平铺而影响视觉效果。

继而我们为正文添加标题“天津迅腾滨海科技有限公司简介”，并设置它的字号和颜色。然后我们用一条水平分割线区分标题和下面的正文内容，并且设置好水平线的颜色，宽度等属性。正文中，需要一张图片，除了大小的控制外，记得把图片位置设为居右。接着我们输入正文文字，根据需要设置不同的文字字体、大小和颜色等。

最后，我们再添加一条水平分割线，在它之后居中显示下面的地址信息。

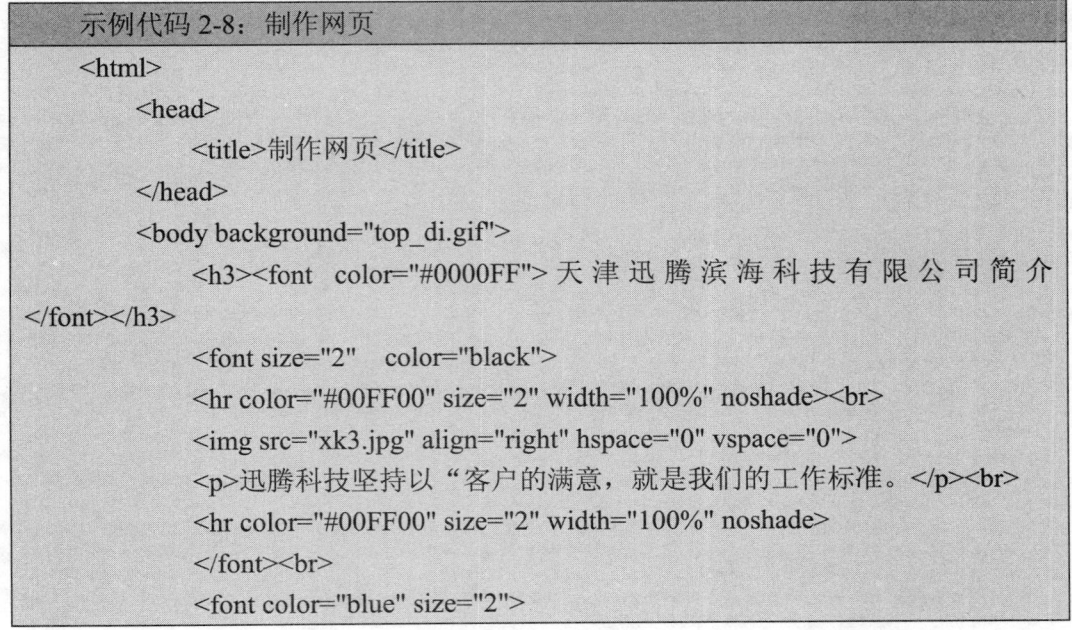

这样，一个网页就做好了。

示例代码 2-8：制作网页

```
<html>
    <head>
        <title>制作网页</title>
    </head>
    <body background="top_di.gif">
        <h3><font  color="#0000FF">天津迅腾滨海科技有限公司简介
</font></h3>
        <font size="2"   color="black">
        <hr color="#00FF00" size="2" width="100%" noshade><br>
        <img src="xk3.jpg" align="right" hspace="0" vspace="0">
        <p>迅腾科技坚持以“客户的满意，就是我们的工作标准。</p><br>
        <hr color="#00FF00" size="2" width="100%" noshade>
        </font><br>
        <font color="blue" size="2">
```

```
            <center>
               公司地址：天津市河东区十一经路三联大厦 20 层
            </center>
            </font>
        </body>
    </html>
```

2. 使用 Dreamweaver 新建或打开编辑一个 HTML 文件。

2.3　作业

1. 试用 Dreamweaver 建立超链接（图 2-9）。

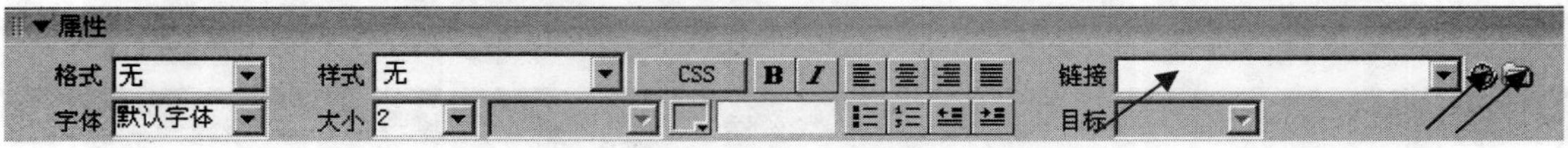

图 2-9　用 Dreamweaver 建立超链接

2. 试用 Dreamweaver 为图片制作热点区域（图 2-10）。

图 2-10　用 Dreamweaver 为图片制作热点区域

第 3 章　使用列表、表格、框架

本章目标

完成本章内容后，你将能够：

✧ 理解列表、表格、框架在网页中的作用。

✧ 掌握 HTML 中使用列表、表格、框架的技巧。

本阶段给出的步骤全面详细，请学员按照给出的上机步骤独立完成上机练习，以达到要求的学习目标。请认真完成下列步骤。

3.1　指导（1 小时 10 分钟）

3.1.1　列表标记的嵌套

问题：按图 3-1 显示用 HTML 编制网页输出文字。

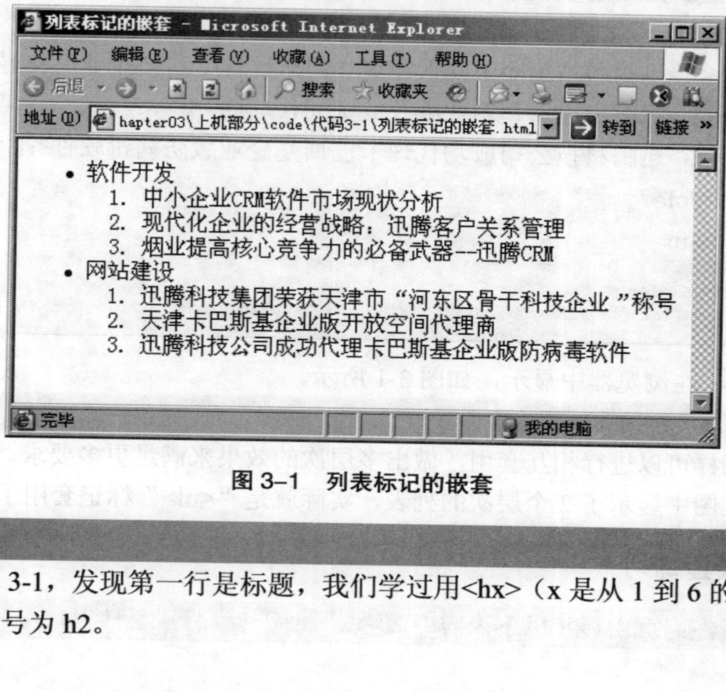

图 3–1　列表标记的嵌套

思路：

仔细观看图 3-1，发现第一行是标题，我们学过用<hx>（x 是从 1 到 6 的数字）来实现，本例中标题的字号为 h2。

下面是一段结构性的文字，可以确定要用列表来实现。先根据文字内容理出这结构的头绪，发现它描述的是公司新闻。“软件开发”和“网站建设”属于同一级别，在列表的同一个级别上，没用数字、字母来区分，而是使用了符号，那么它必然是无序列表了，我们知道用“<ul></ul>”来包括内容，每个列表项前面用“<li>”来引导。

再仔细看看，它可不是简单的列表项！因为每个项目的下一级又是一个列表（看看“软件开发”项目），而且还是有编号的，那么一定是有序列表了。难道列表能嵌套么？大胆推测下去！即无序列表中又套用了有序列表。

现在总算搞清楚了，这个列表的结构是无序列表——有序列表，那么不同种类的列表究竟能否套用？图 3-1 显示的内容能否用列表实现，这些疑问只有亲自动手试一下了。

示例代码 3-1：列表标记的嵌套

```
<html>
    <head>
        <title>列表标记的嵌套</title>
    </head>
    <body>
        <ul>
        <li>软件开发</li>
        <ol>
        <li>中小企业 CRM 软件市场现状分析</li>
        <li>现代化企业的经营战略：迅腾客户关系管理</li>
        <li>烟业提高核心竞争力的必备武器--迅腾 CRM</li>
        </ol>
        <li>网站建设</li>
        <ol>
        <li>迅腾科技集团荣获天津市“河东区骨干科技企业”称号</li>
        <li>天津卡巴斯基企业版开放空间代理商</li>
        <li>迅腾科技公司成功代理卡巴斯基企业版防病毒软件</li>
        </ol>
        </ul>
    </body>
</html>
```

以上代码 3-1 在浏览器中显示，如图 3-1 所示。

说明：

列表标记同样可以进行相互套用，做出多层次的效果来满足更多要求。

可以看到上图中显示了 2 个层次的列表，实际就是“<ul>”标记套用了“<ol>”标记。

3.1.2 表格嵌套练习

问题：怎样在网页中显示以下内容？

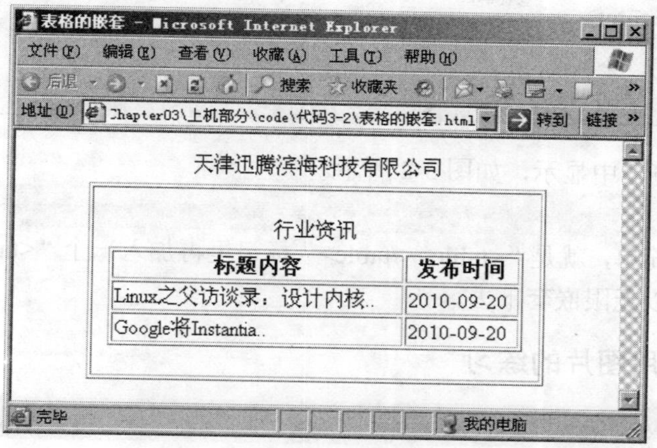

图 3–2　表格的嵌套

思路：

仔细观察图 3-2，发现第一行是“表标题”（caption），下面最外层显然是我们学过的表格，只有一个单元格，边框和背景颜色默认。它里面又是一个“caption”，下面有一张 4 行 2 列表格，边框和背景颜色默认。表格第一行是粗体的，即“表头”（th），表格中的数据是垂直居中水平居左显示的，用默认方式即可以实现。看来这要把内层的表格当作外层表格单元格中的数据，莫非表格也能嵌套？我们来一试。

示例代码 3-2：表格的嵌套

```
<html>
    <head>
        <title>表格的嵌套</title>
    </head>
    <body>
        <center>
        <table width="352" height="152" border="1" >
        <caption align="top">天津迅腾滨海科技有限公司</caption>
        <tr>
        <td height="150" >
        <table width="319" border="1" align="center" >
        <caption align="top">行业资讯</caption>
        <tr><th>标题内容</th><th>发布时间</th></tr>
        <tr><td>Linux 之父访谈录：设计内核..</td><td>2010-09-20</td></tr>
        <tr><td>Google 将 Instantia..</td><td>2010-09-20</td></tr>
        </table>
        </td>
        </tr>
        </table>
```

```
        </center>
    </body>
</html>
```

代码 3-2 在浏览器中显示，如图 3-2 所示。

说明：

表格的嵌套很简单，就是“<table></table>”标记里再加入一个“<table></table>”标记。依此类推，表格可以无限嵌套下去。

3.1.3 表格中使用图片的练习

问题：怎样在网页中显示以下内容？

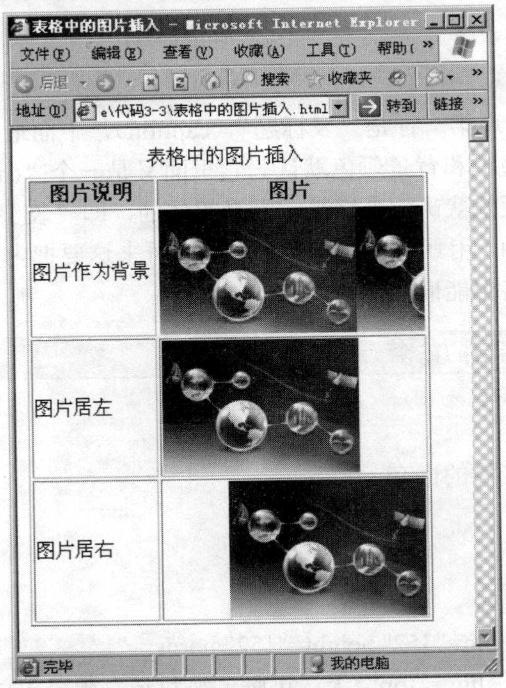

图 3–3 表格中的图片插入

思路：

仔细观察图 3-3，发现这张表除了用到表标题之外，同其他表最大的区别就是它包含了图片。

我们可以断定图片也可以应用在表格中。进而我们发现，第二行中的图片有明显的平铺痕迹，且填满整个了单元格；而第三行和第四行中的图片却不相同，它们只占了单元格的一部分，周围的空白显而易见。于是我们断定，第二行中的图片是用来做背景，而第三行和第四行中的图片是作为表格中的数据插入单元格的。

那么表格数据“<td>”标记究竟有没有一个像在“<body>”标记中命名的网页背景一样的背景属性“background”呢？在表格的单元格中插入图片，能否像在网页中插入图片一样，直接把“<img>”及其指定的文件地址放进去呢？我们立即动手来证明一下。

示例代码 3-3：表格中的图片插入

```
<html>
    <head>
        <title>表格中的图片插入</title>
    </head>
    <body>
        <table width="327" border="1">
        <caption align="top">表格中的图片插入</caption>
        <tr align="center" >
        <th width="98" bgcolor="#66FFFF">图片说明</th>
        <th width="213" bgcolor="#66FFFF">图片</th>
        </tr>
        <tr>
        <td height="107">图片作为背景</td>
        <td background="images/xt.jpg"></td>
        </tr>
        <tr>
        <td height="107">图片居左</td>
        <td background="lightyellow"><img src="images/xt.jpg"></td>
        </tr>
        <tr>
        <td height="107">图片居右</td>
        <td  background="lightyellow"  align="right"><img  src="images/xt.jpg"><
/td>
        </tr>
        </table>
    </body>
</html>
```

代码 3-3 在浏览器中显示，如图 3-3 所示。

说明：

表格能否应用图片呢？答案是肯定的，图片既可以作为表格中的数据展现，也可以作为单元格的背景。利用“background”属性设置表格的背景图片，“<td background=××>”，××代表图片的名称或路径。而在表格中插入图片，只要在“<td></td>”标记间使用图片标记“<img>”插入即可。

3.1.4　利用表格布局网页练习

问题：怎样在网页中显示如下内容？

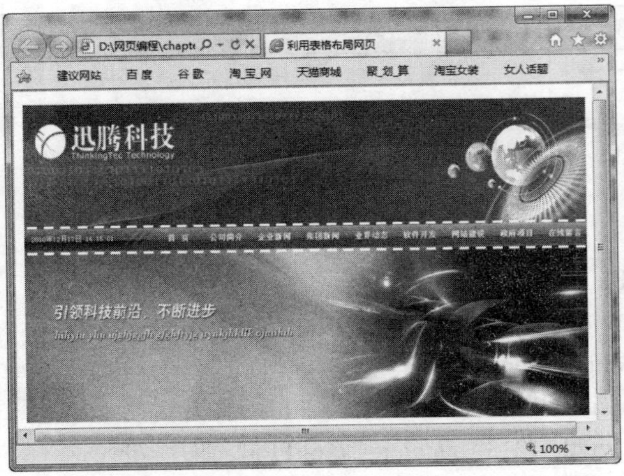

图 3–4　利用表格布局网页

思路：

仔细观察图 3-4，发现这是迅腾科技公司主页。网页上面是一幅主题图片，中间是一个导航条（当然现在还不用加入相关的功能）。

准备一幅同图 3-4 一模一样的图片，将它用图片处理工具切割成为 3 份，如图 3-5 所示，并按照同样的原则制作表格，以容纳这些图片。

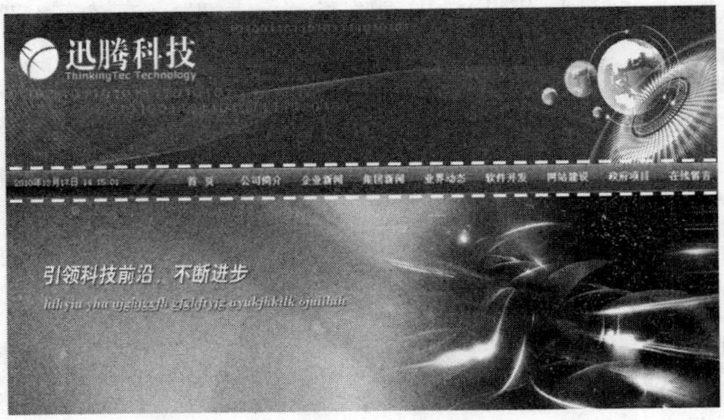

图 3–5　图像的划分

示例代码 3-4：利用表格布局网页

```
<html>
    <head>
        <title>利用表格布局网页</title>
    </head>
        <body>
        <table width="955" height="484" border="0" align="center" cellpadding
="0" cellspacing="0">
        <tr><td width="955" height="190"><img src="images/top.jpg" width=
"955" height="190" /></td></tr>
```

```
        <tr><td height="34"><img src="images/xtdh.jpg" width="955" height="34"
/></td></tr>
        <tr><td><img src="images/xtzt.jpg" width="955" height="260" /></td></tr>
        </table>
    </body>
</html>
```

然后，分别把这 3 张分割后的图插入到相应的位置。在浏览器中显示，发现图片还不能紧密结合在一起，这是表格的边框造成的，可以用“border="0"”将边框消除。效果就像图 3-4 那样了。

说明：

对于表格来说，更重要的应用是布局网页，也就是把各种各样的文字、图片按照要求整齐漂亮的排放在一起，形成一个整体。布局网页时，确定表格的尺寸是关键，有两种方式。一种是像素，另一种是百分比。使用像素方式最普遍，大多数网站都这样。因为使用像素更统一、精确、方便。而使用百分比的好处是，在不同的分辨率下都能显示同样大小和比例的网页。

3.1.5　混合分割窗口练习

问题：怎样在网页中显示如下内容？

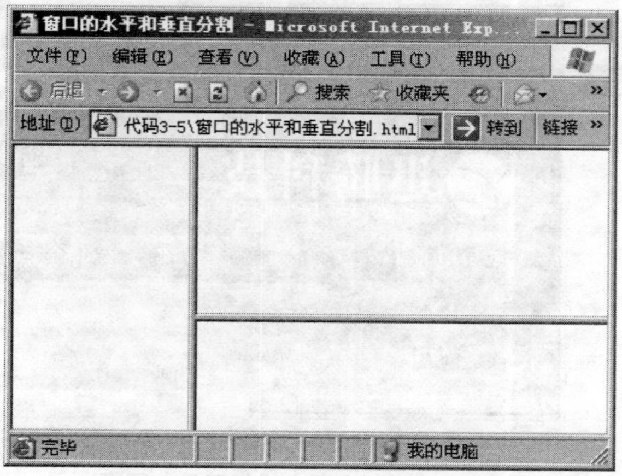

图 3-6　窗口的水平和垂直分割

仔细观察图 3-6，发现它是一个先被垂直分割（左侧约占窗口的 30%），后被水平分割（右边被分割，上边稍大）的窗口，从而证明了混合分割窗口的可能。那我们用学过的框架来试一试。

示例代码 3-5：窗口的水平和垂直分割

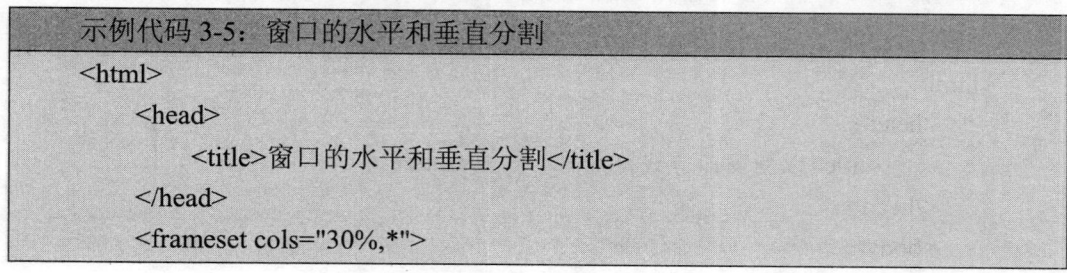

```
<html>
    <head>
        <title>窗口的水平和垂直分割</title>
    </head>
    <frameset cols="30%,*">
```

```
        <frame>
        <frameset rows="60%,*">
        <frame>
        <frame>
        </frameset>
        </frameset>
    </html>
```

代码 3-5 在浏览器中显示如图 3-6 所示。

说明：

窗口分割很简单，就是在上一次分割出来的部分再进行一次分割，依此类推。

3.1.6 在新窗口中打开链接练习

问题：当点击了页面上的链接时，如何让它在新窗口中打开？

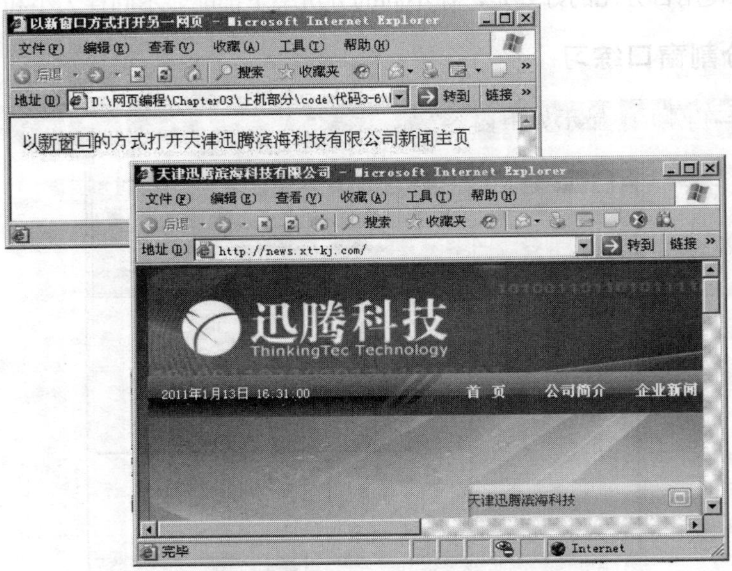

图 3–7 以新窗口方式打开另一网页

思路：

仔细观察图 3-7，发现这种情况我们经常在网站遇到。究竟它是怎样实现的呢？我们课本上讲过一个超链接标记“<a>”的属性“target”，用它就能实现在新窗口中打开超链接。

示例代码 3-6：以新窗口方式打开另一网页

```
<html>
    <head>
        <title>以新窗口方式打开另一网页</title>
    </head>
    <body>
```

```
以<a href="http://news.xt-kj.com" target="_blank">新窗口</a>的方式打开天津迅腾滨海科技有限公司新闻主页
    </body>
</html>
```

代码 3-6 在浏览器中显示，如图 3-7 所示。

说明：

“target”是用来控制打开的超链接位置的属性，它的取值见表 3-1。

表 3–1 target 属性

属 性 值	含 义
_blank 或 new	目标文件在新窗口中打开
_self (默认值)	目标文件在当前窗口打开
_parent	目标文件在父窗口打开
_top	目标文件置顶

3.1.7 iframe 窗口综合练习

问题：如何显示效果如下的网页？

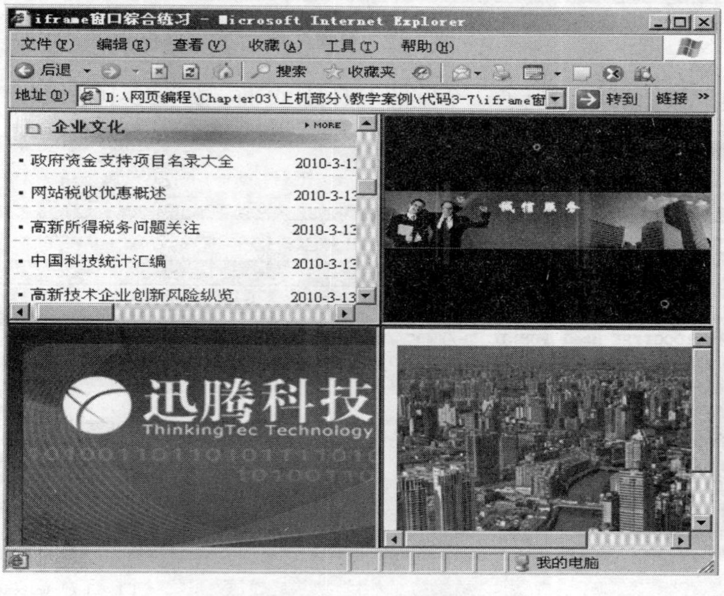

图 3–8 iframe 窗口综合练习

思路：

仔细观察图 3-8，我们发现这个网页由 4 部分组成（而且整个页面显然经过精心布局），每个部分窗口都是一个独立子窗口，我们就确定了它是用 iframe 框架来实现的。

先看这些窗口内容。左上角的窗口是迅腾科技公司网站（http://news.xt-kj.com），右上角是一个 Flash 动画，左下角是一个网页，右下角是一个图片文件。这个网页说明，iframe 框架是非常强悍的，可以自由嵌入站点、网页、Flash 图片等多媒体元素。

这么复杂的布局用手写代码显然非常困难，难以把握。为了提高效率，删繁就简，下面我们就用 Dreamweaver 中的布局视图来制作。

思路：

打开 Dreamweaver，“文件”→“新建”，在“新建文档”对话框“页面类型”中选择“HTML”，在“布局”中根据自己的需要选择页面布局，一般情况下我们选择“无”，如图 3-9 所示。

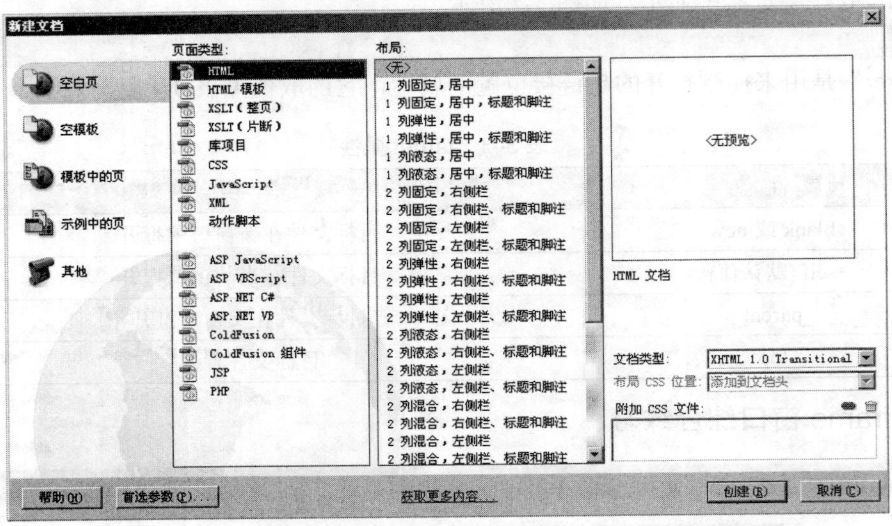

图 3-9　新建文档

点击“创建”按钮后就出现了一个空的 HTML 页面，如图 3-10 所示。

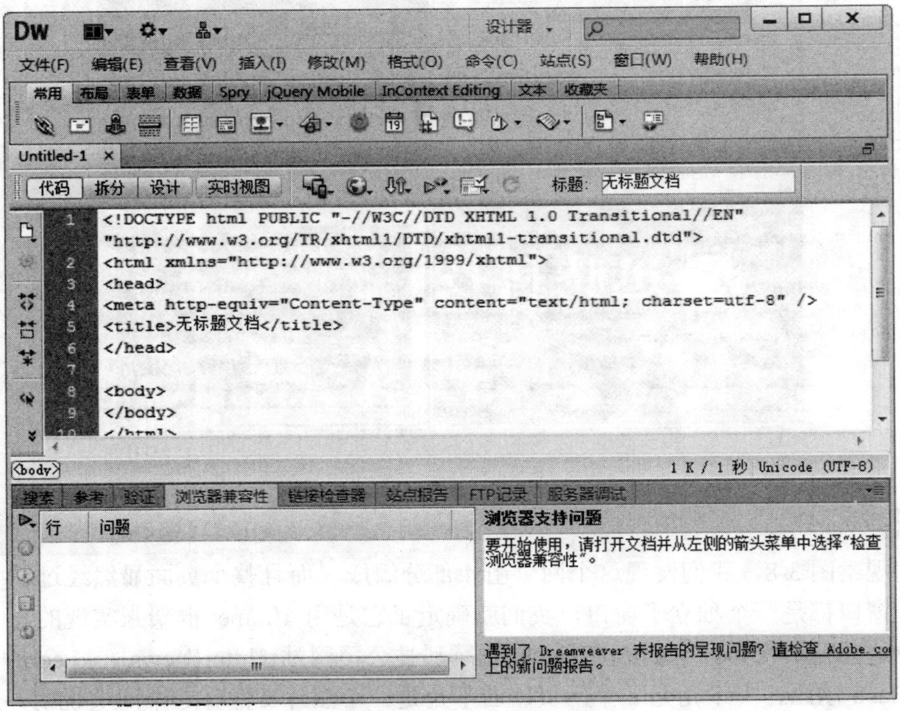

图 3-10　新的 HTML 页面

在工具栏里点击“插入”-“HTML”-“框架”出现可选择的框架样式，如下图 3-11 所示。

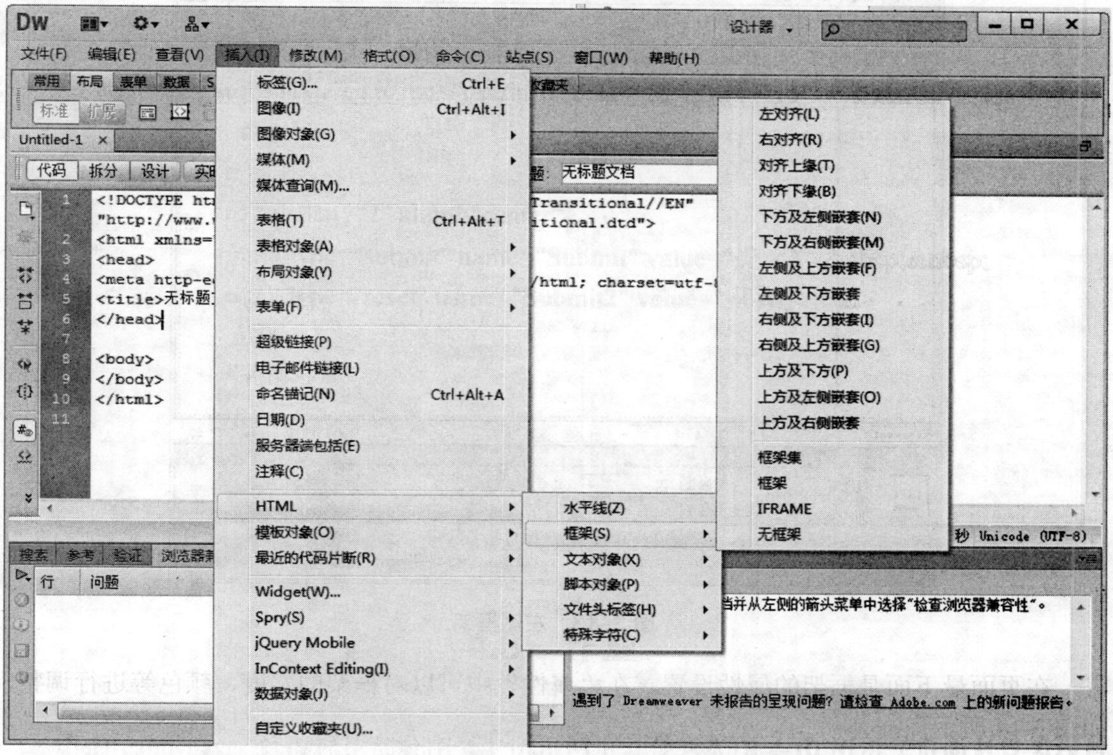

图 3-11 布局中的框架样式

我们选择“左对齐”，在弹出的对话框中的“标题”中写上我们框架的标题，如图 3-12 所示。

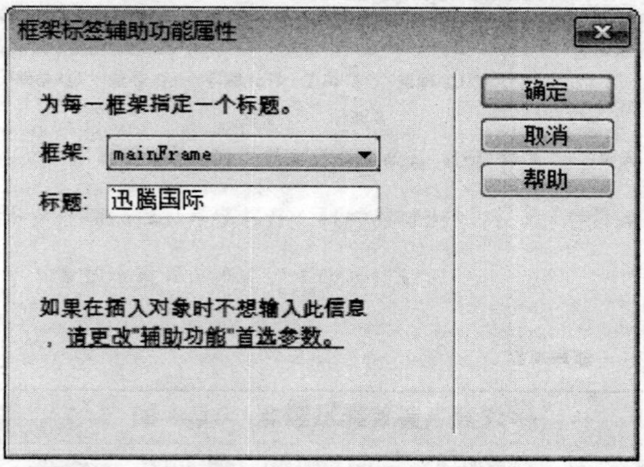

图 3-12 框架标题

写好后点击“确定”按钮，我们看到在页面上出现了左侧框架，如图 3-13 所示。

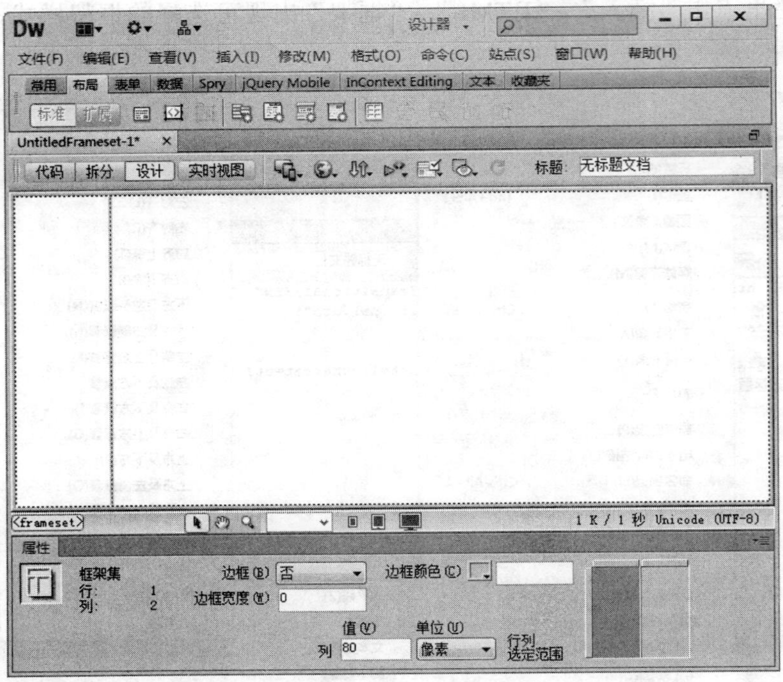

图 3–13　左侧框架

在页面最下面是框架的属性设置，在“属性”中可以对框架的宽度、颜色等进行调整，如图 3-14 所示。

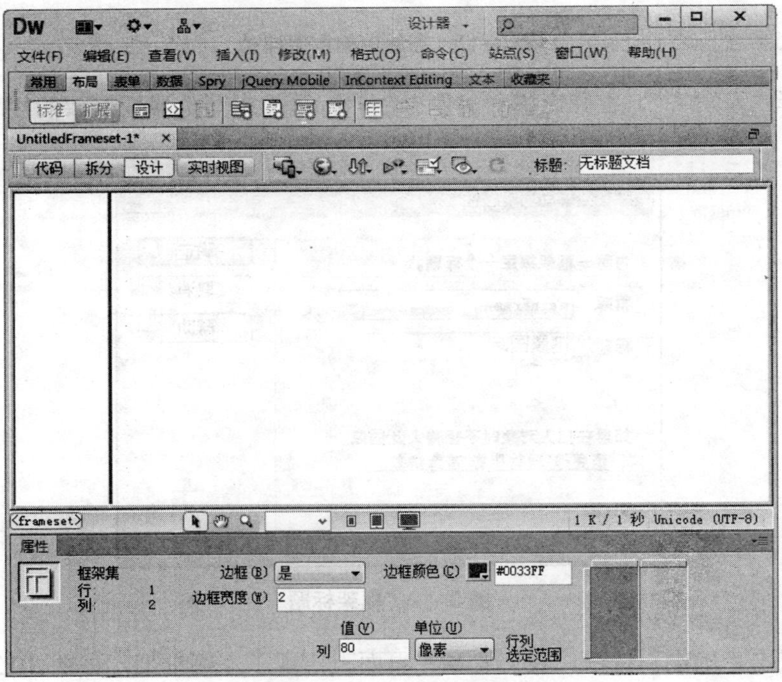

图 3–14　框架的属性设置

当我们把光标移到框架顶部往下拉，就是将框架再次分割，如图 3-15 所示。

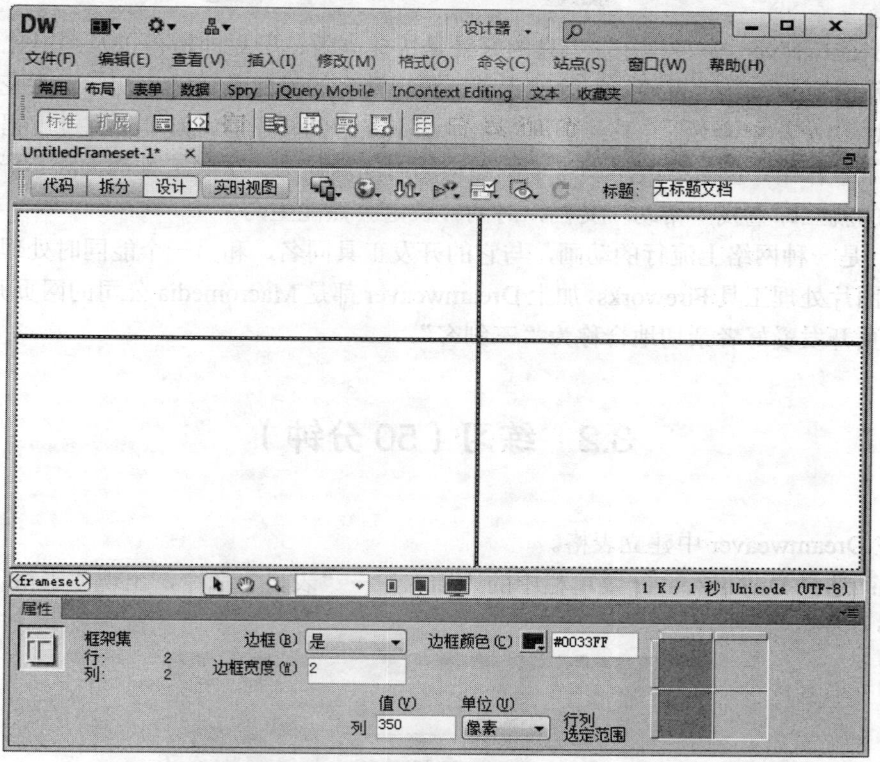

图 3–15　框架的再次分割

在图 3-15 中点击“代码”我们会看到对应于页面的代码部分。我们在 4 个部分分别加入链接，参考代码如下：

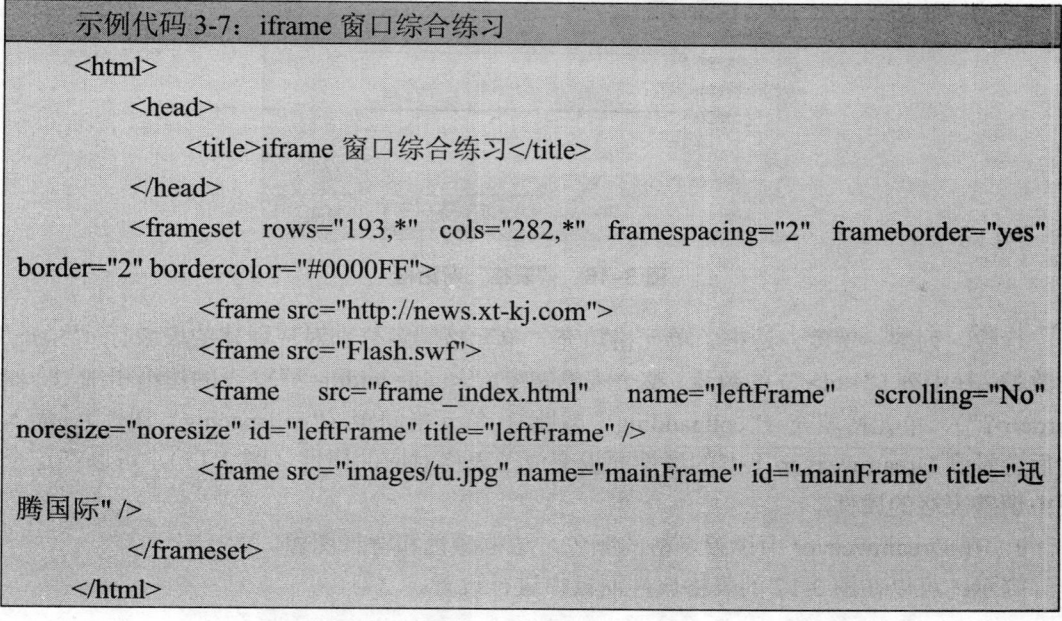

示例代码 3-7：iframe 窗口综合练习

```
<html>
    <head>
        <title>iframe 窗口综合练习</title>
    </head>
    <frameset rows="193,*" cols="282,*" framespacing="2" frameborder="yes" border="2" bordercolor="#0000FF">
        <frame src="http://news.xt-kj.com">
        <frame src="Flash.swf">
        <frame src="frame_index.html" name="leftFrame" scrolling="No" noresize="noresize" id="leftFrame" title="leftFrame" />
        <frame src="images/tu.jpg" name="mainFrame" id="mainFrame" title="迅腾国际" />
    </frameset>
</html>
```

代码 3-7 在浏览器中显示，如图 3-8 所示。

说明：

用 Dreamweaver 等专业开发工具的好处是快捷高效、所见即所得以及图形化的操作界面，使制作网页变得异常方便。它的缺点是，花样繁多的界面和功能使初学者眼花缭乱、不知所措。对于所学内容还不熟悉甚至许多东西都不了解的初学者，太早研究过于强悍的工具不仅发挥不了作用，反而分散了学习基础知识的时间和精力，这些工具都大同小异，用的时候不明白的就立即查找“帮助”文档，时间一长定会熟能生巧。

Flash 是一种网络上流行的动画，与它的开发工具同名，和另一个能同时处理点阵图和矢量图的图片处理工具 Fireworks，加上 Dreamweaver 都是 Macromedia 公司的网页开发工具，被国内网页开发爱好者亲切地合称为“三剑客”。

3.2 练习（50 分钟）

1. 在 Dreamweaver 中建立表格。

提示：选择 Dreamweaver 菜单栏中的“插入”→“表格”命令，出现“表格”对话框，如图 3-16 所示。

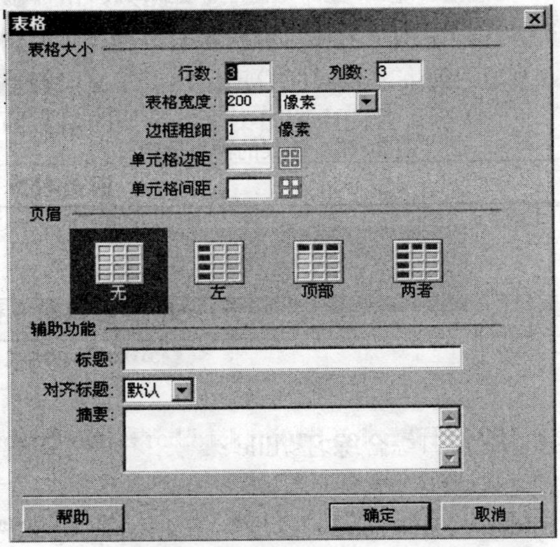

图 3–16 “表格”对话框

行数、列数、宽度、边框、单元格填充、单元格间距分别对应新建的表中行（“<tr>”）的数量、行中列（“<td>”）的数量、整个表的宽度（“<table width=?”）、表的边框粗细（“<table border=?”）、单元格填充（“cellpadding”属性）、单元格间距（“cellspacing”属性）。插入成功后会看到 Dreamweaver 下方的属性面板变成了表格对应的属性（图 3-17），可以在这个面板中调整表格的属性。

2. 在 Dreamweaver 中设置表格的颜色，边框颜色和背景图像。

提示：可以在图 3-17 的表格属性面板中进行设置。

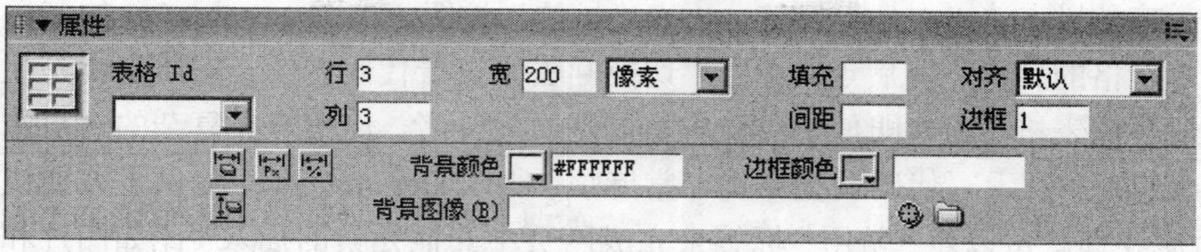

图 3–17　表格的属性

3．在 Dreamweaver 中实现表格的合并与拆分。

提示：按住“Ctrl”键，点选要合并的单元格，单击表格属性面板左下角的按钮，即可合并表格。如要拆分单元格，选择欲被拆分的单元格，单击表格属性面板左下角的按钮，即可拆分表格，注意选择拆分成几行或是几列，如图 3-18 中箭头所示。

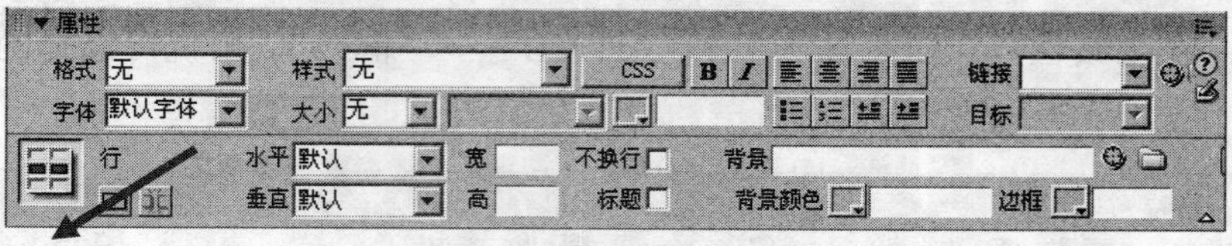

图 3–18　单元格的合并与拆分

小贴士

合并单元格时，必须是相连的单元格才能被合并。

4．在 Dreamweaver 中使用布局来构建上面练习 3.1.4 的网页。

图 3–19　布局菜单

提示：工具栏点选“布局”标签，再点“扩展”按钮。在 Dreamweaver 的属性面板中调整布局和单元格的属性。然后点“标准”切换回去并查看代码视图，实质上就是生成我们需要的大小适当的表格（因为即使是经验丰富的网页设计者，也很难在复杂的网页中用手写代码来布局表格，而且手写代码调整布局非常麻烦，所以 Dreamweaver 提供了方便快捷的布局视图）。而后我们就可以点“常用”标签来完成网页中其他元素的插入（比如图片和文字等）。

3.3 作业

在 Dreamweaver 中建立框架。

提示：

方法一：在工具栏里点击“插入”→“HTML”→“框架”，出现可选择的框架样式，如图 3-20 所示。

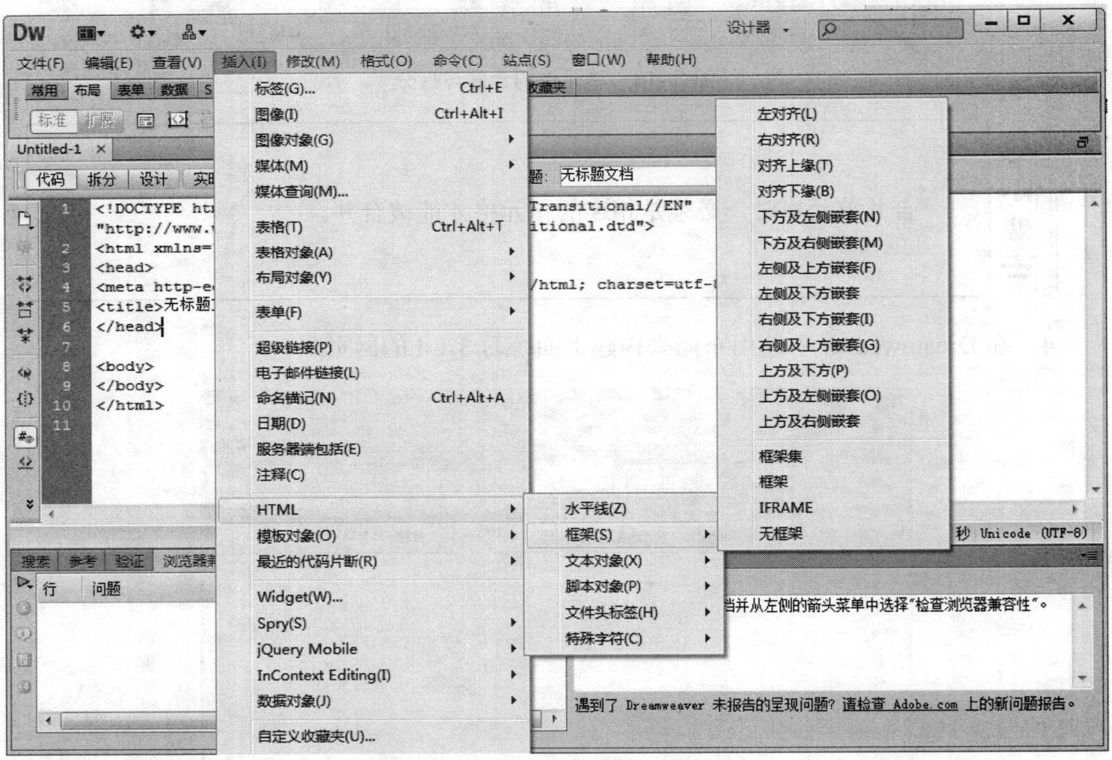

图 3–20 选择框架

方法二：菜单栏确定雪中“查看”→“可视化助理”→“框架边框”，如图 3-21 所示。

这时大家观察“设计视图”周围有什么变化？尝试把鼠标移动到左上角，等它变成十字箭头，向右下方拖动，会有什么情况？把鼠标移动到周围任意一边，等它变成双箭头，向中间拉，会有什么情况？重复这个动作，又会发生什么？

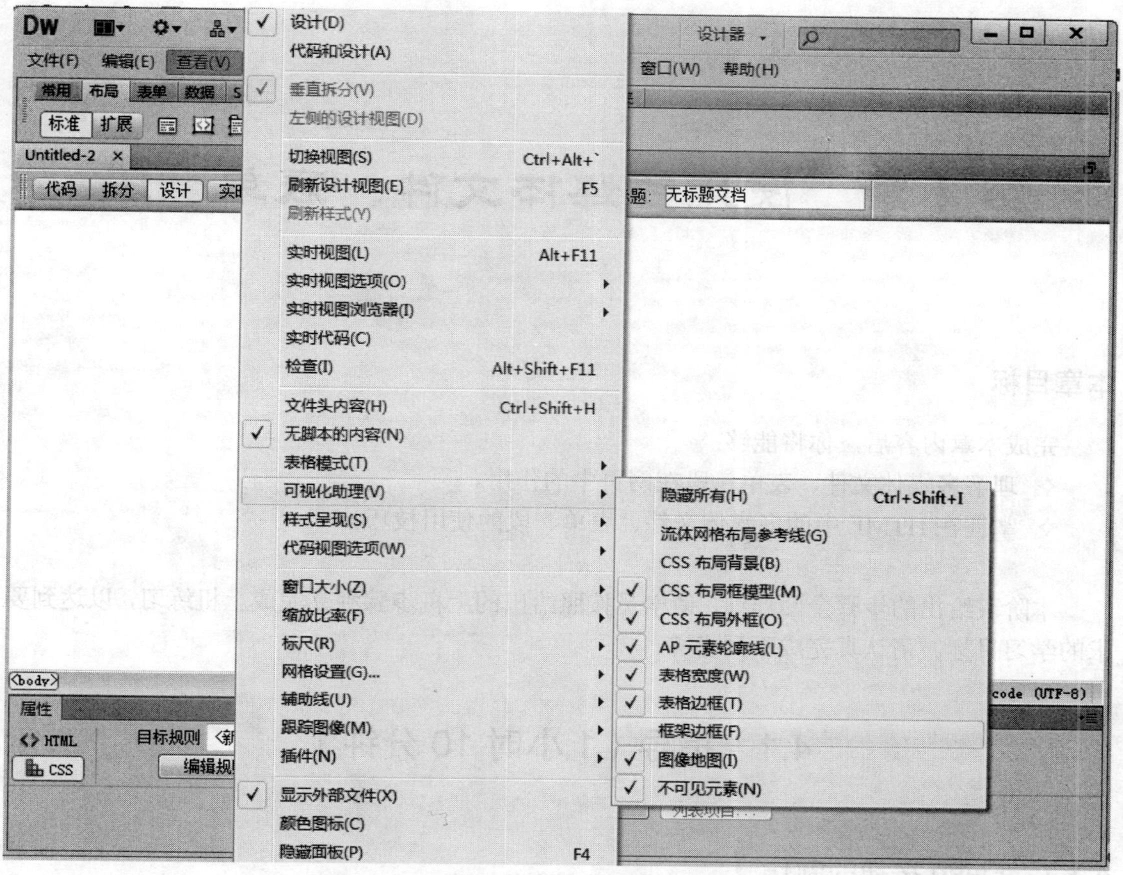
DW
文件(F)
编辑(E)
查看(V)
窗口(W)
帮助(H)
设计器
常用
布局
表单
数据
标准
扩展
Untitled-2
代码
拆分
设计
题：
无标题文档
设计(D)
代码和设计(A)
垂直拆分(V)
左侧的设计视图(D)
切换视图(S)　Ctrl+Alt+`
刷新设计视图(E)　F5
刷新样式(Y)
实时视图(L)　Alt+F11
实时视图选项(O)
实时视图浏览器(I)
实时代码(C)
检查(I)　Alt+Shift+F11
文件头内容(H)　Ctrl+Shift+H
无脚本的内容(N)
表格模式(T)
可视化助理(V)
样式呈现(S)
代码视图选项(W)
窗口大小(Z)
缩放比率(F)
标尺(R)
网格设置(G)...
辅助线(U)
跟踪图像(M)
插件(N)
显示外部文件(X)
颜色图标(C)
隐藏面板(P)　F4
隐藏所有(H)　Ctrl+Shift+I
流体网格布局参考线(G)
CSS 布局背景(B)
CSS 布局框模型(M)
CSS 布局外框(O)
AP 元素轮廓线(L)
表格宽度(W)
表格边框(T)
框架边框(F)
图像地图(I)
不可见元素(N)
<body>
属性
HTML
CSS
目标规则
编辑规
code (UTF-8)

图 3–21　框架边框

第 4 章 使用多媒体文件、表单、段

本章目标

完成本章内容后，你将能够：

✧ 理解多媒体文件、表单、段在网页中的作用。

✧ 掌握在 HTML 中的多媒体文件、表单、段的使用技巧。

本阶段给出的步骤全面详细，请学员按照给出的上机步骤独立完成上机练习，以达到要求的学习目标。请认真完成下列步骤。

4.1 指导（1 小时 10 分钟）

4.1.1 Flash 按钮的制作

问题：按图 4-1 所示制作一个 Flash 按钮。

图 4–1 Flash 按钮

思路：

在理论部分中学习插入 Flash 动画时，可以点击“插入→“媒体”→“FLASH”插入 flash 动画。

解答：

在 Dreamweaver 中可以定制和插入一系列的 Flash 按钮，但在插入 Flash 按钮之前，必须先保存文档。插入 Flash 按钮的具体操作步骤是：打开 Dreamweaver，可以看到“插入→

“媒体”→“FLASH”面板，如下图 4-2 所示。

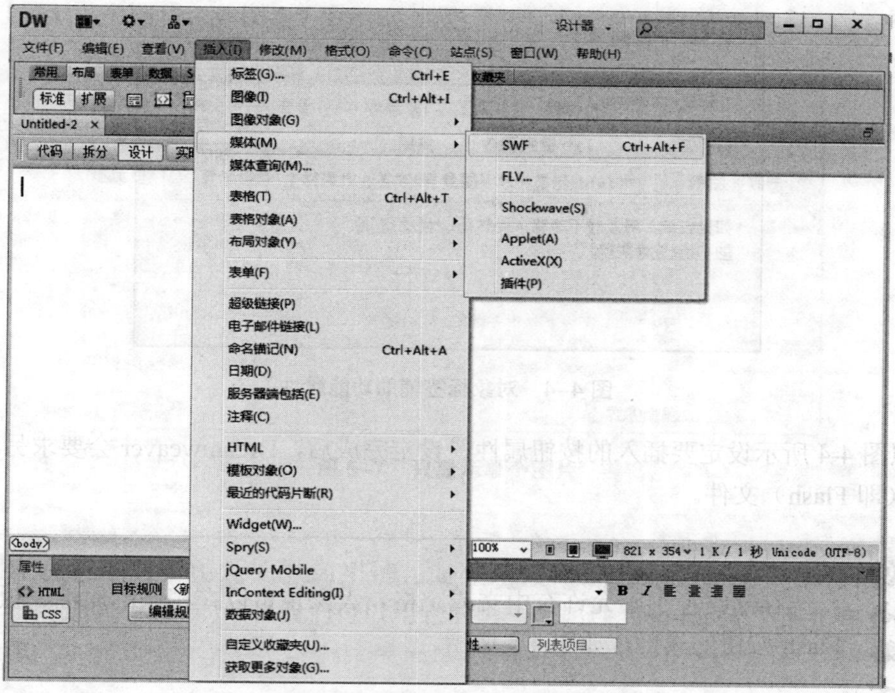

图 4-2　插入“Flash 按钮”

单击图 4-2 中的“SWF”，选择要插入的文件，如图 4-3 所示。

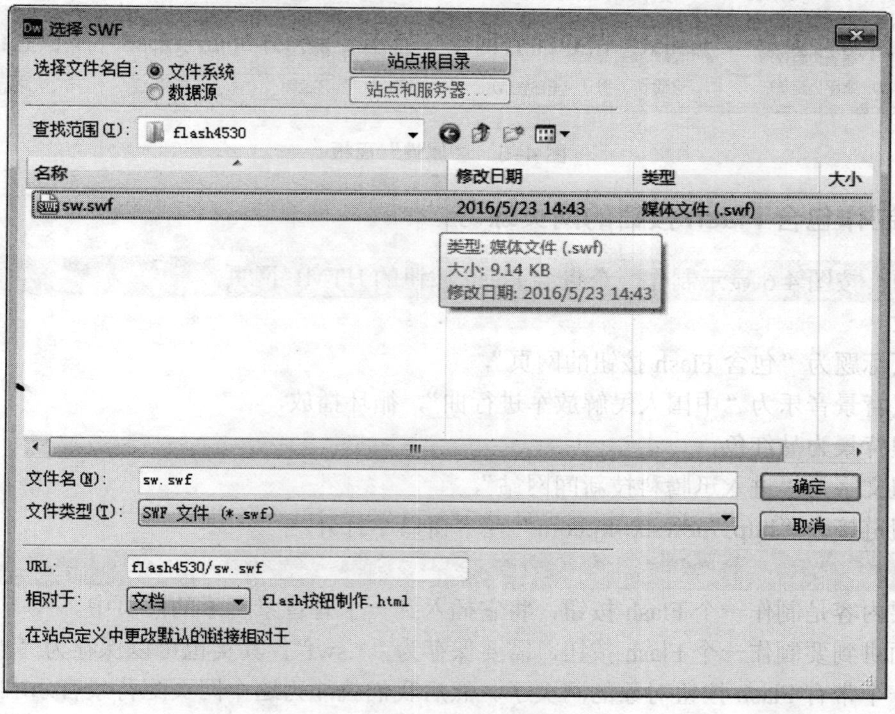

图 4–3　插入 Flash 文件

输入要插入的文件标题，如图 4-4 所示。

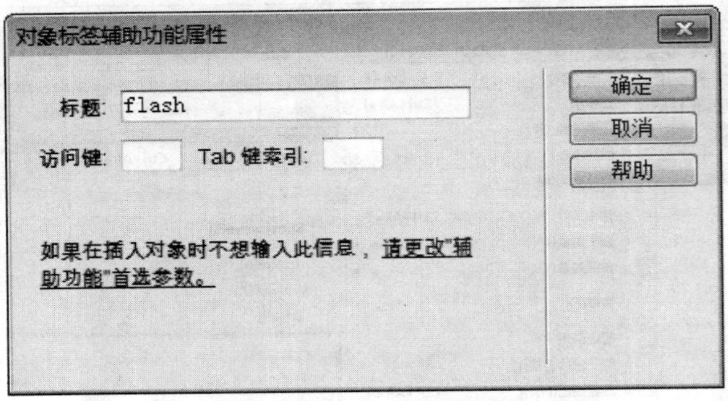

图 4–4　对象标签辅助功能属性

按照图 4-4 所示设定要插入的按钮属性，设定完成后，Dreamweaver 会要求另存为一个“.swf”（即 Flash）文件。

小贴士

存储路径中不允许有中文或空格。大家也可以在稍候的属性面板中设定 Flash 按钮的属性，如图 4-5 所示。

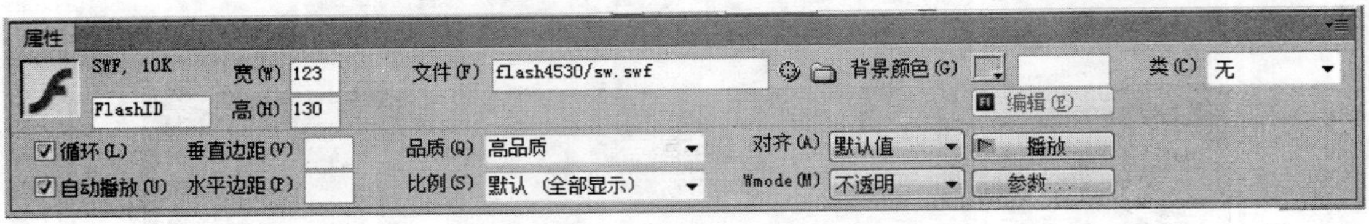

图 4–5　“属性”面板

4.1.2　制作包含 Flash 按钮的网页练习

问题：按图 4-6 显示制作一个包含 Flash 按钮的 HTML 网页。

要求：

网页标题为“包含 Flash 按钮的网页”，

网页背景音乐为“中国人民解放军进行曲”，循环播放，

按钮背景为品红色，

按钮文字为“进入迅腾科技新闻网站”，

按钮链接为“http://news.xt-kj.com”在本窗口中打开。

思路：

主要内容是制作一个 Flash 按钮，将它插入到一个有背景音乐的网页中。

前面讲到要制作一个 Flash 按钮，需要保存为“*.swf”。其实也可以保存为“.html”，就会生成一个带有 Flash 按钮对象的网页了。然后我们就能为这个网页配背景音乐啦！

现在总算搞清楚了，那么这里就不需要一步步重复制作 Flash 了。

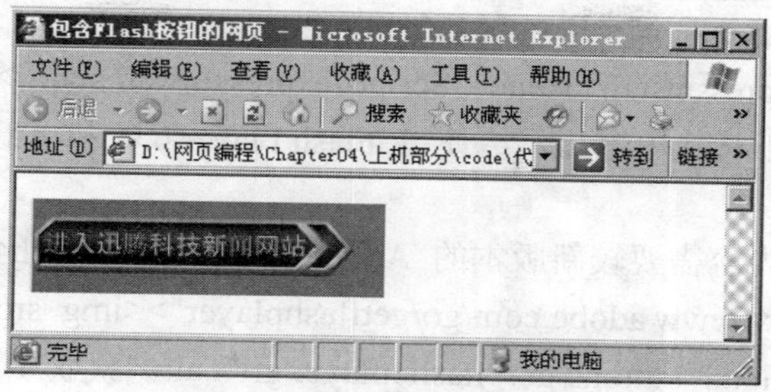

图 4-6　包含 Flash 按钮的网页

示例代码 4-1：包含 Flash 按钮的网页

```
<!DOCTYPE html PUBLIC "-//W3C//DTD XHTML 1.0 Transitional//EN""http://www.w3.org/TR/xhtml1/DTD/xhtml1-transitional.dtd">
<html xmlns="http://www.w3.org/1999/xhtml">
<head>
<meta http-equiv="Content-Type" content="text/html; charset=utf-8" />
<title>包含 flash 按钮的网页</title>
<script src="Scripts/swfobject_modified.js" type="text/javascript"></script>
</head>

<body>
<bgsound src="file:///C|/Users/Administrator/Documents/Tencent Files/752206879/FileRecv/代码 4-1/中国人民解放军进行曲.mp3" />
<object id="FlashID" classid="clsid:D27CDB6E-AE6D-11cf-96B8-444553540000" width="107" height="18">
<param name="movie" value="file:///C|/Users/Administrator/Documents/Tencent Files/752206879/FileRecv/代码 4-1/button.swf" />
<param name="quality" value="high" />
<param name="wmode" value="opaque" />
<param name="swfversion" value="6.0.65.0" />
<!-- 此 param 标签提示使用 Flash Player 6.0 r65 和更高版本的用户下载最新版本的 Flash Player。如果您不想让用户看到该提示，请将其删除。 -->
<param name="expressinstall" value="Scripts/expressInstall.swf" />
<!-- 下一个对象标签用于非 IE 浏览器。所以使用 IECC 将其从 IE 隐藏。 -->
<!--[if !IE]-->
<object type="application/x-shockwave-flash" data="file:///C|/Users/Administrator/Documents/Tencent Files/752206879/FileRecv/代码 4-1/button.swf" width="107" height="18">
<!--<![endif]-->
<param name="quality" value="high" />
<param name="wmode" value="opaque" />
```

```
<param name="swfversion" value="6.0.65.0" />
<param name="expressinstall" value="Scripts/expressInstall.swf" />
<!-- 浏览器将以下替代内容显示给使用 Flash Player 6.0 和更低版本的用户。 -->
<div>
<h4>此页面上的内容需要较新版本的 Adobe Flash Player。</h4>
<p><a href="http://www.adobe.com/go/getflashplayer"><img src="http://www.adobe.co
m/images/shared/download_buttons/get_flash_player.gif" alt="获取 Adobe Flash Player" />
</a></p>
</div>
<!--[if !IE]>-->
</object>
<!--<![endif]-->
</object>
<script type="text/javascript">
swfobject.registerObject("FlashID");
</script>
</body>
</html>
```

代码 4-1 在浏览器中显示，如图 4-6 所示。

4.1.3 hidden 的应用练习

问题：利用 hidden 制作网页，如图 4-7 所示。

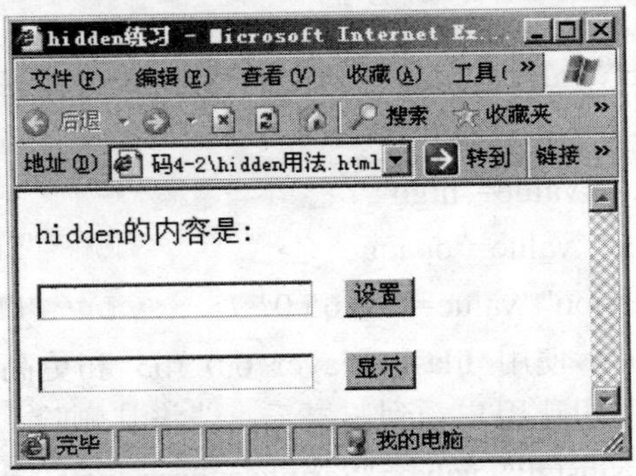

图 4-7 hidden 练习

思路：

看图 4-7，和理论部分中的例子相比，变化不大。无非是能够先自定义“hidden”中的内容，再将其显示出来。实际上就是多写一个将上边那个文本框中的值传给“hidden”的函数。点击“设置”按钮来设置 hidden 的内容，点击“显示”按钮来显示刚刚设置的 hidden 的内容。

示例代码 4-2：hidden 练习

```
<html>
    <head>
        <title>hidden 练习</title>
    </head>
    <body>
<script language="javascript">
        function init()
        {
            with(document.form1)
            tt.value=hh.value;
        }
        function change()
        {
            with(document.form1)
            hh.value=ss.value;
        }
        </script>
        <!--以上是用 JavaScript 编写的 2 个函数，我们会在后面的章节学到-->
        <form name="form1">
        hidden 的内容是:<br>
        <input type="hidden" name="hh" value="天津迅腾滨海科技有限公司"/>
        <br><input name="ss"value=""/> 
        <input type="button" value="设置" onClick="change();"/><br><br>
        <input name="tt" value=""/>  <!--&160  是~ 不间断空格  -->
        <input type="button" value="显示" onClick="init();">
        </form>
    </body>
</html>
```

代码 4-2 在浏览器中显示，如图 4-7 所示。

4.2　练习（50 分钟）

用 Dreamweaver 建立如图 4-8 所示表单。

提示：

为了格式美观，要建立表格。选择 Dreamweaver 菜单栏中的“插入”→“表格”命令，出现“表格”对话框，如图 4-9 所示。

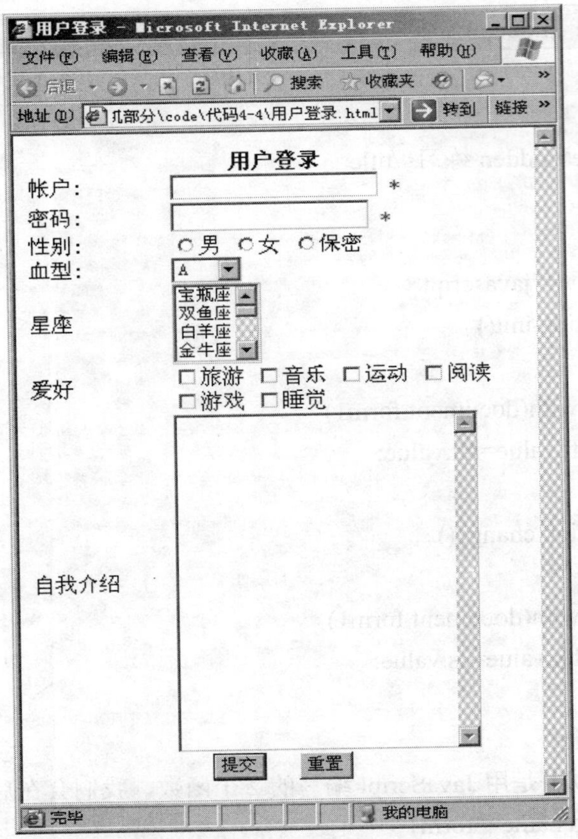

图 4-8　用户登录

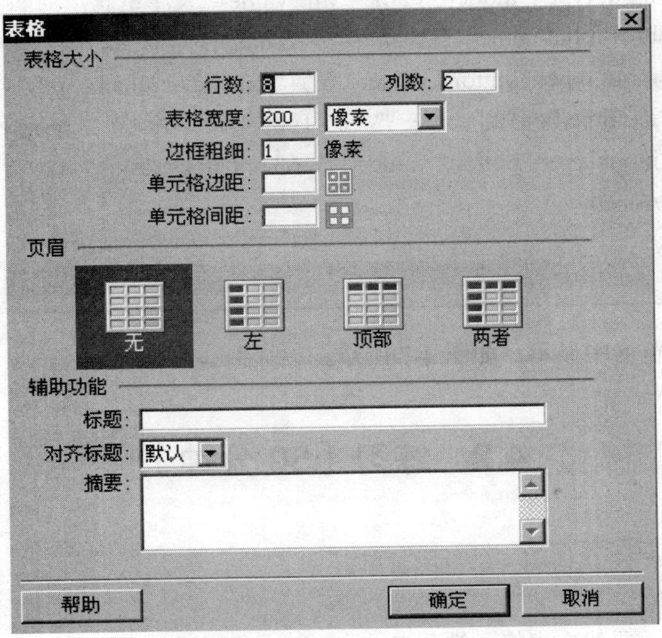

图 4-9　“表格”对话框

行数为 8（2 个按钮也要占一行）列数为 2。

为了放置 2 个按钮，合并最后一行的两列，并使该行内容居中对齐。两个按钮中间填加两个空格（不至于紧挨着）。为了使表格不受浏览器大小改变的影响，高和宽都采用像素（px）作为单位。

添加各项内容，“*”号是红色的。右边这一列的表单元素分别是：单行文本框，密码框，单选框组（在 Dreamweaver 的“表单”面板中，内容为：男，女，保密），列表/菜单框组（单行，下拉列表。内容为：A，B，AB，O，其他），列表/菜单框（多行，菜单显示。内容为：宝瓶座，双鱼座，白羊座，金牛座，双子座，巨蟹座，狮子座，处女座，天平座，天蝎座，射手座，摩羯座。“宝瓶座”被默认选中），6 个复选框，1 个多行文本框，1 个提交按钮和 1 个重置按钮。最后给整张表加个标题，并将表格框线去除。

进一步精细化设计。表单是用来在服务器和客户端之间传递信息的，所以表单元素的某些属性要求唯一。为了给以后学习做准备，请将列表/菜单控件中的各项目、各个单/多选钮的值设置成唯一（起的名字要和其功能有关，比如性别是“gender”，星座是“astro”等），并将他们的“name”设置成唯一（单选框组例外，他们必须拥有同一个名字，以达到互斥的效果）。

示例代码 4-3：用户登录

```
<html>
    <head>
        <title>用户登录</title>
    </head>
    <body>
        <form name="form1" method="post" action="">
        <table border="0" align="center" cellpadding="0" cellspacing="0">
        <caption align="top"><strong>用户登录</strong></caption>
        <tr>
        <td width="29%">账户: </td>
        <td    width="71%"><input name="userid" type="text" maxlength="16">
        <font color="#FF0066" >*</font></td>
        </tr>
        <tr>
        <td>密码:</td>
        <td><input name="passwd" type="password" maxlength="24">
        <font color="#FF0066">*</font></td>
        </tr>
        <tr>
        <td>性别:</td>
        <td><p>
        <label><input name="gender" type="radio" value="male">男</label>
```

```
        <label><input name="gender" type="radio" value="female">女</label>
        <label><input  name="gender"  type="radio"  value="checked">保密</label>
<br></p>
        </td>
        </tr>
        <tr>
        <td>血型:</td>
        <td><select name="blood">
        <option value="A">A</option>
        <option value="B">B</option>
        <option value="AB">AB</option>
        <option value="O">O</option>
        <option value="Other">其他</option>
        </select></td>
        </tr>
        <tr>
        <td>星座</td>
        <td><select name="astro" size="4">
        <option value="aquarius">宝瓶座</option>
        <option value="pisces">双鱼座</option>
        <option value="aries">白羊座</option>
        <option value="taurus">金牛座</option>
        <option value="gemini">双子座</option>
        <option value="cancer">巨蟹座</option>
        <option value="leo">狮子座</option>
        <option value="virgo">处女座</option>
        <option value="libra">天平座</option>
        <option value="scorpio">天蝎座</option>
        <option value="sagittarius">射手座</option>
        <option value="capricorn">摩羯座</option>
        </select></td>
        </tr>
        <tr>
        <td>爱好</td>
        <td><input type="checkbox" name="checkbox" value="travrl">旅游
        <input type="checkbox" name="checkbox1" value="music">音乐
        <input type="checkbox" name="checkbox2" value="sports">运动
        <input type="checkbox" name="checkbox3" value="read">阅读
        <input type="checkbox" name="checkbox4" value="games">游戏
```

```
            <input type="checkbox" name="checkbox5" value="sleep">睡觉</td>
            </tr>
            <tr>
            <td>自我介绍</td>
            <td><textarea name="userinfo" cols="25" rows="15"></textarea></td>
            </tr>
            <tr>
            <td colspan="2" align="center">
            <input type="submit" name="Submit" value="提交" >  
            <input type="reset" name="Submit2" value="重置" ></td>
            </tr>
            </table>
            </form>
        </body>
    </html>
```

4.3 作业

用 Dreamweaver 修改理论部分图 4-1 所示网页，使它如图 4-10 所示（页面背景为浅黄色，“30”的字体颜色为品红色，“迅腾教育”为绿色强调）。

要求：

点击链接，播放指定的视频或音乐。

如提示所示，30 秒钟后跳到指定的网页。

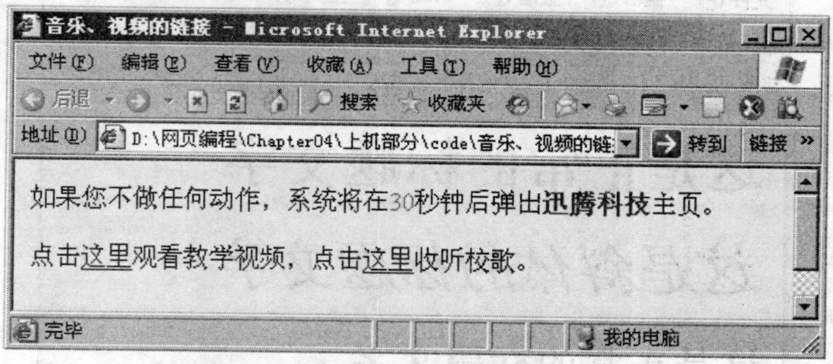

图 4-10　欢迎迅腾教育广告页

提示：

继续练习理论部分图 4-1 所示网页的工作（已经有背景音乐了），添加相应文字，设定页面颜色。把视频和音乐链接到页面，并命令几秒钟后跳转到某页。

第 5 章　CSS 基础

本章目标

完成本章内容后，你将能够：

✧ 理解怎样利用 CSS 设置文字、背景，以及美化网页。

✧ 掌握在 CSS 中设置文字、背景的技巧。

本阶段给出的步骤全面详细，请学员按照给出的上机步骤独立完成上机练习，以达到要求的学习目标。请认真完成以下步骤。

5.1　指导（1 小时 10 分钟）

5.1.1　CSS 选择器使用练习

问题：让部分 1 号标题显示斜体，部分 2 号标题显示红色，而另外不显示？（图 5-1）

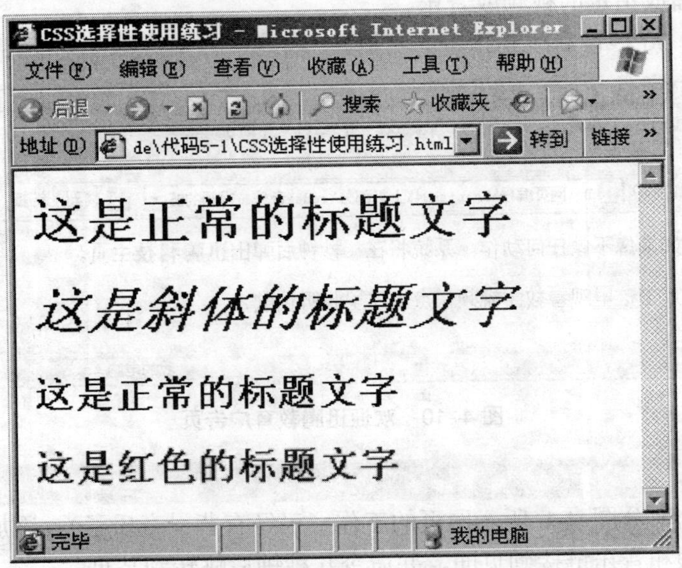

图 5-1　CSS 选择器使用练习

思路：

理论部分中我们学过的是按照标题类型来安排样式，这样只需在标题类型后边给出对应样式就行了，而现在要求不是所有的同类标题都使用一种样式。这样一来，我们就不能简单地大笔一挥，把所有 1 号标题设为斜体，2 号标题设为红色了。

换一种思维方式，能否把样式分类保存，在我们需要的地方使用呢？我们且来一试。

示例代码 5-1：CSS 选择器使用练习

```
<html>
    <head>
        <title>CSS 选择性使用练习</title>
        <style type="text/css">
        <!--
        #f1{font-style:italic}
        #f2{color:red}
        -->
        /*以上是 CSS 的定义 */
        </style>
    </head>
    <body>
        <h1>这是正常的标题文字</h1>
        <h1 id="f1">这是斜体的标题文字</h1>
        <h2>这是正常的标题文字</h2>
        <h2 id="f2">这是红色的标题文字</h2>
    </body>
</html>
```

说明：

这里利用的是“id”属性的选择功能，其语法为：

<标签名 id="样式名">内容 1 </标签名>

<标签名 id="样式名">内容 2 </标签名>

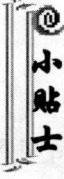

小贴士

> 在用“id”属性进行样式选择时，有一点需要注意，那就是在定义样式的时候，样式名前面的“#”不能省略。

5.1.2 制作立体按钮练习

问题：按图 5-2 所示制作一个立体按钮。

网页标题："立体按钮"；

按钮数量：3 个；

按钮边框：红色，背景为黄色；

按钮文字分别："天津迅腾滨海科技有限公司新闻网""搜狐""央视"；

按钮链接分别："http://news.xt-kj.com""http://www.sohu.com""http://www.cctv.com"。

图 5-2 立体按钮

思路：

仔细观察，发现它并不是用文字的特殊属性做出来的样式效果，而是"模块"这个概念的应用。首先让我们回顾一下模块的概念。

既然我们能通过"模块"来解决许多问题，而这个图中带有超链接功能的文字按钮，显然又不能单独用按钮、超链接文字等网页组件的属性来完成。那么我们能否建立模块，设计它的边框，在中间写上超链接的文字，来实现图中的效果呢？

示例代码 5-2：立体按钮

```
<html >
    <head>
        <title>立体按钮</title>
        <style type = "text/css">
        <!--
        td{border:5 outset red;background-color:#FFFF00}
        -->
        </style>
    </head>
    <body>
        <table>
        <tr>
        <td><a  href="http://news.xt-kj.com">天津迅腾滨海科技有限公司新闻网
</a></td>
        <td><a href="http://www.sohu.com.cn">搜狐</a></td>
        <td><a href="http://www.cctv.com.cn">央视</a></td>
        </tr>
```

```
        </table>
    </body>
</html>
```

代码 5-2 在浏览器中显示，如图 5-2 所示。

说明：

1. 要得到排列整齐的网页组件，通常要使用表格这已经成为规定了。
2. 建立模块之后，其他操作就很方便了，只需设置边框和表格中的内容即可。
3. 这里巧妙地运用了对表格样式的设定，值得大家回味。

5.1.3 统一设置模块周围空白

问题：如何让模块周围的 4 块空白距离都不同？（图 5-3）

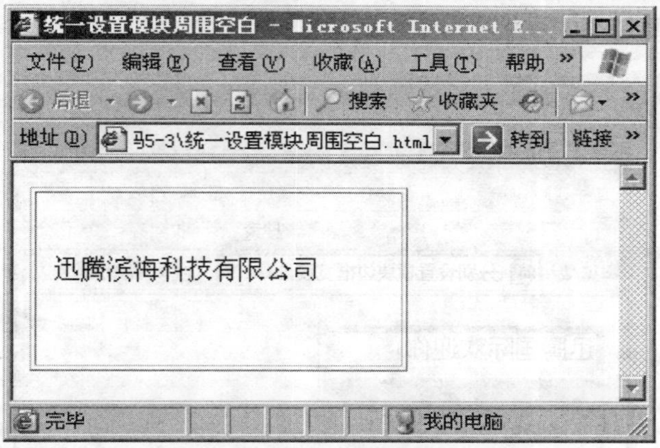

图 5-3　统一设置模块周围空白

思路：

理论部分我们学过的是分别为 4 块空白赋值来设置周围的样式，能否把四周空白的样式一起来设置呢？我们来试一试。

示例代码 5-3：统一设置模块周围空白

```
<html>
    <head>
        <title>统一设置模块周围空白</title>
        <style type="text/css">
        <!--
        p{margin:30 20 40 10}
        -->
        </style>
    </head>
    <body>
```

```
        <table width="229" height="116" border="1">
        <tr><td  width="226"  height="110"><p>迅腾滨海科技有限公司</p>
</td></tr>
        </table>
    </body>
</html>
```

代码 5-3 在浏览器中显示，如图 5-3 所示。

说明：

直接利用“margin”属性。可以同时设置 4 个边框的值（各个值中间用空格分开），其顺序为上、右、下、左。如果只设置一个值，那么 4 个边框都使用这个值；如果只设置两个值，那么上、下边界使用前面的值，左、右边界使用后面的值。

5.1.4 分别设置模块边框的宽度

问题：如何让模块周围的 4 个边框宽度都不同？（图 5-4）

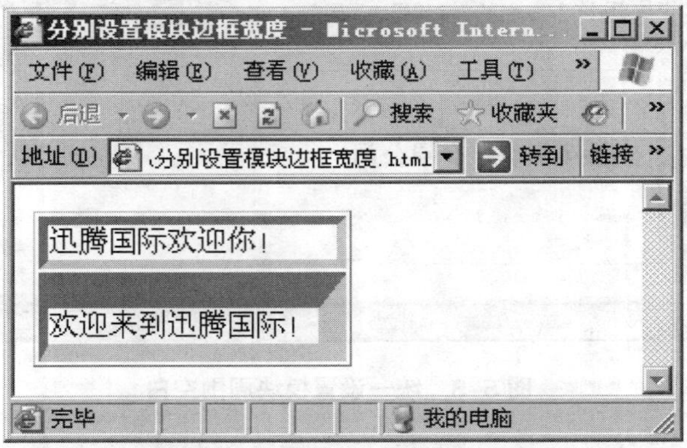

图 5–4 分别设置模块边框宽度

思路：

在理论部分我们学过的是统一为 4 个边框赋值来设置模块边框宽度，能否把各个边框的宽度分开来设置呢？我们来试一试。

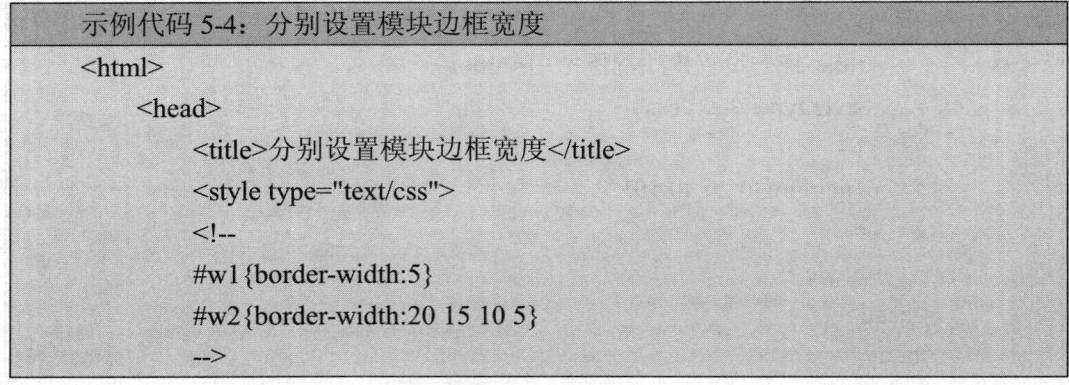

示例代码 5-4：分别设置模块边框宽度

```
<html>
    <head>
        <title>分别设置模块边框宽度</title>
        <style type="text/css">
        <!--
        #w1{border-width:5}
        #w2{border-width:20 15 10 5}
        -->
```

```
        </style>
    </head>
    <body>
        <table   border="1">
        <tr><td id="w1">迅腾国际欢迎你！</td></tr>
        <tr><td id="w2">欢迎来到迅腾国际！</td></tr>
        </table>
    </body>
</html>
```

代码 5-4 在浏览器中显示，如图 5-4 所示。

说明：

直接利用“border-width”属性，可以同时设置 4 个边框的宽度（各个值中间用空格分开），其顺序为上、右、下、左。如果只设置一个值，那么 4 个边框都使用这个值；如果只设置两个值，那么上、下边框使用前面的值，左、右边框使用后面的值。

5.1.5 分别设置边框的颜色

问题：如何让模块周围的 4 个边框颜色不同？（图 5-5）

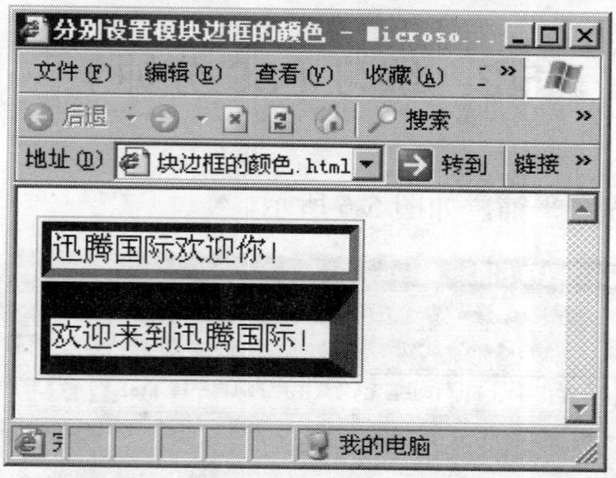

图 5-5　分别设置模块边框的颜色

思路：

在理论部分我们学过的是统一为 4 个边框赋值来设置模块边框的颜色，能否把各个边框的颜色分开来设置？我们来试一试。

示例代码 5-5：分别设置模块边框的颜色

```
<html>
    <head>
        <title>分别设置模块边框的颜色</title>
        <style type="text/css">
        <!--
```

```
        #w1{border-color:#00CC66;border-width:5}
        #w2{border-color:red green blue black;border-width:20 15 10 5}
        -->
        </style>
    </head>
    <body>
        <table  border="1">
        <tr><td id="w1">迅腾国际欢迎你！</td></tr>
        <tr><td id="w2">欢迎来到迅腾国际！</td></tr>
        </table>
    </body>
</html>
```

代码 5-5 在浏览器中显示，如图 5-5 所示。

说明：

直接利用“border-color”属性，可以同时设计 4 个边框的颜色（各个值中间用空格分开），其顺序为上、右、下、左。如果只设置一个值，那么 4 个边框都使用这个值；如果只设置两个值，那么上、下边框使用前的值；左、右边框使用后面的值。

5.2 练习（50 分钟）

1．制作背景图片的纵向平铺，如图 5-6 所示。

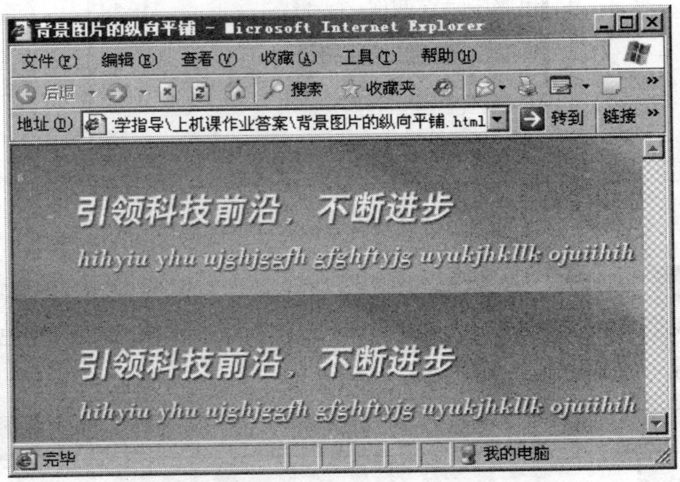

图 5-6 纵向平铺

提示：

在理论部分我们学习了背景图片的平铺，是使用“background-repeat”属性，它的一个取值“repeat-x”实现了横向平铺，我们可以用它的另一个属性“repeat-y”实现纵向平铺，自己试试看。

2. 只显示单个图片，如图 5-7 所示。

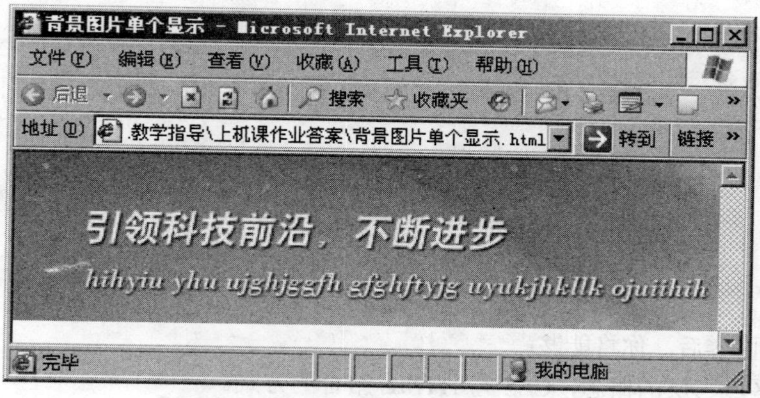

图 5-7　只显示单个图片

提示：

上例中我们练习了图片的纵向平铺，是使用“background-repeat”属性的一个取值“repeat-y”来实现，上面的效果我们可以用它的另一个属性“no-repeat”不允许平铺，只显示单个图像。

5.3　作业

上面练习中“background-repeat”还有一个属性的取值“repeat”，换成它试试看，会出现什么现象？

第 6 章　CSS 的应用

本章目标

完成本章内容后，你将能够：

- ✧ 理解区域与层的概念，CSS 与 HTML 结合的方式。
- ✧ 掌握区域与层的应用，CSS 与 HTML 结合的方法。

本阶段给出的步骤全面详细，请学员按照给出的上机步骤独立完成上机练习，以达到要求的学习目标。请认真完成下列步骤。

6.1　指导（1 小时 10 分钟）

6.1.1　链接字体变化练习

问题：当鼠标移动到链接上方时，如何让链接字体变大？（图 6-1）

要求：当鼠标移动到链接文字上时，链接文字变成指定字体和大小（华文楷体，20px）。

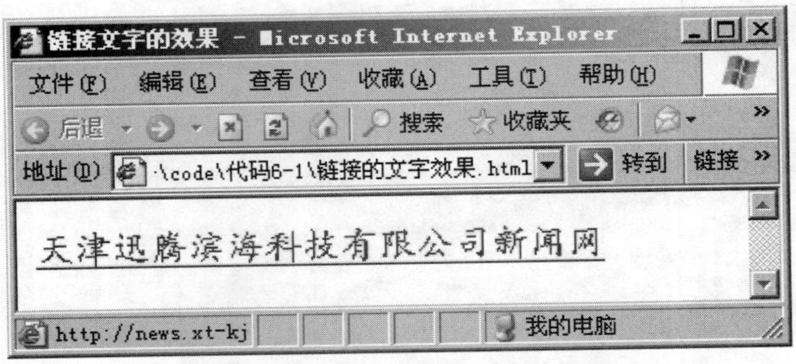

图 6–1　链接文字的效果

思路：

在理论部分我们学过，CSS 用来统一处理链接的属性是“a”，鼠标经过链接上方可以指定一些效果。但上面要求的效果是字体发生变化，莫非“a”和“font”属性能结合使用么？我们来试一试。

示例代码 6-1：连接的文字效果

```
<html>
    <head>
        <title>链接的文字效果</title>
        <style type="text/css">
        <!--
        a:link{color:red}
        a:visited{color:blue}
        a:active {color:yellow}
        a:hover{color:green;font-family:"华文楷体";font-size:20px}
        -->
        </style>
    </head>
    <body>
        <a href ="http://news.xt-kj.com">天津迅腾滨海科技有限公司新闻网</a>
    </body>
</html>
```

代码 6-1 在浏览器中显示，如图 6-1 所示。

说明：

事实证明，“a”类属性和“font”类属性确实能够结合使用，共同控制链接文字的效果。

6.1.2　默认位置区域的制作

问题：按图 6-2 所示制作 3 个区域，要求位置不会变。

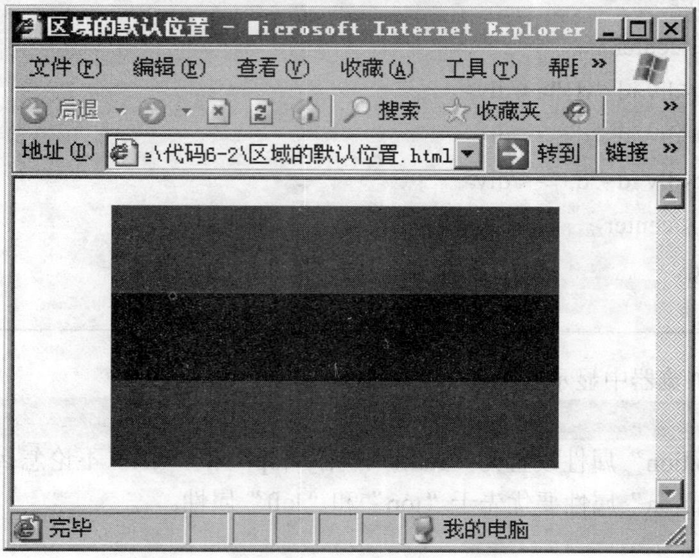

图 6-2　区域的默认位置

思路：

要求中既然提到了，那么所用技术就没有悬念了，肯定是区域。

在前面的学习中我们了解到，当全部使用层来进行布局时，利用绝对定位方式为佳，即以网页左上角为基准来设置。而在有其他组件存在的情况下，则要利用相对定位方式。然后在设置图层的时候要选定一定的参照物（通常选表格），以参照物的坐标来重新建立图层位置的坐标系。

那么我们在课本理论部分学过了，决定区域位置的属性是“position”，它有3个参数，这个问题中用相对或绝对都不合适，因为这2个方法中区域的位置都会受“top”和“left”设定的不同而不同。那么只能试一下默认方式了。

示例代码 6-2：区域的默认位置

```
<html>
    <head>
        <title>区域的默认位置 </title>
        <style type="text/css">
        <!--
        div{width:250;height:50}
        #d1{background-color:red;position:static;top:0;left:0}
        #d2{background-color:blue;position:static;top:50;left:50}
        #d3{background-color:green;position:static;top:100;left:100}
        -->
        </style>
    </head>
    <body>
        <center>
        <div id="d1"></div>
        <div id="d2"></div>
        <div id="d3"></div>
        </center>
    </body>
</html>
```

代码 6-2 在浏览器中显示，如图 6-2 所示。

说明：

只要将“position”属性设置为“static”，则“top”和“left”不论怎么样设置都不起作用，这说明“position”属性要优先于“top”和“left”属性。

6.1.3　分段显示不同的文字背景

问题：按图 6-3 所示，为不同文字设置不同的背景色。

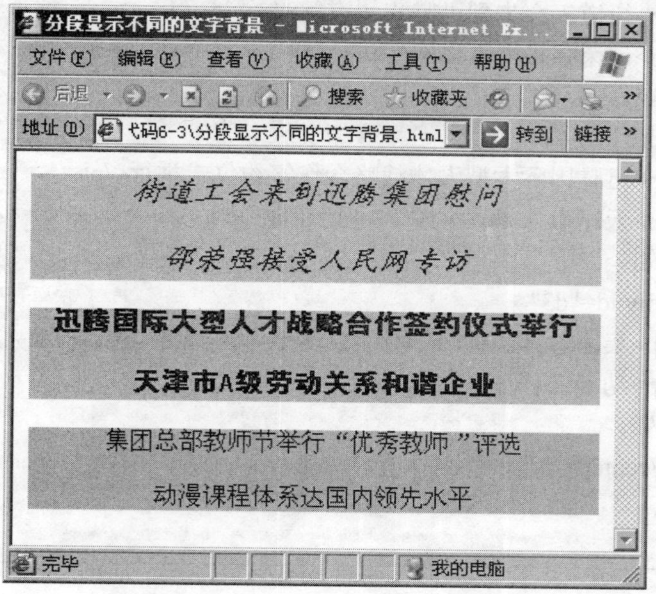

图 6–3　分段显示不同的文字背景

思路：

以后无论何时何地遇到类似的问题，不假思索，最好的答案就是用区域！尽管也有其他方法可以实现，但没有比利用"<div>"更方便的了。

用"id"为不同的区域做标识，在"style"标记中为这些不同"id"的"div"定义不同的样式（颜色、字型、字号、字体、背景图片都能定义），就这么简单。

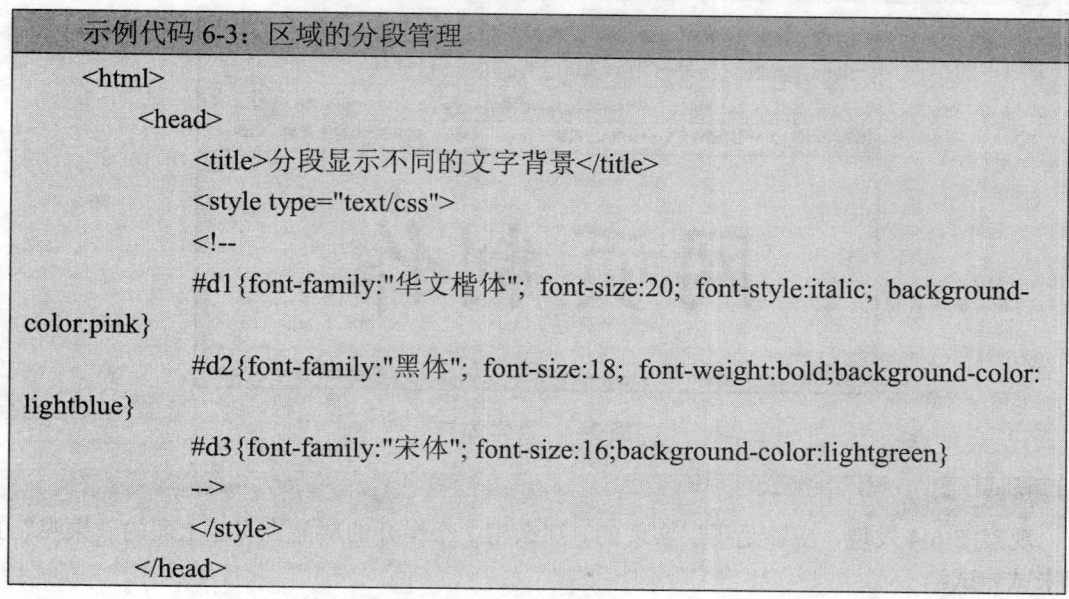

示例代码 6-3：区域的分段管理

```
<html>
    <head>
        <title>分段显示不同的文字背景</title>
        <style type="text/css">
        <!--
        #d1{font-family:"华文楷体"; font-size:20; font-style:italic; background-
color:pink}
        #d2{font-family:"黑体"; font-size:18; font-weight:bold;background-color:
lightblue}
        #d3{font-family:"宋体"; font-size:16;background-color:lightgreen}
        -->
        </style>
    </head>
```

```
    <body>
        <center>
        <div id="d1">
        <p>街道工会来到迅腾集团慰问</p>
        <p>邵荣强接受人民网专访</p>
        </div>
        <div id="d2">
        <p>迅腾国际大型人才战略合作签约仪式举行</p>
        <p>天津市 A 级劳动关系和谐企业</p>
        </div>
        <div id="d3">
        <p>集团总部教师节举行“优秀教师”评选</p>
        <p>动漫课程体系达国内领先水平</p>
        </div>
        </center>
    </body>
</html>
```

代码 6-3 在浏览器中显示，如图 6-3 所示。

说明：

这个例子可以有多种方法实现，大家可以用其他的标记属性及 CSS 定义样式做出来，互相比较一下。

6.1.4 文字的立体效果练习

问题：怎样让文字呈现如图 6-4 中的立体效果？

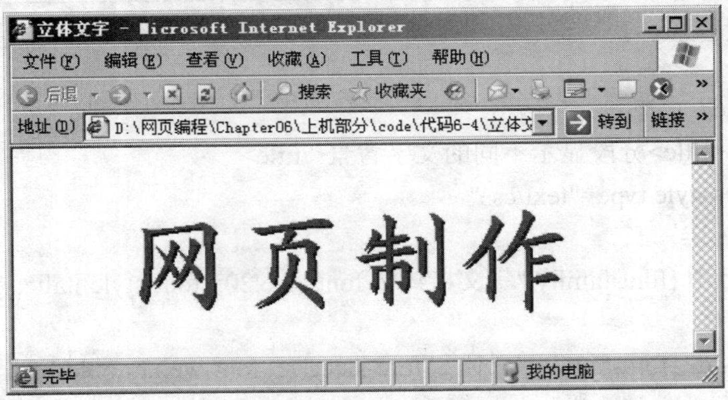

图 6–4 立体文字

思路：

观察图 6-4 发现，应该是用层实现的。那么用 2 个错开的层能否实现上面的效果呢？我们来试一试。

示例代码 6-4：立体文字

```
<html>
    <head>
        <title>立体文字</title>
        <style type="text/css">
        <!--
        #z1{font-size:60pt;color:red;font-family:"华文楷体";position:absolute; top:
1cm;left:2cm;z-index:2}
        #z2{font-size:60pt;color:blue;font-family:"华文楷体";position:absolute;top:
1.07cm;left:2.07cm;z-index:1}
        -->
        </style>
    </head>
    <body>
        <div id="z1">网页制作</div>
        <div id="z2">网页制作</div>
    </body>
</html>
```

代码 6-4 在浏览器中显示，如图 6-4 所示。

说明：

制作上、下 2 个层，一个显示主色，一个显示阴影，错开一点，立体效果就出来了。

6.1.5　文字的阴影效果练习

问题：怎样让文字呈现如图 6-5 中的阴影效果？

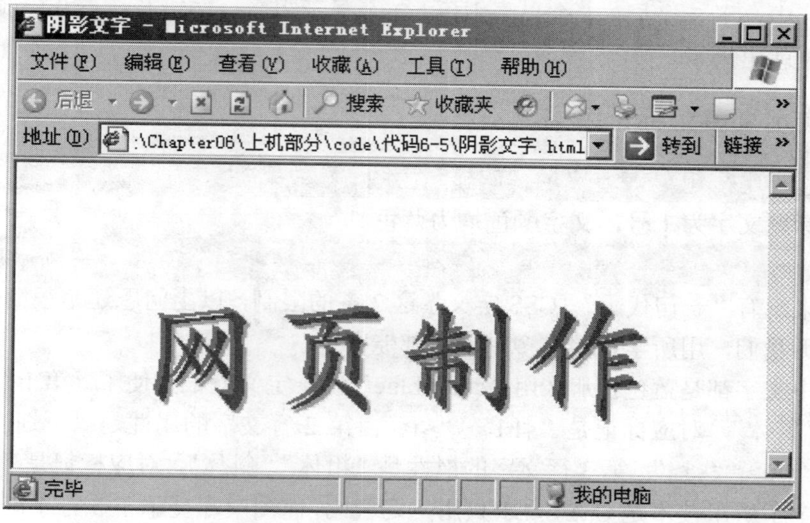

图 6–5　阴影文字

思路：

观察图 6-5 发现，应该也是用层来实现的。那么用多个错开的层能否实现上面的效果呢？我们来试一试。

示例代码 6-5：阴影文字

```
<html>
    <head>
        <title>阴影文字</title>
        <style type="text/css">
        #z1{font-size:60pt;color:red;font-family:"华文楷体";position:absolute;top:
2cm;left:2cm;z-index:3}
        #z2{font-size:60pt;color:gray;font-family:"华文楷体";position:absolute;top:
1.93cm;left:1.93cm;z-index:2}
        #z3{font-size:60pt;color:aqua;font-family:"华文楷体";position:absolute;top:
2.06cm;  left:2.06cm;z-index:1}
        </style>
    </head>
    <body>
        <div id="z1">网页制作</div>
        <div id="z2">网页制作</div>
        <div id="z3">网页制作</div>
    </body>
</html>
```

代码 6-5 在浏览器中显示，如图 6-5 所示。

说明：

制作上、中、下 3 个层，1 个显示主色，2 个显示阴影，层错开一点儿，颜色渐变一点儿，阴影效果就出来了。

6.1.6　一次定义多组标记练习

问题：怎样用一句 CSS 定义的代码显示出图 6-6 效果？

要求：标题文字为 1 号，文字颜色均为蓝色。

思路：

其实如果没有“一句代码”“CSS 定义”这 2 条的限制，以上问题还是很简单的。图 6-6 很直观地告诉我们，用所学过的许多种方法都能实现。

既然图中文字都是蓝色，那么用“color:blue”统一定义就很方便了。第 1 行文字的属性是“标题”“斜体”，对应标记是“<h1>”“<i>”；第 2 行文字的属性是“下划线”“斜体”，对应标记是“<u>”“<i>”；第 3 行文字的属性是“粗体”“斜体”，对应标记是“<b>”“<i>”。

既然确定了所用技术是 CSS，要求只用一句代码，而图中却显示了 3 行不同效果的文本，根据观察每行文字至少有 2 个字体属性。但上面要求的效果是字体发生变化，莫非一次能定义多组标记吗？我们来试一试。

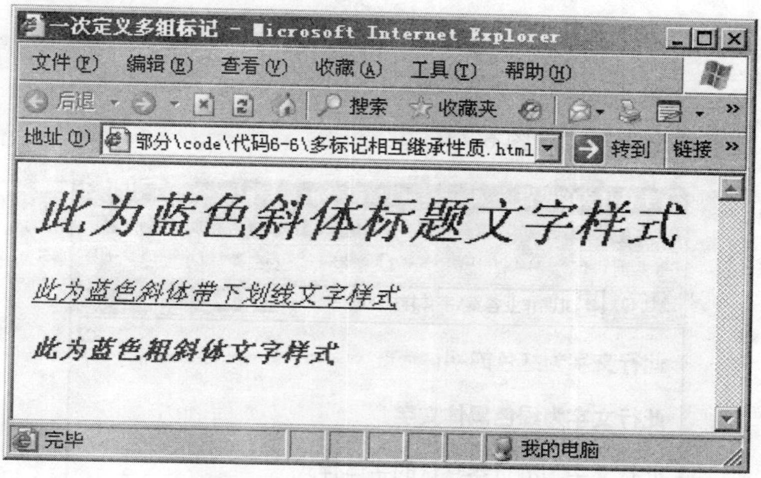

图 6-6　一次定义多组标记

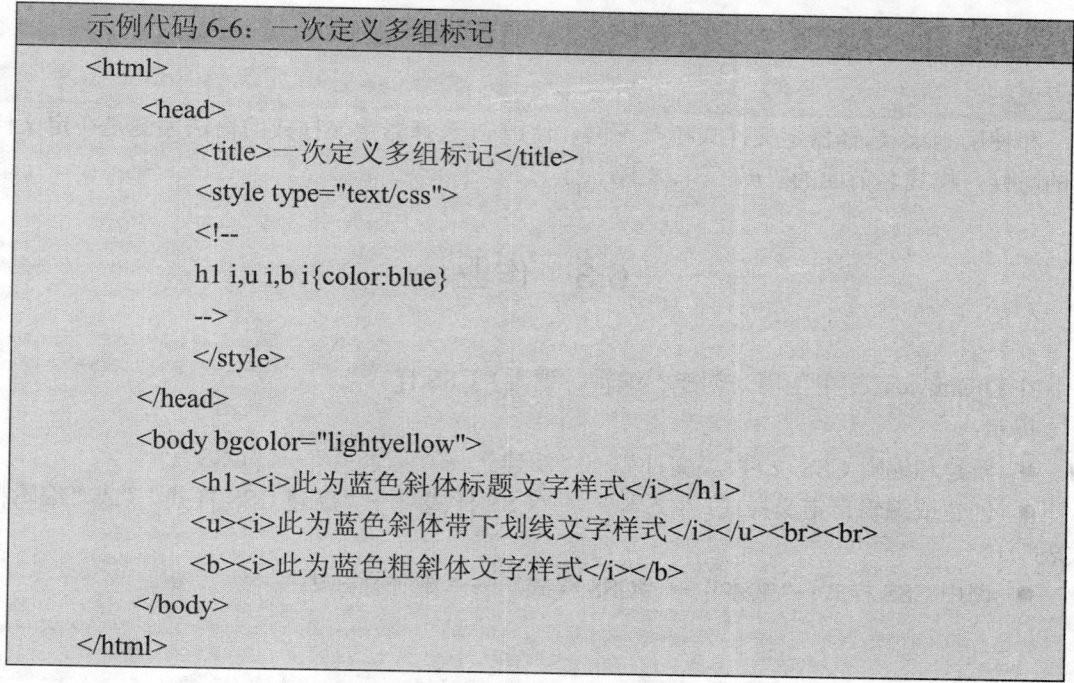

示例代码 6-6：一次定义多组标记

```
<html>
    <head>
        <title>一次定义多组标记</title>
        <style type="text/css">
        <!--
        h1 i,u i,b i{color:blue}
        -->
        </style>
    </head>
    <body bgcolor="lightyellow">
        <h1><i>此为蓝色斜体标题文字样式</i></h1>
        <u><i>此为蓝色斜体带下划线文字样式</i></u><br><br>
        <b><i>此为蓝色粗斜体文字样式</i></b>
    </body>
</html>
```

以上代码在浏览器中显示，如图 6-6 所示。

说明：

可以看到，利用 CSS 的相互继承的性质，可以用逗号“，”把标记隔开，两两一组地定义，再两两一组地使用。难道只能两两一组地定义和使用吗？可以一次定义和使用 3 个乃至多个吗？自己试试看！

6.2 练习（50 分钟）

1. 利用 id 选择器定义样式（图 6-7）。

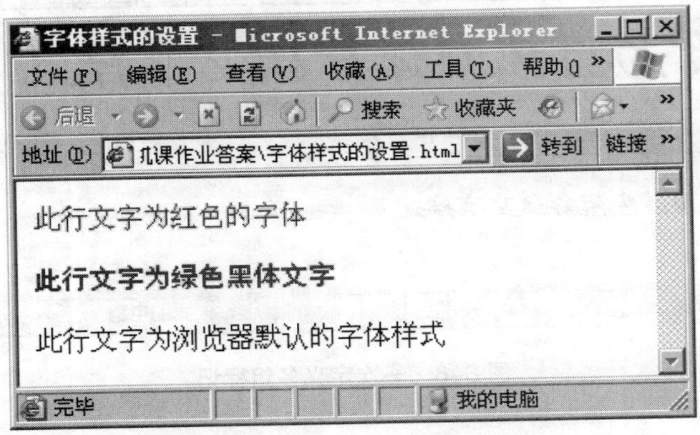

图 6–7 字体样式的设置

提示：

和使用 class 选择器定义样式稍有不同，使用 id 选择器定义样式的语法关键是在定义样式的时候，样式名前面的“#”不能省略。

6.3 作业

在 Dreamweaver 中使用（创建、编辑、调用）CSS 样式。

提示：

- 新建和编辑 CSS 文件：“文件”→“新建”→“基本页”→“CSS”。
- 创建或编辑自定义样式：“文本”→“CSS 样式”→“新建 CSS 样式”（或“编辑样式表”）。
- 调用 CSS 样式：“文本”→“CSS 样式”→“附加样式表”。

第 7 章　JavaScript 介绍

本章目标

完成本章内容后，你将能够：

✧ 理解 JavaScript 基本概念。

✧ 掌握 JavaScript 简单用法。

本阶段给出的步骤全面详细，请学员按照给出的上机步骤独立完成上机练习，以求达到要求的学习目标。请认真完成下列步骤。

7.1　指导（1 小时 10 分钟）

7.1.1　第一个 JavaScript 练习

问题：按图 7-1 所示用 JavaScript 制作一个网页。

要求：标题为“JS 脚本”，字体为蓝色。

图 7–1　JS 脚本

思路：

如果用 HTML 或者 CSS 来做。以上效果非常简单，那么用 JavaScript 是否同样简单呢？答案肯定是简单的。

任何一门开发语言都会有它自己的输出方式，JavaScript 也不例外。只要掌握了这个方式，就可以轻松输出以上内容了。

示例代码 7-1：JS 脚本

```
<html>
    <head>
        <title>JS 脚本</title>
    </head>
    <body>
        <script language="javascript">
        document.write("<font color=blue>你好,JavaScript!</font>");
        </script>
    </body>
</html>
```

以上代码在浏览器中显示，如图 7-1 所示。

说明：

1. document 叫做文档对象，指 HTML 网页。

2. write 是 document 提供的方法，用来向 HTML 输出文本，括号和双引号中的就是要输出的内容。

3. 语句结尾一定要用分号“;”标志。

4. 双引号中的 HTML 标记并不会被原样输出，即 HTML 标记对文本的控制仍然有效。

7.1.2 调用 JavaScript 文件练习

问题：调用外部 JavaScript 文件实现如图 7-2 效果。

要求：标题为“外部 JS 脚本调用”，字体为蓝色。

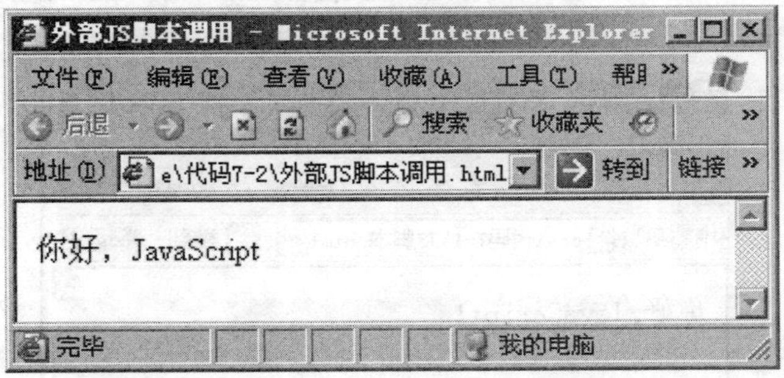

图 7–2 外部 JS 脚本调用

思路：

图 7-2 的效果和图 7-1 完全一样，只是要求和前面不同。第一个 JavaScript 练习是把 JavaScript 语句直接写在 HTML 文件中，而此例要求把 JavaScript 语句从 HTML 文件中独立出去，用 HTML 来调用 JavaScript 文件，实现同样效果。

这样做的好处同独立 CSS 一样，方便网页的组织和管理。那么具体怎样做呢？我们只要把“<script></script>”标记对中的语句保存在一个以“js”为扩展名的文件中即可。

示例代码 7-2：外部 JS 脚本调用

```
<html>
    <head>
        <title>外部 JS 脚本调用</title>
        <meta http-equiv="Content-Type" content="text/html; charset=utf-8" />
    </head>
    <body>
        <script src="JS.js">
        </script>
    </body>
</html>
```

代码 7-2 在显示器中显示，如图 7-2 所示。

说明：

1. 文件“JS.js”中，代码只有一句“document.write（"<font color=blue>你好，JavaScript</font>"）;”且不能加“<script></script>”标记，否则报错。

2. JS 文件的命名不能超过 8 个字符。

7.2　练习（50 分钟）

1. 将代码 7-3 保存为 html 文件，在浏览器中打开它，看看有什么结果。试分析这个“language”“alert()”是什么意思，如何使用?

示例代码 7-3：分析 language 和 alert 的使用方法及其含义

```
<html>
    <head>
        <title>分析 language 和 alert 的使用方法及其含义</title>
    </head>
    <body>
        <script language="Javascript">
        alert("欢迎进入 JavaScript 世界! ");
        alert("今后我们将共同学习 JavaScript.");
        </script>
    </body>
</html>
```

思路：先看运行结果再分析。

2. 代码保存为 html 文件，在浏览器中打开它，看看有什么结果。

示例代码 7-4：JavaScript 变量的声明、赋值和显示

```
<html>
    <head>
        <title> JavaScript 变量的声明、赋值和显示</title>
    </head>
    <body>
        <script type="text/javascript">
        var domainname="http://news.xt-kj.com";
        document.write(domainname);
        document.write("<h1>"+domainname+"</h1>");
        </script>
        <p>这段 JavaScript 代码中，第一行声明了一个变量 domainname，并同时将一个字符串"http://news.xt-kj.com"赋值给这个变量；第二行 document.write 显示变量 domainname 的值；第三行显示带 h1 标题格式的变量 domainname 的值。</p>
    </body>
</html>
```

思路：

先看运行结果再分析。

7.3 作业

1. 说明下面数据是哪种类型的，可以的话写出它相应的十进制数。

0001，0.0001，1.e-4，1.0e-4，3.45e2，42，0378，0377，0.0001，00.0001，0Xff，0x3e7，0x3.45e2。

2. 打开 Dreamweaver，查看“帮助”菜单中关于 JavaScript（其实还有 HTML、CSS 的）的指南，查找和“document.write”“alert”有关的内容，学会使用帮助文件解决和技术细节相关的疑问。

第 8 章　JavaScript 的句型

本章目标

完成本章内容后，你将能够：

✧ 理解 JavaScript 的句型种类。

✧ 掌握 JavaScript 的句型用法。

本阶段给出的步骤全面详细，请学员按照给出的上机步骤独立完成上机练习，以达到要求的学习目标。请认真完成下列步骤。

8.1　指导（1 小时 10 分钟）

8.1.1　用循环制作标题

问题：如何按图 8-1 所示显示标题？

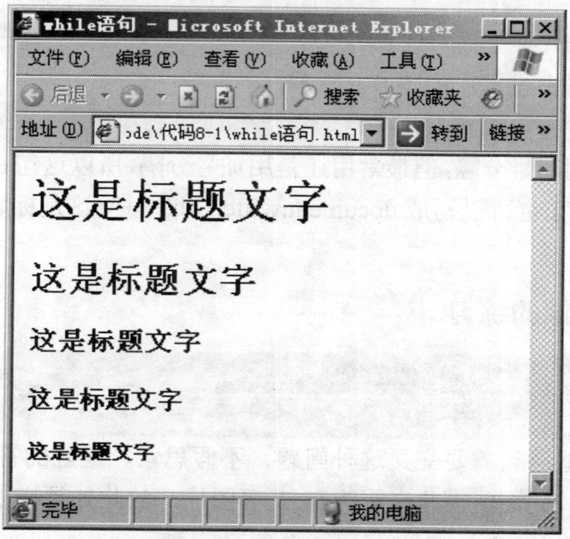

图 8-1　while 语句

思路：

仔细观察图 8-1，发现要求是把标题用“<hx>”标记从 1 到 5 列出来了，那么在前面课程中我们用 HTML 把它们挨个儿写 5 遍，改改字号也能实现，但这样有点笨拙了。

现在我们学了 JavaScript 之后，能否有巧妙的方法完成呢？可能大家已经猜到了，把标题循环输入 5 次嘛，每一遍字号增加 1。用 for 和 while 都能实现，我们用 while 演示一下，其实这个例子用 for 更合适，大家回去自己做。

我们知道 while 循环也分为普通 while 和 do…while，区别在理论部分中学过了，do…while 至少做一次循环，这个例子我们还是用 while 更贴切一些。

示例代码 8-1：while 语句

```
<html>
    <head>
        <title>while 语句</title>
    </head>
    <body>
        <script language="javascript">
        var i=1;
        while(i<=5)
        {
        document.write("<h",i,">这是标题文字</h",i,">");
        i++;
        }
        </script>
    </body>
</html>
```

代码 8-1 在浏览器中显示，如图 8-1 所示。

说明：

字符串连接可以用逗号分隔，但最常用还是用加号分隔，所以这句 document.write("<h",i,">这是标题文字</h",i,">");也可以写成 document.write("<h"+i+">这是标题文字</h"+i+">");效果一样。

8.1.2 交叉显示图像的练习

问题：按图 8-2 所示，实现图像的交叉显示。

思路：

以后无论何时何地遇到需要交叉这种问题，不假思索，最好的答案就是用求模和循环！其具体方法是几幅图片交叉就模几（因为有 2 幅图片，故此处是模 2），然后用选择，再做循环就可以实现了。

选择也分为 2 种的，一般这种奇偶（模 2）问题，肯定用双结果选择，即 if…else，如果交叉多的话，就用多结果选择，即 switch。

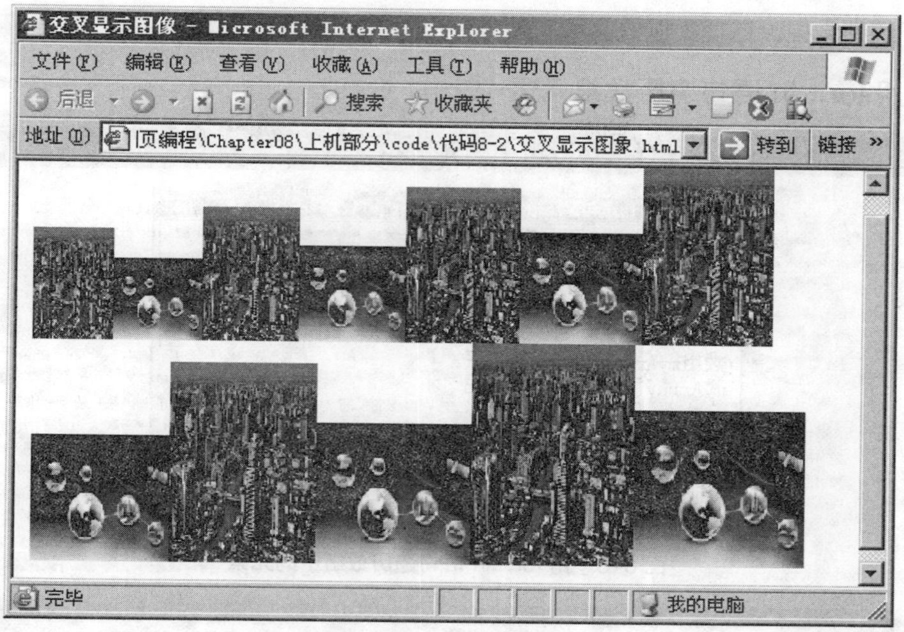

图 8–2　交叉显示图像

示例代码 8-2：交叉显示图像

```
<html>
    <head>
        <title> 交叉显示图像</title>
    </head>
    <body>
        <script language="javascript">
        for(x=10;x<=21;x++)
        {
        //使用 if 语句来控制图像的交叉显示
        if(x%2==0)
       document.write("<img src=images/xt.jpg width=",x,"% height=",3*x,"%>");
        else
        document.write("<img  src=images/xt1.jpg  width=",x,"%  height=",2*x,"%>");
        }
        </script>
    </body>
</html>
```

以代码 8-2 在浏览器中显示，如图 8-2 所示。

说明：

需要判断奇偶这样的例子，在现实中有许多，在以后的工作中要大量用到。希望大家把这个例子练熟掌握，道理类似的就可以触类旁通了。

8.1.3 用 for…in 语句遍历数组元素

问题：用 for…in 语句怎样遍历数组中的元素呢？

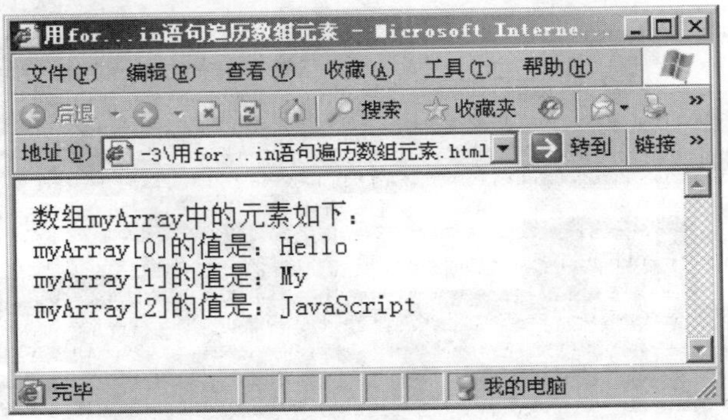

图 8-3 用 for…in 语句遍历数组中的元素

思路：

在理论部分我们已经学过了用 for…in 语句来遍历一个对象的所有用户自定义属性，同样我们也可以用它来遍历数组中的所有元素。

仔细观察图 8-3，发现这个例子中需要定义一个名为 myArray 的数组，在 HTML 文件中我们可以这样声明：“var myArray = new Array()”，然后我们对数组元素进行赋值操作。然后可以参照理论部分 for…in 语句的例子来完成对数组元素的遍历。

示例代码 8-3：用 for…in 语句遍历数组元素

```
<html>
    <head>
        <title>用 for...in 语句遍历数组元素</title>
    </head>
    <body>
        <script language="javascript">
        var x
        <!--定义变量 x 用来遍历数组中的元素 -->
        var myArray = new Array()
        myArray[0] = "Hello"
        myArray[1] = "My"
        myArray[2] = "JavaScript"
        <!--声明一个数组 myArray 并为里面的元素赋值 -->
        document.write("数组 myArray 中的元素如下：<br>")
        for (x in myArray)
        {
        document.write("myArray["+x+"]的值是："+myArray[x] + "<br>")
```

```
        }
        </script>
    </body>
</html>
```

代码 8-3 在浏览器中显示，如图 8-3 所示。

说明：

for…in 循环中的循环计数器是一个字符串，而不是数字。它即可以包含当前属性的名称，又可以表示当前数组的下表。

8.1.4　捕获异常练习

问题：如何捕获程序运行中的异常？

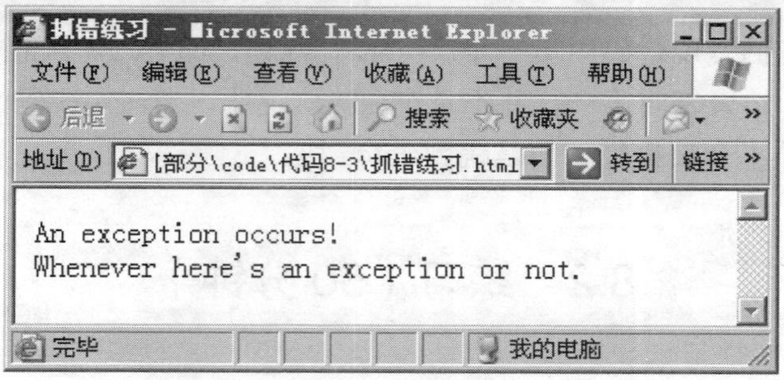

图 8–4　抓错练习

思路：

观察图 8-4 发现，其实这是一个抓错练习，因为不仅有 catch 块而且还有 finally 块，至于 try 块中的代码，随便写一段代码并故意留一个错误就行了。要注意的是 JavaScript 是一个非专业程序设计的弱类型语言，许多方法（包括除 0）都无法使它出错（即运行 catch 块中的内容），这个错误要写的有技巧。下面代码仅供参考并不唯一。还有许多方法可以让 JavaScript 出错，大家可以自己实验。

示例代码 8-4：抓错练习

```
<html>
    <head>
        <title>抓错练习</title>
    </head>
    <body>
        <script language="javascript">
        try
        {
        var x=3.4, y=-infinity;
```

```
            document.write(x/y,"</br>");
            }catch(exception)
            {
            document.write("An exception occurs!</br>");
            }finally
            {
            document.write("Whenever here's an exception or not.");
            }
            </script>
        </body>
    </html>
```

代码 8-4 在浏览器中显示，如图 8-4 所示。

说明：

仔细观察后，我们发现代码中第一个“</br>”标记，即 try 块中的换行指令并没有被执行，因为网页的显示结果表明第一行并不是空白。这说明，当一句代码的前面部分出现错误的时候，后面部分并不会被执行，而是跳到 catch 块。

8.2 练习（50 分钟）

1．使用 for 循环制作标题文字（图 8-5）。

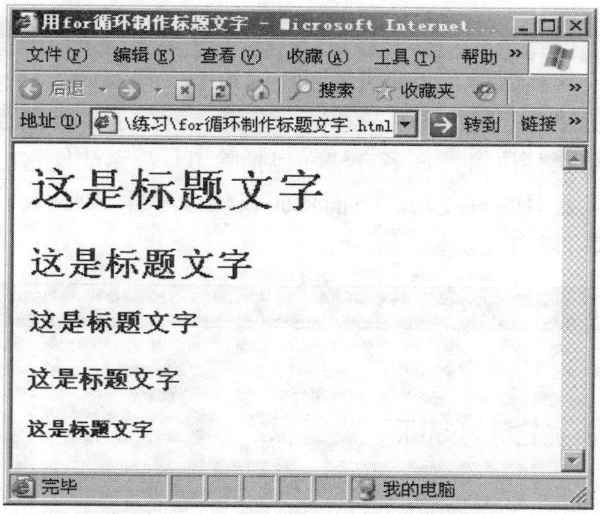

图 8-5 使用 for 循环制作标题文字

提示：

通过观察，这里有 5 个标题，标题号从 1 到 5。那么我们可以编写一个 for 循环，让它循环 5 次就能看到效果了，注意起止值。

2．把理论部分中的 if…else 语句连用（伪代码如下）改写成 switch 语句，并比较它们之间的异同。

```
var score;      //分数
if(score<=100&&score>=86)
    alert("您的成绩优秀");
else if(score<86&&score>70)
    alert("您的成绩良好");
else if(score<=70&&score>=60)
    alert("您的成绩凑合");
else if(score<60&&score>0)
    alert("您的成绩糟糕");
else
    alert("电脑出问题了");
```

提示：

先完成代码、运行，再进行比较。

8.3　作业

预习和“对象”有关的内容，理解 for…in 语句的用法，并且自己写一段代码来演示。

第 9 章　JavaScript 的函数

本章目标

完成本章内容后，你将能够：

✧ 理解函数的概念。

✧ 掌握自定义函数的写法和系统函数的应用。

本阶段给出的步骤全面详细，请学员按照给出的上机步骤独立完成上机练习，以达到要求的学习目标。请认真完成下列步骤。

9.1　指导（1 小时 10 分钟）

9.1.1　有参函数练习

问题：如何用 JavaScript 实现如图 9-1 显示的内容？

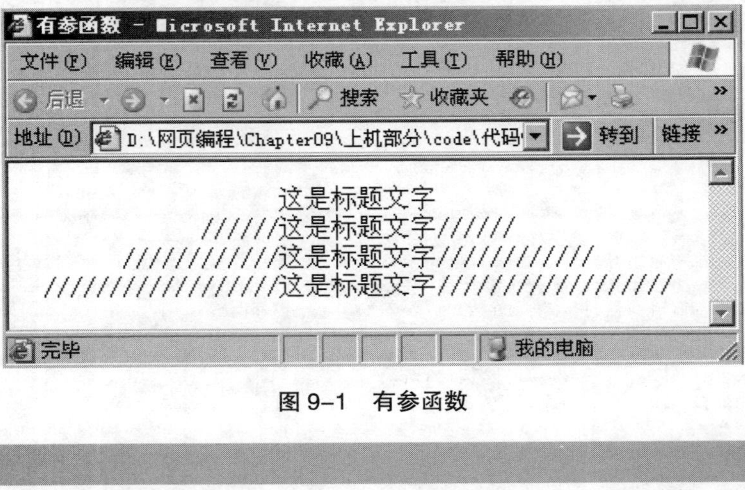

图 9–1　有参函数

思路：

图 9-1 中，“这是标题文字”的文字一共 4 行，除了第 1 行以外，其他 3 行两侧都有“///”斜线，而且趋势是斜线随行数增大而增多。

这趋势告诉我们两个信息，即我们要用到循环和字符拼接两项技术，要实现它需要 JavaScript 帮忙。在前面学习中我们提到了输出字符串用“document.write”，字符连接用逗号

“,”或加号“+”分隔。

示例代码 9-1：有参函数

```
<html>
    <head>
        <title>有参函数</title>
        <script type="text/javascript">
        function news(n)
        {
        var a="";
        for(i=0;i<n;i++)
        {
            a=a+"///";
        }
        return a;
        }
        </script>
    </head>
    <body>
        <center>
        <script language="javascript">
        for(j=0;j<=6;j+=2)
        {
            document.write(news(j)+"这是标题文字"+news(j)+"<br>");
        }
        </script>
        </center>
    </body>
</html>
```

代码 9-1 在浏览器中显示，如图 9-1 所示。

说明：

代码中先声明了一个函数，用于在文字两侧不断加上“///”字符，该函数是一个有参函数，n 即是该函数的参数，也就是调用该函数的时候向它传递一个值以使之能根据此值进行运算。在 document.write(news(j)+"这是标题文字"+news(j)+"<br>");中变量 j 向 n 传递值，也可以这样说，n 将变量 j 的值带进了函数 news 之中，这里值得一提的是“j+=2”，该表达式是一种简化了的表达式，实际上等于“j=j+2”。经过函数的定义后，在实际应用中，碰到同样功能时只需要调用该函数即可，不必再重新编写一遍程序。

9.1.2 无参函数练习

问题：按图 9-2 所示，实现时间的输出。

图 9–2 无参函数练习

观察图 9-2，在网页中放置一个按钮我们已经在前面的课程中学过了。眼下需要实现的是，点了这个表面为“显示时间”的按钮。会弹出只有一个“确定”按钮的消息框，消息内容为“现在时间是：hh：mm：ss，其中 hh，mm，ss 为当前的时，分，秒。

题目涉及了三个步骤，一是点了网页上按钮这个动作，二是弹出只有一个按钮的消息框（这我们在前面演示 JavaScript 时已经用到过），三是消息内容。其中消息内容又用到了 2 项技术，一是字符连接（老生常谈了，说明这技术非常重要，随时用到），二是采集当前时间。

示例代码 9-2：无参函数练习

```
<html>
    <head>
        <title>无参函数练习</title>
        <script language="javascript">
        function counttime()
        {
        var a=new Date();
        var hour=a.getHours();
        var minute=a.getMinutes();
        var second=a.getSeconds();
        var time=hour+":"+minute+":"+second;
        alert("现在时间是："+time);
        }
        </script>
    </head>
```

```
    <body>
        <center>
        <input type="button" value="显示时间" onClick="counttime()">
        </center>
    </body>
</html>
```

代码 9-2 在浏览器中显示，如图 9-2 所示。

说明：

这个例子有很多陌生的内容，比如内置对象及其访问方法。在实现时间显示的过程中，我们使用了内置对象 Date，以及获取小时、分钟、秒数的 getHours()、getMinutes()和getSeconds()的方法，并使用字符串连接符“+”实现了时间的连接显示。在以上程序中先声明了一个用于获得当前系统时间的函数，在该函数中并没有使用到参数值的传递，而是利用函数中时间对象所提供的方法从系统中获得所需值。然后通过网页按钮“button”的“onClick”事件来调用这个函数。

9.2 练习（50 分钟）

1. 制作加仑与公升的换算界面，如图 9-3 所示（1 加仑等于 4 公升）。

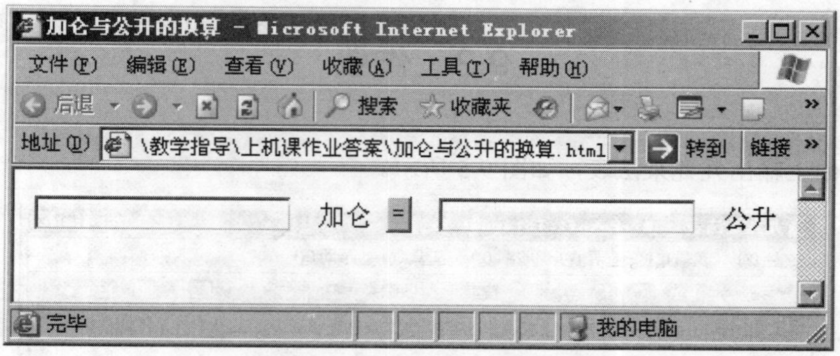

图 9-3 加仑与公升的换算

提示：

1. 布局：使这些网页元素集体居中，可以用“<div></div>”标记把它们组织起来。

2. 逻辑：按钮点下去之后，若两个框都有数据，则提示是否重新计算（用 confirm 框，理论部分中有），如图 9-4 所示。

如果点击“确定”按钮则清空两个文本框，“取消”则什么也不做。清空之后回到网页最初调用时的界面，即两边都没有数据。此时向左边的“加仑”输入数据算出右边的“公升”；向右边的“公升”输入数据算出左边的“加仑”。

图 9-4 提示界面

提示：

按钮被点击产生效果，实际上是 onClick 事件调用了一个函数 clk，由于这函数只是执行一系列动作，所以没有返回值和参数，并按照两边文本框的填充状况编写选择语句。要取到框内文字，可以用“文档.表单.控件.属性”的方式，例如“document.formName.controlName.propertyName”。虽然文本框的文字是字符串型，而进行计算时要是数值型，但由于 JavaScript 是弱类型语言（不要求类型匹配），遇到时自动进行类型转换，不需要考虑显示类型转换（其实类型转换在编程中很重要）。

9.3 作业

请在页面上输出九九乘法表，如图 9-5 所示。

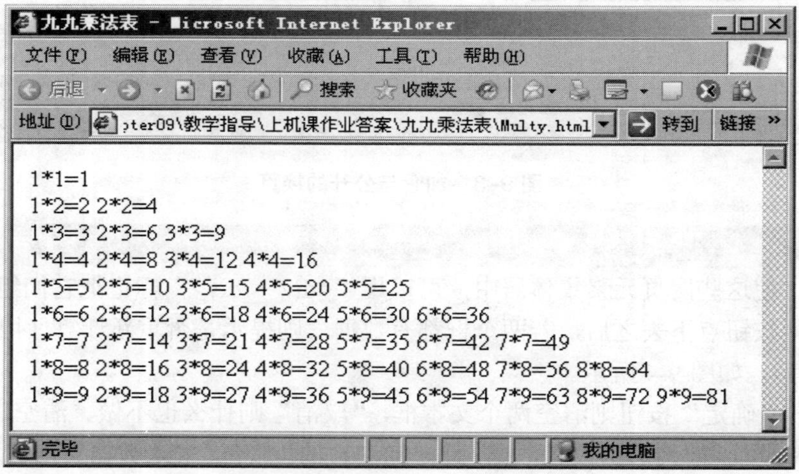

图 9-5 九九乘法表

第 10 章　对象化编程

本章目标

完成本章内容后，你将能够：

- ✧ 理解对象的概念。
- ✧ 掌握内置对象的应用和自定义对象。
- ✧ 了解 Window 和 Document 对象的方法、属性。
- ✧ 制作带有关闭功能的浮动广告。

本阶段给出的步骤全面详细，请学员按照给出的上机步骤独立完成上机练习，以达到要求的学习目标。请认真完成下列步骤。

10.1　指导（1 小时 10 分钟）

10.1.1　显示停留的时间

问题：按图 10-1 显示制作网页。

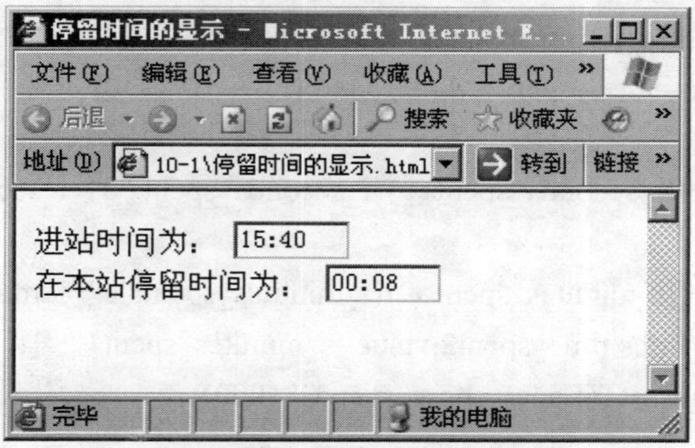

图 10-1　停留时间的显示

思路：

在访问上面的网页时，用一个变量（全局）记下登录时间，这就是进站时间。另外，随时获取这个时间，并不断地用它减去进站时间，并将时间差转换成秒，不就是停留时间了吗？

还需要进一步完善，让秒数显示到 60 的时候跳回到 0。

示例代码 10-1：停留时间的显示

```
<html>
    <head>
        <title>停留时间的显示</title>
        <script language="javascript">
        var time_start=new Date();
        var clock_start=time_start.getTime();

        function showtime()
        {
        var hours=time_start.getHours();
        var minutes=time_start.getMinutes();
        var showtime=hours+":"+minutes;
        document.s.time_spent1.value=showtime;
        }
        function time_spent()
        {
        var time_now=new Date();
        var spent_time=((time_now.getTime()-clock_start)/1000);
        return spent_time;
        }
        function show_spent()
        {
        var total_time=Math.round(time_spent());
        var i_seconds_spent=total_time%60;
        var i_minutes_spent=Math.round((total_time-30)/60);
        var
s_seconds_spent=""+((i_seconds_spent>9)?i_seconds_spent:"0"+i_seconds_spent);
        var
s_minutes_spent=""+((i_minutes_spent>9)?i_minutes_spent:"0"+i_minutes_spent);
        document.s.time_spent2.value=s_minutes_spent+":"+s_seconds_spent;
        window.setTimeout('show_spent()',1000);
        }
        </script>
    </head>
    <body onLoad="showtime();show_spent()">
        <form name="s" onSubmit="0">进站时间为：
```

```
            <input type="text" name ="time_spent1" size="7"><br>
            在本站停留时间为：
            <input type="text" name ="time_spent2" size="7"><br>
            </form>
        </body>
    </html>
```

代码 10-1 在浏览器中显示，如图 10-1 所示。

上面程序中，首先声明了 2 个全局变量，用以获得进入网站瞬间的时间值。精确到毫秒。还要进一步的完善，通过“show_spent()”函数，让秒数在显示到 60 的时候，跳回到 0。另外还要注意到两个地方：该例在“Math.round()”用到了 Math 对象，这个对象主要提供一些数学上的运算，如平方根，绝对值。Math 可以直接使用其方法。

10.1.2　图片的自动切换

问题：怎样让图片呈现如图 10-2 所示的自动切换效果？

图 10–2　图片的自动切换

思考：

一组图片按顺序调出，自动切换，能否考虑将它们放置在一个数组里，然后读取这个数组的每个元素呢？我们且来一试。

示例代码 10-2：图片的自动切换

```
<html>
    <head>
        <title>图像的自动切换</title>
        <script language="javascript">
        var img=new Array(10);//创建数组
        var nums=0;
        if(document.images)
        {
        for(i=1;i<=10;i++)
        {
        img[i]=new Image();//创建对象实例
        img[i].src="g000"+i+".jpg";//设置所有图片的路径以及一系列的图片名
        }
        }
        function fort()//设置图片的切换
        {
        nums++;
        document.images[0].src=img[nums].src;
        if(nums==10)
        nums=0;
        }
        function slide()//一秒钟调用一次 fort()方法
        {
        setInterval("fort()",1000);
        }
        </script>
    </head>
    <body onLoad="slide()">
        <img src="g0001.jpg" border="0" width="400px" /><br />
    </body>
</html>
```

以上代码 10-2 在浏览器中显示，如图 10-2 所示。

说明：

首先建立一个图像数组，然后向该数组设置一组图片的路径、文件名和扩展名，即初始化数组。接着创建“fort()”函数，其作用是切换图片，即每调用一次函数就切换一次图片，用“if(nums == 10) nums =0;”达到循环目的。值得注意的是“setInterval()”函数。它实际上是 flash 中的一个函数。它可以由用户自定义时间间隔。可以发现同“setTimeout()”不同，使用“setInterval()”可以连续不断地执行动作，好像动画一样。

10.2　练习（50 分钟）

1. 制作如图 10-3 所示网页，演示文字对象。

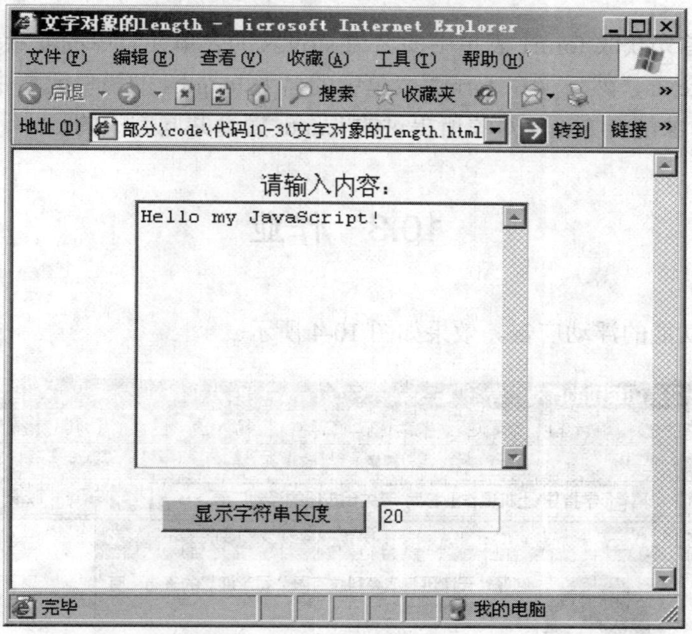

图 10-3　文字对象的 length

提示：

文字对象即 String 对象，提供了一些有关字符串的处理。直接使用 String 对象，无须创建实例，该对象只提供了一个属性 length，用于表明字符串的长度（字符个数）。

文字对象的属性和方法：String 对象非常重要，是经常用到的，也是最有用的对象之一。它提供的主要方法如表 10-1 所示。

表 10-1　文字对象的常用方法

方法名	功能
big()	为字符添加大体 HTML 标记
small()	为字符添加小体 HTML 标记
italic()	为字符添加斜体 HTML 标记
bold()	为字符添加粗体 HTML 标记
blink()	为字符添加闪烁 HTML 标记
fixed()	为字符添加固定高度 HTML 标记
fontsize()	为字符添加字体大小 HTML 标记
fontcolor()	为字符添加字体颜色 HTML 标记

续表

方法名	功能
toLowerCase()	将字符串转换成小写格式
toUpperCase()	将字符串转换成大写格式
indexOf()	从指定位置开始搜索某字符第一次出现的位置
subString()	返回所设置的一部分字符串

这个程序中首先获取 form1 表单中的名为 strings 的表单元素中的变量的字符串长度。并将该值赋予变量 texts，然后又在 form2 表单中的名为 lengths 的表单元素中显示出来。这是通过 Document 对象配合 String 对象所提供的 length 属性共同完成的。

10.3　作业

制作带关闭功能的浮动广告。效果如图 10-4 所示。

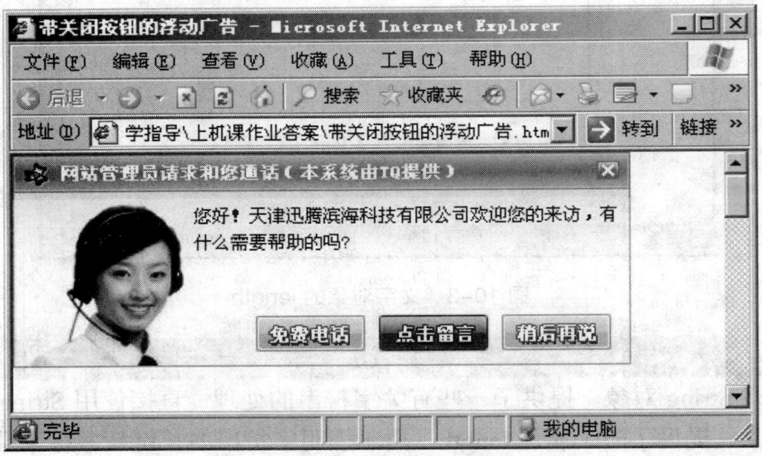

图 10–4　带关闭功能的浮动广告

第 11 章　事件处理

本章目标

完成本章内容后，你将能够：

✧ 理解事件概念。

✧ 掌握窗口事件、鼠标事件、表单事件和键盘事件的相关应用。

本阶段给出的步骤全面详细，请学员按照给出的上机步骤独立完成上机练习，以达到要求的学习目标。请认真完成下列步骤。

11.1　指导（1 小时 30 分钟）

11.1.1　鼠标的事件练习

问题：按图 11-1 显示制作网页，演示鼠标的 4 个事件。

这 4 个事件是 onMouseMove、onMouseOut、onMouseDown、onMouseUp。对应的提示语分别是“onMouseMove 有老鼠经过”“onMouseOut 老鼠已逃出”“onMouseDown 按住老鼠”“onMouseUp 放开老鼠”。

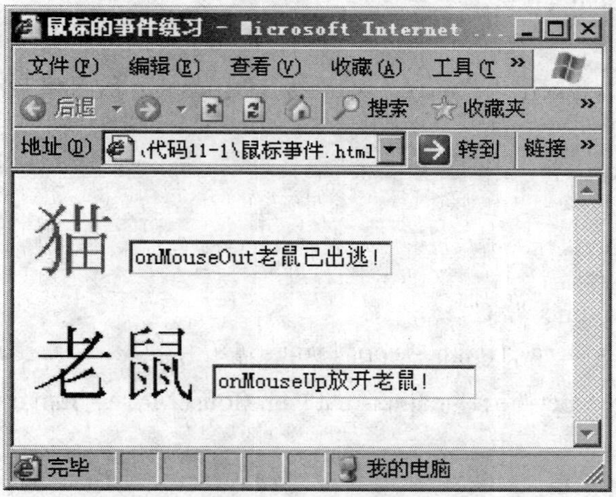

图 11–1　鼠标的事件练习

思路：

仔细观察图 11-1，发现了这个网页演示鼠标事件的原理。它给出了 2 个超链接，"猫"负责演示鼠标经过和出界的事件，而"老鼠"负责演示鼠标按下和弹起的事件。在旁边各自给出 2 个文本框，显示的内容用来提示发生的事件。

这样的话思路就有了，最简单的方法是写 4 个函数，每个只有一句话，即给指定的文本框赋值（value），然后再给这 2 个超链接对应地添加上述 4 个事件。再细致的考虑一下，若要取到文本框中的文本，肯定要添加表单（form）。而为了点击超链接时不至于跳转到其他页面，还要将链接指向空，即"href=#"。

示例代码 11-1：鼠标的事件练习

```
<html>
    <head>
        <title>鼠标的事件练习</title>
        <script language="javascript">
        function move()
        {
            document.AC.cat.value="onMouseMove 有老鼠经过!"
        }
        function out()
        {
            document.AC.cat.value="onMouseOut 老鼠已出逃!"
        }
        function down()
        {
            document.AC.mouse.value="onMouseDown 按住老鼠!";
        }
        function up()
        {
            document.AC.mouse.value="onMouseUp 放开老鼠!";
        }
        </script>
    </head>
    <body>
        <form name="AC">
        <font size="36" color="#00CC33">猫</font>
        <input type="text" name="cat" onMouseMove="move()" onMouseOut="out
()">
        <br><br>
        <font size="28" color="#0000FF">老鼠</font>
```

```
<input type="text" name="mouse" onMouseDown="down()" onMouseUp=
"up()"/>
        </form>
    </body>
</html>
```

代码 11-1 在浏览器中显示，如图 11-1 所示。

说明：

前面已经有了清晰的分析，那么再看代码也就很清楚了。代码表明，两个或多个事件可以写在一个标记里，中间只要用空格分开就行了。

11.1.2　禁用鼠标右键和键盘

问题：按图 11-2 显示，使用户在页面上不能使用鼠标右键和键盘。

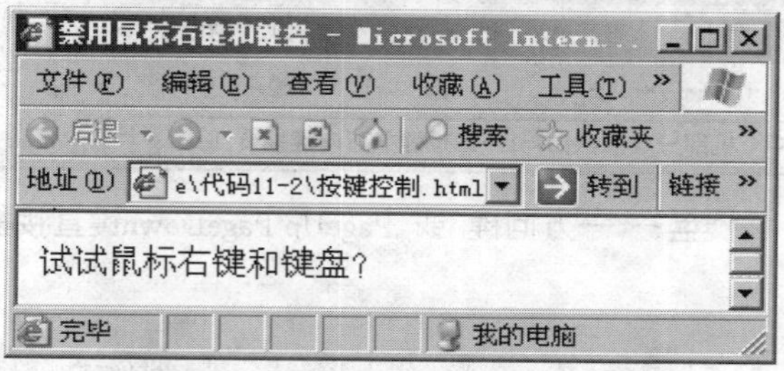

图 11-2　禁用鼠标右键和键盘

思路：

在理论部分我们学过几个常用的窗口事件，对于所有的窗口事件的返回值可以用“window.event.returnValue”来获取。我们这里要让鼠标右键和键盘失效，也就是让这些事件的返回值为“false”。而 onContextMenu 是点击鼠标右键时被触发的事件，也就是说让它的返回值为“false”就可以达到点击鼠标右键无效的效果，键盘上所有按键都失效也就是让 onKeyPress、onKeyDown 和 onKeyUp 事件的返回值为“false”。这样问题就迎刃而解了。

在 Dreamweaver 中输入以下代码：

示例代码 11-2：禁用鼠标右键和键盘

```
<html>
    <head>
        <meta http-equiv="Content-Type" content="text/html; charset=utf-8" />
        <title>禁用鼠标右键和键盘</title>
    </head>
    <body onContextMenu="window.event.returnValue=false"
        onKeyPress="window.event.returnValue=false"
        onKeyDown="window.event.returnValue=false"
        onKeyUp="window.event.returnValue=false" >
```

```
        </body>
            试试鼠标右键和键盘？
        </body>
    </html>
```

代码 11-2 在浏览器中显示，如图 11-2 所示。

说明：

解决这个问题的关键是：事件的返回值用“window.event.returnValue”来获取；onContextMenu 是点击鼠标右键时被触发的事件。

11.1.3 按键盘方向键翻页

问题：怎样让用户可以按键盘“←”“→”方向键或“PageUp”“PageDown”键直接翻页？

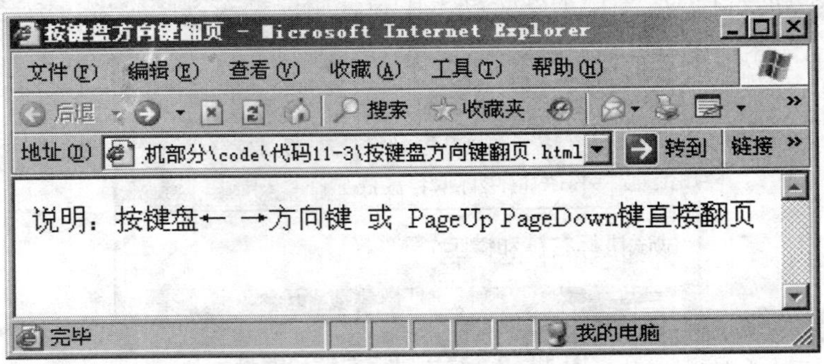

图 11-3 按键盘方向键翻页

当用户在图 11-3 页面获得焦点时按下“←”键或“PageUp”键时跳转到图 11-4 所示页面。

图 11-4 按下“←”方向键或“PageUp”键

当用户在图 11-3 的页面获得焦点时按了“→”方向键或“PageDown”键时跳转到图 11-5 所示页面。

图 11–5　按了“→”方向键或“PageDown”键

思路：

解决本题的关键是“←”“→”方向键和“PageUp”“PageDown”键在事件中是如何来区分的呢？在 JavaScript 中用 document.onkeydown 捕获键盘事件，对于每个按键都有自己的编码，其中 37 代表“←”方向键，33 代表 PageUp 键，39 代表“→”方向键，34 代表 PageDown 键。这样问题就很容易解决了。在 Dreamweaver 中输入以下代码：

示例代码 11-3：图 11-3 的代码

```
<html>
    <head>
        <meta http-equiv="Content-Type" content="text/html; charset=utf-8" />
        <title>按键盘方向键翻页</title>
    </head>
    <body>
        <p>
        <script language="javascript">
        document.onkeydown = chang_page;
        function chang_page() {
        if (event.keyCode == 37 || event.keyCode == 33) location = 'xtPageUp.html';
        if (event.keyCode == 39 || event.keyCode == 34) location = 'xtPageDown.html'
        }
        </script>
        说明：按键盘← →方向键 或 PageUp PageDown 键直接翻页</p>
    </body>
</html>
```

下面分别是被调用页面 xtPageUp.html 和 xtPageDown.html 的代码。

示例代码 11-3：xtPageUp.html

```
<html>
    <head>
        <meta http-equiv="Content-Type" content="text/html; charset=utf-8" />
        <title>新窗口</title>
    </head>
    <body>
        <img src="xtpic.jpg" width="306" height="110" /><br>
        您按了←方向键或 PageUp 键
    </body>
</html>
```

示例代码 11-3：xtPageDown.html

```
<html>
    <head>
        <meta http-equiv="Content-Type" content="text/html; charset=utf-8" />
        <title>新窗口</title>
    </head>
    <body>
        <img src="xtpic.jpg" width="306" height="110" /><br>
        您按了→方向键或 PageDown 键
    </body>
</html>
```

说明：

解决本题的关键是用 document.onkeydown 捕获键盘事件，37 代表“←”方向键，33 代表 PageUp 键，39 代表“→”方向键，34 代表 PageDown 键。用户所按的键盘键编码用 event.keyCode 来捕获。

11.2 练习（50 分钟）

参照上面的指导内容，进一步认识键盘鼠标的其他事件。

11.3 作业

实现网页的添加收藏和设为主页功能。

第 12 章　对象的综合应用

本章目标

完成本章内容后，你将能够：

✧ 掌握对象的应用技术。

本阶段给出的步骤全面详细，请学员按照给出的上机步骤独立完成上机练习，以达到要求的学习目标。请认真完成下列步骤。

12.1　指导（1 小时 10 分钟）

12.1.1　表单数据的检测

问题：按图 12-1 显示制作网页，并按图 12-1 要求对输入数据进行检测。

要求：用户名 4～12 个字，密码不少于 6 个字，备注不能为空，在 100 个字以内。

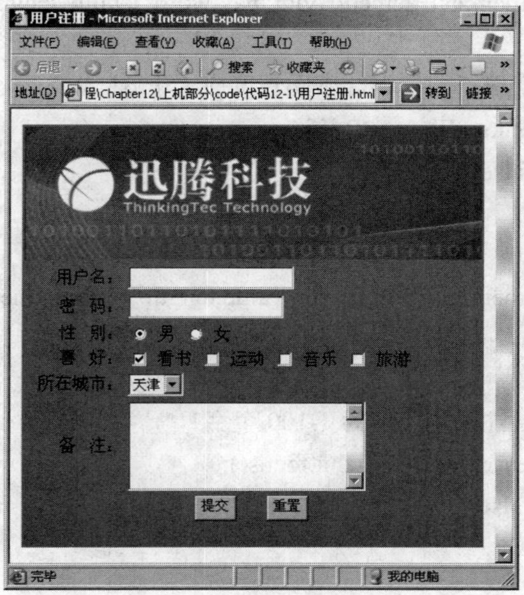

图 12–1　用户注册

思路：

图 12-1 是个用户注册页面，需要用到表单验证，题目要求把表单需要验证的项已经写的很清楚了，那么就按照要求写一个函数，逐个验证输入的数据是否符合要求，若不符合应该怎么处理。最后在 form 的 onSubmit 事件中调用这个函数就可以了。为了版面美观，同样用表格来规划各个 Web 控件位置。

示例代码 12-1：用户注册

```
<html>
    <head>
        <meta http-equiv="Content-Type" content="text/html; charset=utf-8" />
        <title>用户注册</title>
        <script language="javascript">
        function checkForm()
        {
    if(document.getElementById("name").value.length<4||document. getElementById
("name"). value.length>12)
        {
        alert("格式错误，用户名为 4-12 字");
        document.getElementById("name").focus();
        return false;
        }
        else
        {
        if(document.getElementById("password").value.length<6)
        {
        alert("密码格式错误，密码长度应大于 6！");
        document.getElementById("password").focus();
        return false;
        }else
        {
        if(document.myform.beizhu.value.length==0||document.myform.beizhu.
value.length>100)
        {
        alert("备注的内容应为 1-100 个字！");
        document.myform.beizhu.focus();
        return false;
        }else
        {
        return true;}}}
```

```
            }
            </script>
        </head>
        <body>
            <table width="35%" height="372" border="0" align="center" bgcolor="
#669933">
            <tr><td height="127" background="top.jpg" > </td></tr>
            <tr>
            <td>
            <form action="login.html" method="post" name="myform" onSubmit="
return checkForm()">
            <table width="425" border="0">
            <tr><td width="89" align="right">用户名：</td>
            <td ><input type="text" name="name" size="20px" /></td></tr>
            <tr><td align="right">密   码：</td>
            <td><input type="password" name="password" size="20px" /></td></tr>
            <tr><td align="right">性   别：</td>
            <td><input type="radio" name="sex" value="男" checked="checked" />男
            <input type="radio" name="sex" value="女" />女</td></tr>
            <tr><td align="right">喜   好：</td>
            <td><input type="checkbox" name="like" value="看书" checked="
checked" />看书
            <input type="checkbox" name="like" value="运动" />运动
            <input type="checkbox" name="like" value="音乐" />音乐
            <input type="checkbox" name="like" value="旅游" />旅游</td></tr>
            <tr><td align="right">所在城市：</td>
            <td><select name="city">
            <option value="北京">北京 </option>
            <option value="上海">上海 </option>
            <option value="天津" selected="selected">天津 </option>
            <option value="重庆">重庆<br />
            </option>
            </select ></td></tr>
            <tr><td align="right">备   注：</td>
            <td><textarea name="beizhu" rows="5" cols="25"></textarea></td></tr>
            <tr><td colspan="2" align="center"><input type="submit" name="button"
id="button" value="提交"/>
                 <input type="reset" name="chongzhi" value="重置"
/></td></tr>
```

```
            </table></form></td></tr>
            </table>
        </body>
    </html>
```

代码 12-1 在浏览器中显示，如图 12-1 所示。

说明：

前面分析只有思路，那么看到代码也就很清楚了。代码虽然比较长，但一点儿也不难。优秀的代码能自解释，同学们要在代码的可读、易维护上下功夫。

12.1.2 判断浏览器的类别

问题：按图 12-2 显示制作网页，判断当前的浏览器类型。

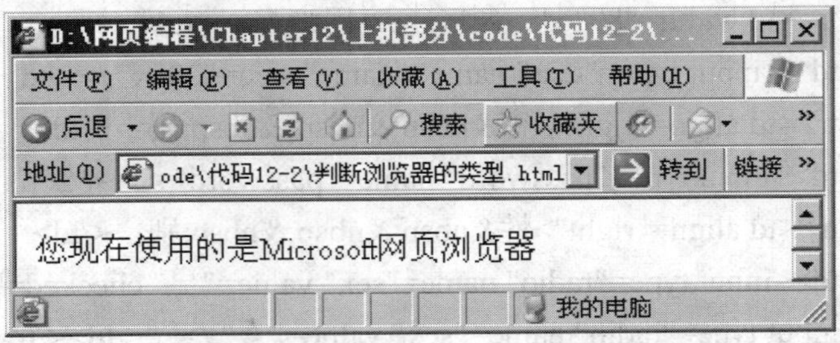

图 12–2 判断浏览器的类型

思路：

Navigator 对象能反映关于浏览器的许多信息。这个例子其实也很简单，只要写一个判断，采集到当前浏览器名称，然后在网页上输出相应的文字即可。

示例代码 12-2：判断浏览器的类型

```
<html>
    <head>
        <title>判断浏览器的类型</title>
    </head>
    <body onLoad="check()">
        <script language="javascript">
        function check()
        {
        name = navigator.appName;
        if(name == "Netscape")
        {
            document.write("您现在使用的是 Netscape 网页浏览器<br>");
        }
        else if(name == "Microsoft Internet Explorer")
```

```
            {
                document.write("您现在使用的是 Microsoft 网页浏览器<br>");
            }
            else
            {
                document.write("您现在使用的是"+navigator.appName+"网页浏览器
<br>");
            }
            }
            </script>
        </body>
    </html>
```

代码 12-2 在浏览器中显示，如图 12-2 所示。

说明：

这个例子非常简单，是利用 Navigator 对象的 appName 属性采集到当前浏览器名称，然后给出相应的处理。由于这个网页没有任何控件，那么这个函数用页面本身的 onLoad 事件调用。

12.1.3　随机显示文字

问题：制作文字如图 12-3 所示，使每次刷新都随机显示文字。

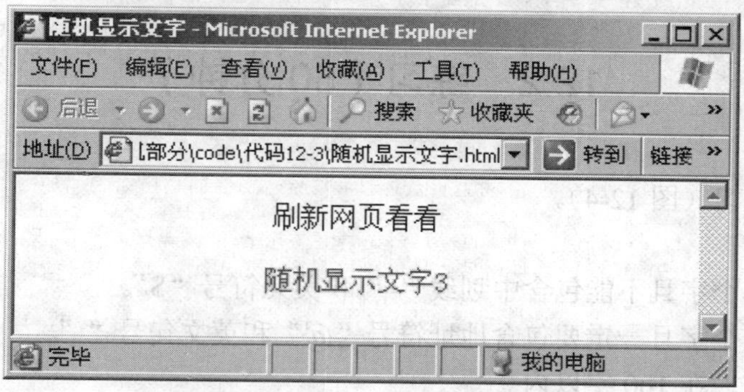

图 12–3　随机显示文字

思路：

观察图 12-3 并看了要求，我们可以想到，首先这些随机文字，必须有一个存放的位置。然后既然是随机，我们调用的时候可能要用到某个系统函数（如 random）。我们且来一试。

示例代码 12-3：随机显示文字

```
<html>
    <head>
        <title>随机显示文字</title>
```

```
    </head>
    <body>
        <script language="javascript">
        tips = new Array(3);
        tips[0] = "随机显示文字 1";
        tips[1] = "随机显示文字 2";
        tips[2] = "随机显示文字 3";
        index = Math.floor(Math.random()*tips.length);
        document.write("<center>刷新网页看看</center>");
        document.write("<center><p><font size = 3 color = red>"+ tips[index]+
"</center></font></p>");
        </script>
    </body>
</html>
```

代码 12-3 在浏览器中显示，如图 12-3 所示。

说明：

Math.random 生成 0～1 之间的随机数，而 tips.length 取到字符串的长度，这个长度比字符的下标大 1（下标是从 0 开始的），最后网页上还是要显示数组中的某个元素（即某个字符串），这时的下标即要取整又要防止越界，就要用 floor 函数来处理一下，保证在实数取整过程中，取到小一点的那个整数。

12.2 练习（50 分钟）

表单验证的练习（图 12-4）。

要求：

用户名 6～18 个字且不能包含中划线“-”和美元符号“$”。

邮箱不少于 8 个字且一定要包含地址符号“@”和英文句号“.”。

备注不能为空，在 100 字以内。

提示：

思路和指导 12.1 类似，这里除了将输入字符串的长度范围改写一下外，还要加入判断一个字符串是否有某些指定字符（串）的条件，用 strA.indexOf(strB)来做。如果 strA 中不包含 strB，则表达式 strA.indexOf(strB)返回-1。这里分别将“@”“.”“$”“-”看作 strB，加入 if 的判断条件，其他处理方法类似，相应改一下提示信息即可。

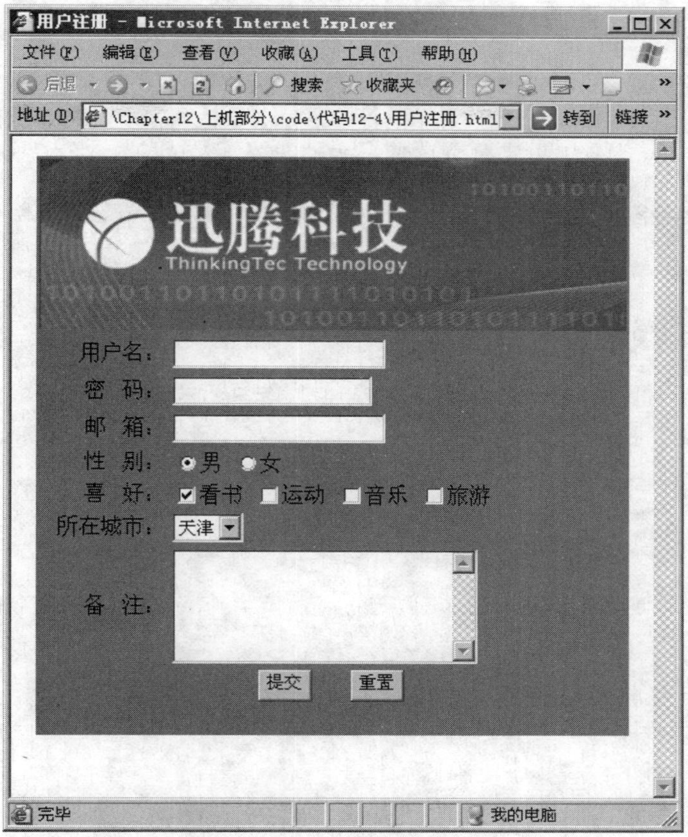

图 12-4　表单验证

12.3　作业

让网页每隔一定时间，随机显示一些名人名言。

提示：

在前面的章节我们学过定时刷新页面，结合现在学习的随机显示文字，设定一个时间间隔，就能实现自动刷新网页，而无须手动刷新。